高等教育 装配式建筑系列教材

装配式建筑
结构拆分与构件深化设计

ZHUANG PEISHI JIANZHU
JIEGOU CHAIFEN YU GOUJIAN SHENHUA SHEJI

主 编
田 宽 何培斌

副主编
刘 彤 杨博文 温兴宇

参 编
陈 欢 季翠华 雷李梅 桑晓翠
刘 璐 郭太勇 栗新然

重庆大学出版社

内容提要

本书按项目引导、任务驱动的教学方法编写而成。全书共分为4个任务，包括装配式建筑基本概念、装配整体式混凝土结构拆分设计、装配整体式混凝土结构深化设计、预制构件常见质量问题等内容。

本书可作为高等职业教育装配式建筑工程技术、智能建造技术等专业教材，也可作为建筑工程施工、工程管理类等其他相关专业的参考教材，还可作为土建类专业技术人员的培训及自学用书。

图书在版编目(CIP)数据

装配式建筑结构拆分与构件深化设计 / 田宽，何培斌主编. -- 重庆 : 重庆大学出版社，2025. 8. --（高等教育装配式建筑系列教材）. -- ISBN 978-7-5689-5427-3

Ⅰ. TU3

中国国家版本馆 CIP 数据核字第 2025SY7767 号

高等教育装配式建筑系列教材

装配式建筑结构拆分与构件深化设计

主　编　田　宽　何培斌

副主编　刘　彤　杨博文　温兴宇

策划编辑：肖乾泉

责任编辑：肖乾泉　　版式设计：肖乾泉

责任校对：王　倩　　责任印制：赵　晟

*

重庆大学出版社出版发行

社址：重庆市沙坪坝区大学城西路21号

邮编：401331

电话：(023)88617190　88617185(中小学)

传真：(023)88617186　88617166

网址：http://www.cqup.com.cn

邮箱：fxk@cqup.com.cn (营销中心)

全国新华书店经销

重庆正光印务股份有限公司印刷

*

开本：787mm×1092mm　1/16　印张：15.5　字数：369千

2025年8月第1版　　2025年8月第1次印刷

ISBN 978-7-5689-5427-3　定价：59.00元

前 言

Preface

“装配式建筑深化设计”是高等职业教育土木建筑大类装配式建筑工程技术专业的专业核心课程。

党的二十大报告指出：“教育、科技、人才是全面建设社会主义现代化国家的基础性、战略性支撑。”本书在编写过程中，深入领会党的二十大精神，以为党育人、为国育才，加快建设中国特色社会主义职业教育，造就新时代中国特色社会主义职业教育的拔尖创新人才为指导思想，以“坚持高层次技术技能人才培养定位”为原则，按照教育部对职业教育土木建筑大类相关专业的培养目标及专业教学标准的要求编写而成。本书的主要特点有：

1. 坚持职教特色，紧扣高等职业教育装配式建筑工程技术专业教学标准的要求，坚持知识传授与技术技能培养并重，强化学生职业素养养成和专业技术积累。在内容的选择和组织上强调知识的实践和应用，增加实践性教学内容。每个任务后都有相应的实训项目供学生作课程设计和构造设计，加强学生的动手能力。

2. 有机融入课程思政，落实立德树人的要求。本书通过大量的工程实例和图片，重点介绍中国装配式建筑的发展历程和代表性的建筑，将专业精神、职业精神和工匠精神融入教材案例，使学生在学习过程中，体会到我国建筑业的蓬勃发展，增强中国特色社会主义道路自信和职业自信，培养学生谦虚谨慎的职业素养，以及知难而进、迎难而上的创新意识和挑战精神，做到学以致用，解决实际工程中遇到的问题，引导学生爱党报国、敬业奉献、服务人民。

3. 注重职业教育的教育规律，坚持产教融合，强化行业指导、企业参与。本书编写人员包括双师型教师、注册建筑师、高级工程师等，共同开发本课程的教学资源，是典型的校企合作教材。

4. 注重突出科学性、时代性、工程实践性。本书紧跟产业发展趋势和行业人才需求，及时将产业发展的新技术、新工艺、新规范纳入教材内容，反映典型岗位(群)职业能力要求，以真实生产项目、典型工作任务等为载体，增强了学生对装配式建筑的认知感。

5. 注重“岗课赛证”融合。本书是以项目式、任务式教学体例编写的新形态教材，每项任务后设置知识检测、想一想、做一做等栏目，并配套教学大纲、教学周历、教案、教学 PPT、模拟试题及多套建筑施工图实例等教学资源，供学生做深化设计实训，方便教师教与学生学。

本书由重庆建筑工程职业学院田宽、重庆建筑科技职业学院何培斌担任主编，苏州旭杰建筑科技股份有限公司刘彤、重庆建筑工程职业学院杨博文、四川建筑职业技术学院温兴宇担任副主编，重庆市设计院有限公司陈欢，重庆建筑工程职业学院季翠华、雷李梅，重庆两江新区金山学校桑晓翠，重庆建筑科技职业学院刘璐、栗新然，重庆喜辉建筑工程有限公司郭太勇参与编写。田宽负责全书的总体设计、协调及统稿工作。具体编写分工如下：何培斌编写项目1，田宽编写任务2.1、任务2.2、任务2.3，雷李梅编写任务2.4，刘璐编写任务2.5，栗新然和郭太勇编写任务2.6，陈欢编写任务2.7，桑晓翠编写任务3.1，温兴宇和季翠华编写任务3.2，杨博文编写任务3.3，刘彤编写项目4。

本书在编写过程中，参考了一些有关书籍，谨向相关作者表示衷心的感谢。由于编者水平有限，书中难免存在疏漏和谬误之处，敬请读者批评指正！

编　者

2025年4月

附：本书编写参考的部分规范和标准

1.《装配式混凝土结构技术规程》(JGJ 1—2014)，简写为《装配式混凝土结构技术规程》；

2.《装配式混凝土建筑技术标准》(GB/T 51231—2016)，简写为《装配式混凝土建筑技术标准》；

3.《混凝土结构设计标准》(GB/T 50010—2010)，简写为《混凝土结构设计标准》；

4.《建筑抗震设计标准》(GB/T 50011—2010)，简写为《建筑抗震设计标准》；

5.《钢筋桁架混凝土叠合板应用技术规程》(T/CECS 715—2020)，简写为《钢筋桁架混凝土叠合板应用技术规程》。

目 录

Contents

项目1 装配式建筑基本概念

【项目引入】

根据《国务院办公厅关于大力发展装配式建筑的指导意见》(国办发〔2016〕71号),装配式建筑是指结构系统、外围护系统、设备与管线系统、内装系统的主要部分采用预制部品部件集成的建筑。与传统现浇结构相比,装配整体式混凝土结构将大部分的混凝土浇筑工作在构件厂完成,大幅减少了在施工现场的现浇量,减少扬尘和噪声,降低碳排放量,助力实现国家“双碳”目标。

【学习目标】

技能目标:能够梳理、对比装配整体式混凝土结构拆分设计与深化设计考虑的因素。

知识目标:了解装配整体式混凝土结构在国内外的发展,理解装配整体式混凝土结构的特点。

素质目标:从装配式建筑的发展历史沿革以及我国的“双碳”目标引导学生根植敬业、诚信等社会主义核心价值观,培养学生具备严谨、认真、细致的工程师素质,从而引导学生树立公正、法治、文明、和谐等社会主义核心价值观;将工程伦理和工程道德贯穿课程始终,引导学生树立正确的价值观。

【学习重、难点】

重点:装配式混凝土结构在国内外的发展。

难点:装配整体式混凝土结构拆分设计与深化设计需要考虑的因素。

【学习建议】

1. 本项目对装配整体式混凝土结构在国内外的发展历程进行了介绍,并就学习装配式混凝土建筑拆分与深化所需的相关基本概念进行了阐述。

2. 利用网络平台收集代表性装配整体式混凝土结构,了解其结构形式和技术方案,与传统现浇混凝土结构对比现场混凝土浇筑量。

3. 条件允许时,在学习中可以考察所在地代表性的装配整体式混凝土结构建筑,了解其装配率等指标。

4. 任务后的技能训练与项目实训,应在学习中对应进度逐步练习,通过做练习加以巩固基本知识。

任务1.1 装配式混凝土结构的发展

1.1.1 国内装配式混凝土结构的发展

20世纪50年代,我国借鉴苏联的经验,装配式混凝土建筑开始逐渐发展。1955年,北京开始筹建中国第一家大型钢筋混凝土预制构件厂——北京第一建筑构件厂,并于1958年正式投入生产。该厂曾是亚洲最大的预制构件厂。1959年建成的北京民族饭店,是中华人民共和国成立10周年"十大建筑"之一,也是我国第一座高层装配式混凝土结构建筑,10个月即完成了交付使用。从20世纪50年代中期开始,我国住宅标准化设计的推进工作也取得了一定的成绩。1960—1966年,我国借鉴苏联的装配式混凝土大板技术建造了很多多层住宅。

20世纪70年代末到80年代初,装配式建筑的发展也推动了相关标准规范的编制工作。1979年,我国颁布了第一部装配式结构标准《装配式大板居住建筑结构设计和施工暂行规定》(JGJ 1—1979),此后更是逐步完善了相关的模数标准和住宅标准化设计。20世纪80年代,我国北方地区形成了装配化方式建造的住宅体系。

由于装配式大板技术存在抗震性能差、密封防水差、保温隔热差、立面和户型过于单一等缺点,该技术逐渐被淘汰。到20世纪90年代,房地产行业发展迅速,且随着商品混凝土的兴起以及大量廉价劳动力涌入城市,装配式建筑的优势降低,其应用和发展几乎处于停滞状态。

到21世纪初,随着劳动力数量的不断降低、劳动力成本的不断上升以及节能环保问题日益得到重视,装配式建筑的优势逐渐显现。国家也提出大力发展装配式建筑,并逐渐完善了包括装配式建筑设计、施工在内的规范、技术措施等,为装配式建筑的推广提供了可靠的理论依据。目前,全国已有多个省市根据自身的实际情况,出台了装配式建筑专门的政策、指导意见以及相关的地方配套标准,鼓励使用装配式建筑。目前,全国已有多个装配式建筑示范城市。

1.1.2 国外装配式混凝土结构的发展

1)德国装配式混凝土结构的发展

德国的建筑工业化起源于20世纪20年代,由于城市化进程的加快,需要迅速建造大量的住宅、办公楼、厂房等建筑,因此,能够缩短建造周期、降低造价的标准化预制混凝土大板建造技术应运而生。

预制混凝土大板技术建设速度快、造价相对低廉。第二次世界大战后,德国用预制混凝土大板技术建造了大量的住宅建筑,有效地解决了当年因战争破坏导致的住宅紧缺问题。

为了节约造价,采用预制混凝土大板技术的建筑大量地重复使用相同户型、类似的立面设计,导致此类建筑过于单调、缺乏特色,渐渐地难以满足人们的审美需求。另外,随着现浇混凝土技术的迅速发展，与现浇方式相比，预制混凝土大板技术造价高且缺少个性，因此，到了20世纪90年代以后，已很少采用。

如今，德国的建筑业更加注重可持续发展，重视环保建筑材料以及建造体系的运用。随着施工工艺的不断优化、施工机械的不断完善、手工操作步骤的大量减少，有效地解决了人工成本不断提高的问题。建筑预制装配部品标准化、模数化程度越来越高的同时，也通过设计的精细化满足了对建筑个性化的追求，装配式建筑也能够展现建筑的美感。

2）法国装配式混凝土结构的发展

法国是推行装配式建筑最早的国家之一，从1891年首次使用预制混凝土构件开始，法国的预制混凝土结构已经经历了130多年的发展。法国的装配式建筑主要以预制装配式混凝土结构为主，钢结构、木结构为辅。

20世纪50年代到70年代，法国采用装配式大板建造了很多住宅，解决了突出的居住问题。在此期间，也形成了不同的建筑体系，但各建筑体系的构件并不通用。

到1981年，法国在全国范围内选出了25种构造体系，其中大部分均为预制混凝土体系。所谓的构造体系，是由一系列能够相互通用的预制构件组成的，形成构件目录，设计师可以选择目录中的构件，像搭积木一样组合组成不同的建筑。

为了发展面向全行业的通用构配件的商品生产，法国于1982年开发了构造逻辑系统软件。这套系统能够组成多样化的建筑，辅助设计。

经过多年的发展，法国开发出了G5软件系统。该软件系统的产品目录中收集了符合相同模数协调规则且安装上具有兼容性的建筑部品，向用户介绍了各类型构件的协调规则、技术参数和尺寸参数，并具体介绍了建筑构件的施工方法，主要形状、构件之间的连接方法，设计的经济效益等。

3）日本装配式混凝土结构的发展

日本在1945年以后，随着人口的迅速增长，住房问题成了当时日本社会急需解决的民生问题。装配式住宅在此期间得到了初步研究，一批装配式建筑企业也开始成长起来。

20世纪60年代，随着日本经济的快速发展，装配式建筑也得到了进一步的发展。1968年，日本提出了“住宅产业”的概念，随着“住宅建设五年计划”的实施，日本掀起了产品化住宅的快速发展。

20世纪70年代，《工业化住宅性能认定规程》颁布，其规定了装配式住宅的性能要求，住宅产业的发展也进入了稳定的发展阶段。

20世纪80年代到90年代，日本的装配式住宅产业发展逐渐成熟，通过不断加大研发力度，在满足工业化需求的同时，也能够适应居民的不同需求。

21世纪以来，日本建立了SI建筑体系，实现了主体结构与内装修的分离，有效解决了主体结构的设计使用年限与内装修使用年限不匹配的问题，从而保证了建筑在其设计使用期限内，能够较为简单地对建筑内部进行空间改造和重新装修。

日本一直以来长期坚持发展装配式建筑，并颁布了包括《住宅建设计划法》在内的相关法律法规，制定了统一的模数标准，对新技术采取财政补贴政策。另外，还对采用新技术、新产品的项目给予相应的低息长期贷款支持。

4)美国装配式混凝土结构的发展

美国装配式建筑起源于20世纪30年代,在美国预制-预应力混凝土协会(Precast/Prestressed Concrete Institute,PCI)的长期探索下,美国装配式混凝土结构持续发展。到20世纪70年代,美国国会通过了《国家产业化住宅建造及安全法案》,出台了强制性规范法规《制造装配住宅建造和安全标准》以及一系列的行业规范标准,以推动建筑工业化的发展。为装配建造体系提供了统一标准和规范,以推动建筑工业化的发展。

随着预制混凝土结构和建筑工业化的贡献越来越大,在1991年的PCI年会上,预制混凝土结构的发展被视为美国乃至全球建筑业发展的新契机。在《美国统一建筑规范》(UBC—97)中,装配式混凝土结构在强度、刚度方面的要求甚至超过了现浇混凝土结构。

随着政策的推动,2000年以来,美国装配式建筑快速发展,产业化发展逐渐成熟,朝着低能耗、可持续的绿色建筑方向迈进。

【知识检测】

一、单项选择题

1.(　　)于1958年正式投入生产,该厂曾是亚洲最大的预制构件厂。

A.上海第一建筑构件厂　　B.南京第一建筑构件厂

C.天津第一建筑构件厂　　D.北京第一建筑构件厂

2.1959年建成的北京民族饭店,是建国十周年"十大建筑"之一,也是我国第一座高层装配式混凝土结构建筑,(　　)即完成了交付使用。

A.一年　　B.十个月　　C.半年　　D.九个月

3.1979年,我国颁布的《装配式大板居住建筑结构设计和施工暂行规定》(JGJ 1—1979),是我国的(　　)装配式结构的标准。

A.第一部　　B.第二部　　C.第三部　　D.第四部

4.日本建立了(　　)建筑体系,实现了主体结构与内装修的分离。

A.IS　　B.OS　　C.SI　　D.SO

二、多项选择题

1.以下哪些属于装配式大板技术的缺点?(　　　　)

A.抗震性能差　　B.密封防水差　　C.保温隔热差

D.立面　　E.户型过于单一　　F.结构灵活多变

2.2000年以来,美国装配式建筑快速发展,产业化发展逐渐成熟,朝着(　　　　)的绿色建筑方向迈进。

A.高发展　　B.可持续　　C.快建造　　D.低能耗

3.到了21世纪初,随着(　　　　),装配式建筑的优势逐渐显现。

A.劳动力数量的不断降低　　B.商品混凝土的兴起

C.劳动力成本的不断上升　　D.节能环保问题日益得到重视

E.大量廉价劳动力涌入城市

三、判断题

1. 我国逐渐完善了包括装配式建筑设计、施工在内的规范、技术措施等，为装配式建筑的推广提供了可靠的理论依据。（　　）

2. 德国的建筑工业化起源于20世纪20年代。（　　）

3. 法国的装配式建筑主要以钢结构、木结构为主，预制装配式混凝土结构为辅。（　　）

4.《美国统一建筑规范》（UBC—97）中，装配式混凝土结构在强度、刚度方面的要求甚至超过了现浇混凝土结构。（　　）

【想一想】

图1.1所示是什么类型建筑？它是采用什么方式建造的？为什么可以采用这样的建造方式？

图1.1　某建筑

【做一做】

选取你居住地的装配式建筑，制作介绍该建筑的PPT。

任务1.2　装配整体式混凝土结构概述

1.2.1　装配整体式混凝土结构概念

根据《装配式混凝土结构技术规程》的相关定义，装配式混凝土结构是指由预制混凝土构件通过可靠的连接方式装配而成的混凝土结构，包括装配整体式混凝土结构、全装配式混凝土结构等。其中,装配整体式混凝土结构是指由预制混凝土构件通过可靠的方式进行连接并与现场后浇混凝土、水泥基灌浆料形成整体的装配式混凝土结构。

现浇混凝土结构具有整体性好、刚度大等优点,但其也有费时、费工、费料、生产难以工业化等缺点;全装配式混凝土结构有利于建筑构件工业化、提高质量、缩短工期、节能环保、减少人力、节省材料,但其也有整体性较差、不利于抗震、抗渗性能也较差的缺点。装配整体式混凝土结构结合了现浇混凝土结构和全装配式混凝土结构两者的优点,具有工业化生产、节能环保、节约材料、节省劳动力、质量稳定、生产效率高、缩短工期、结构整体性好等优点。随着装配式建筑的发展,装配整体式混凝土结构的应用范围不断扩大。

装配整体式混凝土结构作为装配式混凝土结构的一种特定类型,按照结构类型可分为装配整体式混凝土框架结构、装配整体式混凝土框架-现浇剪力墙结构、装配整体式混凝土剪力墙结构、装配整体式混凝土部分框支剪力墙结构、装配整体式混凝土框架-现浇核心筒结构等。其中,装配整体式混凝土框架结构是指全部或部分框架梁、柱采用预制构件建成的装配整体式混凝土结构;装配整体式混凝土剪力墙结构是指全部或部分剪力墙采用预制墙板构建成的装配整体式混凝土结构。

1.2.2　装配整体式混凝土结构拆分与深化设计概述

目前,装配整体式混凝土结构采用"等同现浇"的设计理念,即装配整体式混凝土结构的主要受力构件之间通过可靠的连接技术进行有效连接,且接缝处新旧混凝土之间采用粗糙面、键槽等连接构造措施时,装配整体式混凝土结构具有与现浇混凝土结构基本等同的整体性、稳定性、承载力、刚度和延性等。其结构性能与现浇混凝土基本等同,设计中可采用与现浇结构相同的方法进行结构设计、结构整体计算分析和构件设计,并根据相关规范、规程的规定对计算结果进行适当的调整。但其具体的实施过程与现浇混凝土结构并不完全相同,在设计与施工过程中不能完全套用现浇混凝土结构的做法。

与现浇混凝土结构相比,装配整体式混凝土结构除了有较多的预制混凝土构件,也具有更多的连接界面、接缝。因此,预制混凝土构件、预制构件与现浇部分连接节点的设计施工尤为重要,应选择"等同现浇"的湿式连接节点,以使装配整体式结构具有良好的整体性,实现"等同现浇"的要求。

与现浇混凝土结构设计相比,装配整体式混凝土结构在设计时增加了预制构件拆分设计、预制构件深化设计、预制构件与预制构件(或预制构件与现浇部分)连接节点设计。拆分设计是指将建筑结构拆分为可供工厂生产及现场装配的单个预制部品。拆分设计时,需要考虑的因素包括建筑功能、结构受力、设备安装、构件生产运输、现场施工等。拆分设计不是简单地东拼西凑,而是对上述各个因素进行综合考虑后,进行的最优化处理。拆分设计的"好坏"直接决定了后续的预制构件深化设计、预制构件生产运输、预制构件吊装等工作能否顺利展开。深化设计是指将设计图纸转化为可供工厂生产的构件加工图。深化设计时,需要综合考虑各专业及生产、运输、施工等环节对预制构件的要求。

装配整体式混凝土结构在设计过程中,其基本的设计参数及一些构造要求与传统的现浇结构也有差异,如各结构体系的适用高度、内力调整系数等。本书不介绍设计参数的相关内容,仅针对拆分设计、深化设计进行详尽的介绍。

【知识检测】

一、单项选择题

1. 装配整体式混凝土框架结构是指(　　)采用预制构件建成的装配整体式混凝土结构。

A. 全部框架梁、柱　　B. 全部或部分框架梁、柱

C. 全部或部分框架梁　　D. 全部或部分框架柱

2. 目前,装配整体式混凝土结构采用(　　)的设计理念。

A. “强梁弱柱”　　B. “强构件”　　C. “弱节点”　　D. “等同现浇”

3. 预制混凝土构件、预制构件与现浇部分连接节点的设计施工非常重要,应选择等同现浇的(　　)连接节点。

A. 湿式　　B. 干式　　C. 干湿交替　　D. 半干半湿

4. 拆分设计是指将建筑结构拆分为可供工厂生产及现场装配的(　　)预制部品。

A. 数个　　B. 整个　　C. 多个　　D. 单个

5. 深化设计是指将设计图纸转化为可供(　　)的构件加工图。

A. 工厂施工　　B. 现场施工　　C. 工厂生产　　D. 设计院设计

二、多项选择题

1. 装配式混凝土结构是指由预制混凝土构件通过可靠的连接方式装配而成的混凝土结构,包括(　　　)等。

A. 钢结构　　B. 装配整体式混凝土结构

C. 全装配式混凝土结构　　D. 木结构

2. 装配整体式混凝土结构的优点包括(　　　)。

A. 工业化生产　　B. 节能环保　　C. 节约材料　　D. 节省劳动力

E. 质量稳定　　F. 结构整体性好　　G. 生产效率高

3. 装配整体式混凝土结构按照结构类型可以分为(　　　)等。

A. 装配整体式框架结构　　B. 装配整体式框架-现浇剪力墙结构

C. 装配整体式剪力墙结构　　D. 装配整体式部分框支剪力墙结构

E. 装配整体式框架-现浇核心筒结构

4. 拆分设计时,需要考虑的因素包括(　　　)等。

A. 建筑功能　　B. 结构受力　　C. 设备专业安装

D. 构件生产运输　　E. 现场施工

三、判断题

1. 装配整体式混凝土结构是指由预制混凝土构件通过可靠的方式进行连接并与现场后浇混凝土、水泥基灌浆料形成整体的装配式混凝土结构。　　(　　)

2. 装配整体式混凝土结构是装配式混凝土结构的一种特定类型。　　(　　)

3. 装配整体式混凝土剪力墙结构是指全部剪力墙采用预制墙板构建成的装配整体式

混凝土结构。　　　　　　　　　　　　　　　　　　　　　　　　　　　　　　(　　)

4. 深化设计时,需要综合考虑各专业及生产、运输、施工等环节对预制构件的要求。

(　　)

【想一想】

按结构类型划分,图 1.2 所示的建筑属于哪种类型的装配整体式混凝土结构?

图 1.2　某装配式建筑

【做一做】

选取你家乡或学校所在地的装配整体式混凝土结构建筑,收集资料,分析该建筑相较于传统现浇结构的优点,形成调研报告。

项目 2 装配整体式混凝土结构拆分设计

【项目引入】

装配整体式混凝土结构预制构件的拆分是设计的重要环节。与现浇结构相比,装配整体式混凝土结构的拆分设计可能会对建筑功能、建筑平立面、主体结构受力状况、预制构件承载能力、工程造价等产生较大影响。拆分设计的“好坏”直接决定了现浇部分与预制构件、预制构件与预制构件的连接是否简便、可行,预制构件生产、施工安装是否顺利,结构安全是否能够得到保障。

【学习目标】

技能目标:能够根据现行国家相关制图标准和工程设计规范完成常见预制梁、预制柱和预制楼梯等基本构件的拆分设计工作,并运用装配整体式混凝土结构拆分设计的相关原理和方法提出预制剪力墙拆分设计中复杂问题的解决方案。

知识目标:了解装配整体式混凝土结构拆分设计具体工作内容,熟悉预制混凝土构件及其拆分设计内容,重点掌握预制板、预制梁、预制柱、预制剪力墙及其他构件拆分设计要点。

素质目标:学习过程中,通过强调拆分设计的合理性对提高结构的整体性和抗震性能的重要作用,深入根植质量意识、底线意识;拆分过程中,强化标准化、模数化的概念,根植低碳节能意识;为更好地满足结构的受力需求,优化构件的形状和尺寸,培养学生精益求精的工匠精神。

【学习重、难点】

重点:预制板、预制梁、预制柱、预制剪力墙及其他构件拆分设计要点。

难点:预制剪力墙拆分设计的方法。

【学习建议】

1. 本项目对装配整体式混凝土结构各组成构件的拆分设计工作进行介绍,着重学习各构件的拆分依据和区域以及设计要点。

2. 利用网络平台收集代表性装配整体式混凝土结构,了解其结构形式、采用的预制构件类型以及节点形式等。

3. 考察所在地有代表性的装配整体式混凝土结构建筑的预制构件类型及装配形式。

4. 任务后的技能训练与项目实训,对应进度逐步练习,通过做练习加以巩固基本知识。

任务2.1 拆分设计概述

在装配整体式混凝土结构拆分设计前，应充分了解当地政策法规、用地条件及项目定位，进行相应的技术统筹。在考虑建筑功能的前提下，需要结合结构布置、预制构件制作、预制构件运输、预制构件现场安装等各方面的因素，并考虑经济的合理性，将各个环节有效衔接，才能真正地做好装配整体式混凝土结构的拆分设计。在装配整体式混凝土结构的拆分设计阶段，满足相关装配式指标要求的前提下，需要完成平立面的拆分、连接节点选型等工作。具体工作内容如下：

①预制构件应用范围的选择；

②预制构件与现浇部分的边界条件控制；

③预制构件外形、质量控制；

④预制构件与现浇部分、预制构件与预制构件之间的连接方式及节点形式选择。

常见的预制混凝土构件类型如表2.1所示。做拆分设计时，应根据项目的实际情况合理选择预制构件类型。

表2.1 常见的预制混凝土构件类型

构件类型	构件结构形式	常用构件分类
预制墙	实心墙、叠合墙	预制外剪力墙、预制内剪力墙、预制外挂墙板、预制夹心保温外墙、预制混凝土PCF板等
预制柱	实心柱、空心柱	预制柱
预制梁	实心梁、叠合梁、U形梁	预制主次梁、预制叠合主次梁
预制板	空心楼板、叠合楼板、肋板、实心楼板	预制楼板、预制阳台板、预制空调板
预制楼梯	板式、梁式	预制梯段板
其他	异形构件	预制飘窗、预制转角墙

常见的预制混凝土构件如图2.1至图2.11所示。

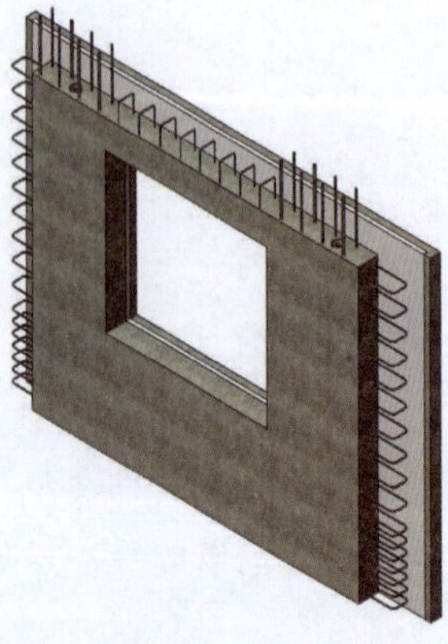

图2.1 预制夹心保温剪力墙板

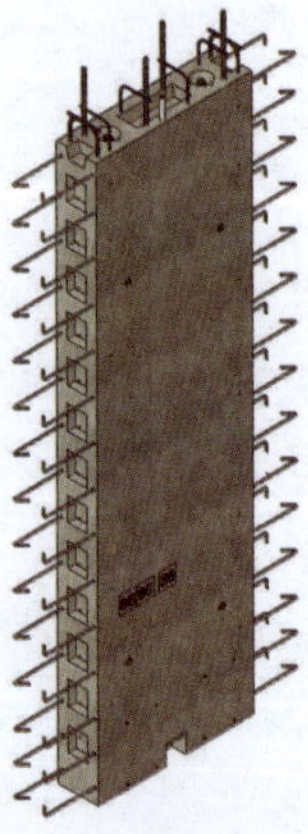

图2.2 预制剪力墙板

图2.3　预制叠合墙板

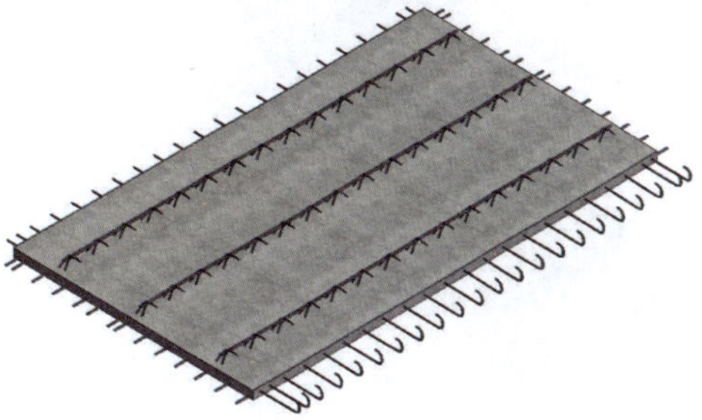

图2.4　预制叠合板

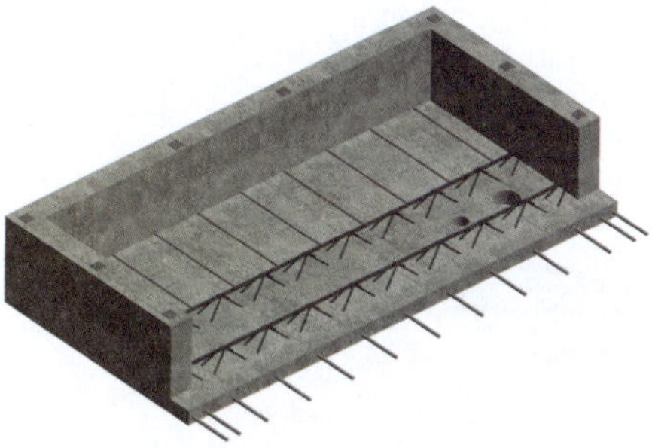

图2.5　预制阳台

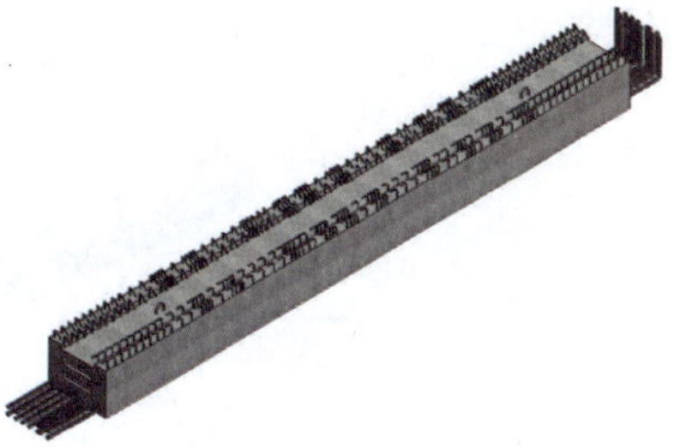

图2.6　预制叠合梁

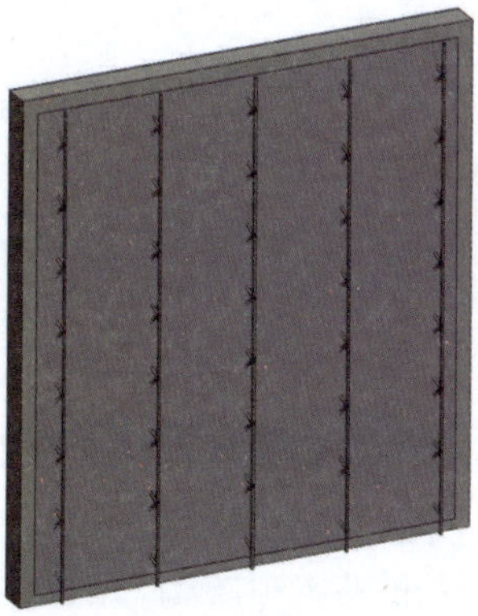

图2.7　预制混凝土 PCF 板

图2.8　预制柱

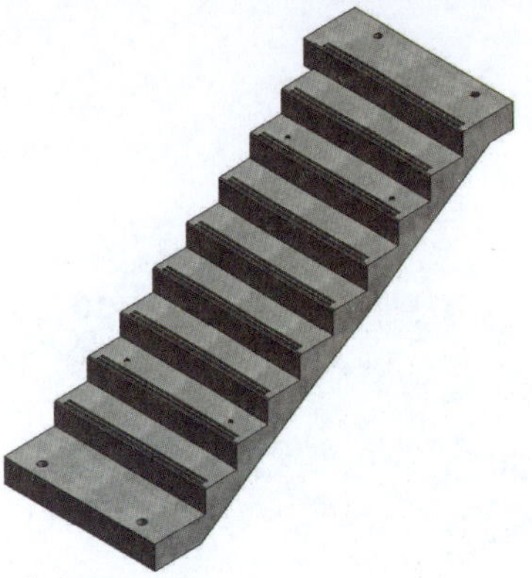

图 2.9　预制楼梯

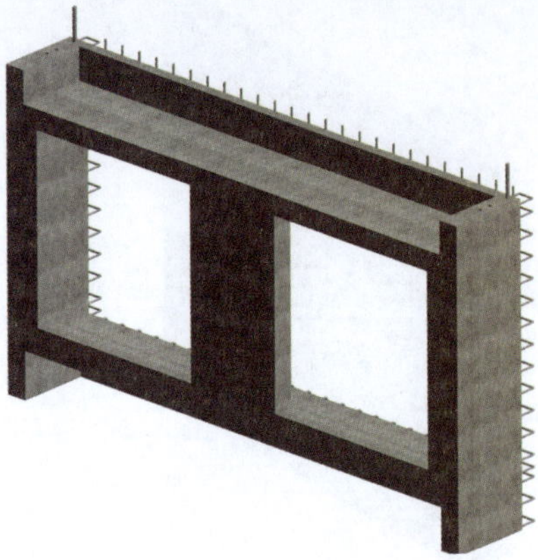

图 2.10　全预制飘窗

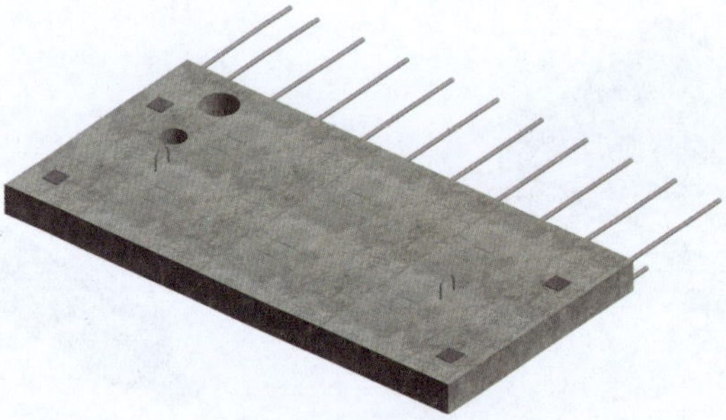

图 2.11　预制空调板

按照预制构件的种类进行分类，拆分设计包括以下内容：

①预制楼板的应用范围、尺寸，预制楼板与支座的节点形式选择，预制楼板与现浇板的节点形式选择；

②预制梁的应用范围、尺寸，主次梁连接节点的选择，梁柱节点形式的选择；

③预制柱的应用范围、尺寸，梁柱连接节点的选择，柱与柱连接节点形式的选择；

④预制楼梯的应用范围、尺寸，预制楼梯与主体结构连接节点的选择；

⑤预制剪力墙的应用范围、尺寸，上、下层剪力墙连接节点的选择，同楼层相邻预制剪力墙的连接节点的选择；

⑥其他非主体结构预制混凝土构件的应用范围、尺寸，连接节点的选择。

装配整体式混凝土结构拆分需考虑以下因素（包括但不限于）：

①结构的合理性。结合相关规范、规程，合理选取采用预制构件的范围，选取合适的连接节点，实现“等同现浇”，同时应考虑单构件结构的合理性，避免形成受力不合理的异形预制构件。特别不规则的建筑会出现各种非标准的构件，且在地震作用下内力分布较复杂，不适宜采用装配式结构。

②生产的便利性。充分考虑方便生产，同一项目应尽可能地减少预制构件的种类、统一预制构件的规格，提高预制构件的标准化程度。

③运输的可行性。结合运输车辆的尺寸限制、起重装卸设备的能力，合理控制预制构

件的尺寸、质量。

④施工的可操作性。应结合现场塔吊的选型及布置，充分考虑各位置处预制构件的质量，将预制构件的质量限制在可起吊范围内（须考虑吊具质量、塔吊的安全系数和动力系数等）。充分考虑预制构件与现浇部分连接节点的合理性，连接节点形式的选择应给现浇部分的施工预留足够的操作空间，方便后续施工。

⑤应对拆分后的预制构件接缝处受剪承载力进行合理的验算。当不满足相关要求时，应采用相应的加强措施，具体的验算方法和过程可见任务3.3中“8）接缝承载力验算”的相关介绍。

⑥拆分设计宜与建筑、结构、水、暖、电、精装、智能化等各专业协同进行、同步设计，避免出现先施工图设计、后拆分设计的情况。

【知识检测】

一、单项选择题

1. 预制外剪力墙、预制内剪力墙、预制夹心保温外墙都属于（ ）。

A. 预制剪力墙　B. 预制柱　C. 预制梁　D. 预制板

2. 做拆分设计时，应根据项目的（ ）合理选择预制构件类型。

A. 结构类型　B. 实际情况　C. 高度　D. 体量

3. 在装配整体式混凝土结构的拆分设计阶段，在满足（ ）的前提下，需要完成平立面的拆分、连接节点选型等工作。

A. 厂家要求　B. 乙方要求

C. 甲方要求　D. 相关装配式指标要求

4. 装配整体式混凝土结构预制构件的（ ）是设计的重要环节。

A. 拆分　B. 深化　C. 生产　D. 施工

二、多项选择题

1. 在装配整体式混凝土结构的拆分设计阶段，具体工作内容包括（ ）等。

A. 预制构件应用范围的选择

B. 预制构件与现浇部分、预制构件与预制构件之间的连接方式及节点形式选择

C. 预制构件与现浇部分的边界条件控制

D. 预制构件外形、质量控制

2. 常见的预制混凝土构件类型包括（ ）。

A. 预制墙　B. 预制柱　C. 预制梁

D. 预制板　E. 质量稳定　F. 预制楼梯

3. 拆分设计的“好坏”直接决定了（ ）。

A. 结构安全是否能够得到保障

B. 现浇部分与预制构件、预制构件与预制构件的连接是否简便、可行

C. 预制构件生产、施工安装是否顺利

D. 模板类型的选择

三、判断题

1. 预制梁包括实心梁、叠合梁、U 形梁。 ( )

2. 装配整体式混凝土结构是装配式混凝土结构的一种特定类型。 ( )

3. 装配整体式混凝土剪力墙结构是指全部剪力墙采用预制墙板构建成的装配整体式混凝土结构。 ( )

4. 拆分后的预制构件宜对接缝处受剪承载力进行合理的验算。 ( )

【想一想】

图 2.12 所示是什么预制构件？它常用在哪种类型的装配整体式混凝土结构中？它的拆分设计内容包括哪些？

图 2.12 预制构件

【做一做】

绘制思维导图，梳理装配整体式混凝土结构与全装配混凝土结构的区别。

任务 2.2 叠合板拆分设计区域

相对于全预制装配楼板而言，叠合楼板可以提高结构的整体刚度和抗震性能。《装配式混凝土建筑技术标准》第 5.5.1 条规定：装配整体式混凝土结构的楼盖宜采用叠合楼盖；《装配式混凝土结构技术规程》第 6.6.1 条规定：装配整体式结构的楼盖宜采用叠合楼盖。

叠合楼盖有很多种形式，包括钢筋桁架叠合楼盖、预应力叠合楼盖、带肋叠合楼盖、箱式叠合楼盖、叠合空心楼盖等。本书仅介绍常见的钢筋桁架叠合楼盖，下文中提到的叠合楼盖均指钢筋桁架叠合楼盖。钢筋桁架叠合楼盖由钢筋桁架叠合板组成，钢筋桁架叠合板为下部采用钢筋桁架预制板、上部采用现场后浇混凝土而形成的叠合板。

在对楼盖进行拆分设计前，首先需要确保结构模板图的准确性，特别是模板图中梁的宽度尺寸及定位要与梁平法中集中标注（或原位标注）一致。在做叠合板拆分时，设计人员一般都按照结构模板图进行拆分。若此时梁平法中集中标注（或原位标注）的梁宽度与模板图中对应不上，则会出现叠合板按照模板图拆分，而后期施工时装不上的情况。例如，模板图中梁宽度为200 mm，而梁平法中标注的梁宽度为250 mm，拆分设计时按照模板图中梁宽度为200 mm进行拆分，此时叠合板的尺寸比实际尺寸大，现场无法安装到位，从而给现场造成返工等后果。

另外，对于结构模板图中可能未表达的信息，应提前将其反映到结构模板图中，以免因拆分设计考虑不到位，发生信息遗漏。例如，在通用图中示意了通用的梁端加腋构造做法，但结构模板图中并未体现加腋，应提前将需要加腋的区域在结构模板图中示意出加腋的实际尺寸，以便于叠合板拆分时考虑梁端加腋的情况。

2.2.1 叠合板拆分设计区域

①在叠合板拆分时，应避开不适合拆分的区域，相关规范也提出了宜采用现浇楼盖的区域。例如，《装配式混凝土结构技术规程》第6.6.1条规定：装配整体式结构的楼盖宜采用叠合楼盖。结构转换层、平面复杂或开洞较大的楼层、作为上部结构嵌固部位的地下室楼层宜采用现浇楼盖。又如，《装配式混凝土建筑技术标准》第5.5.2条规定，高层装配整体式混凝土结构中，楼盖应符合下列规定：

a. 结构转换层和作为上部结构嵌固部位的楼层宜采用现浇楼盖。

b. 屋面层和平面受力复杂的楼层宜采用现浇楼盖。当采用叠合楼盖时，楼板的后浇混凝土叠合层厚度不应小于100 mm，且后浇层内应采用双向通长配筋，钢筋直径不宜小于8 mm，间距不宜大于200 mm。

《装配式混凝土建筑技术标准》第5.5.2条规定：当顶层楼板采用叠合楼板时，为增强顶层楼板的整体性，需提高后浇混凝土叠合层的厚度和配筋要求，同时叠合楼板应设置桁架钢筋。

在选择叠合板应用区域时，首先应尽量避开上述规范中宜采用现浇楼板的区域；当确需使用叠合楼盖时，应根据规范要求或以往可靠的项目经验采取相应的加强措施，以确保结构的安全性。

②在住宅建筑中，从公区电井到户内配电箱之间，需要有电气穿线管通过。电气穿线管的直径一般均较粗，此类电气穿线管通过的区域需要注意叠合楼板后浇层的厚度。若采用常规的130 mm厚叠合楼板（预制层厚度为60 mm、后浇层厚度为70 mm），由于桁架筋高度较低，桁架筋上弦筋与预制板面之间的净高较小，电气穿线管将难以从桁架筋下方穿过，即使从其他地方绕过桁架筋，在管线交叉的地方也很可能会出现板面混凝土保护层厚度不

足的情况。因此,对于从公区电井到户内配电箱之间的电气穿线管所经过的区域,宜优先采用现浇楼板。当采用叠合楼板时,应注意叠合楼板后浇层厚度应适当加大,所选用的桁架筋也应适当加高,以便于穿线管能够在桁架筋下方顺利穿过。

此外,对于管线排布较密集的区域,如户内电箱位置(图 2.13)或墙上有较多的开关控制面板、插座的区域,现浇层内的预埋穿线管在该处区域会较为集中,管线存在较多的交叉重叠,此类区域也宜优先采用现浇。若此处采用叠合板,叠合板后浇层厚度应适当加大,否则容易出现板面混凝土保护层厚度不足的情况。

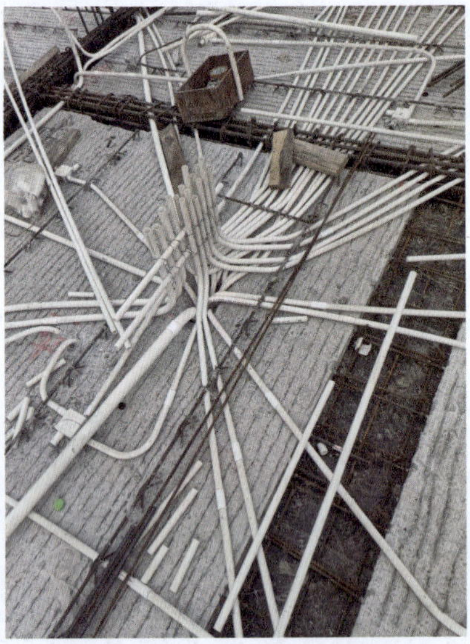

图 2.13　预埋线管密集区域

针对上述情况,在做拆分设计时,叠合板区域应结合设备管线布置图综合分析叠合楼板现浇层厚度。而对于管线较多、较密集的区域,宜优先考虑采用现浇楼板。

③卫生间由于长期处于潮湿状态,且存在较多的开洞、预埋等,有时卫生间内甚至有较多的结构折板,因此卫生间通常不建议采用叠合楼板,宜采用现浇板。

在厨房、阳台区域存在一定的潮湿环境,宜优先考虑采用现浇楼板。

对于厨房、卫生间、阳台等涉水的区域,当采用叠合楼板时,需做好相应的防水措施,叠合楼板留洞、留槽、降板等均应与各专业协同设计。

④公共区域(如住宅中电梯厅前室位置)涉及的管线预埋较多时,存在较多的预埋管线交叉布置(分析见前述第②条相关内容),为满足穿线管施工的要求,需要预留的现浇层厚度较大,同时在一些项目中此区域现浇层内预埋相关的施工不确定性因素也多。因此,公共区域不建议采用叠合板,宜采用现浇楼板。当采用叠合楼板时,应充分考虑此区域结构受力及管线的数量、型号、管线交叉等因素,将叠合楼板后浇层厚度适当加大。

⑤在公建项目的一些机房区域中,当该功能区域内存在较为复杂的预留预埋或存在较多的不确定因素时,此区域宜优先采用现浇楼板。

⑥对于结构大开洞周边的区域,或者框架-核心筒结构的核心筒周边区域、角柱内侧楼板,由于受力复杂,宜优先考虑采用现浇楼板,以增强其结构整体性。

⑦根据《混凝土结构构造手册》(第五版)第二章第八节第 6 条(中国建筑工业出版社出版),叠合板不适用于有机器设备振动的楼盖。因此,对于有振动的区域,宜优先采用现浇楼板。

⑧叠合楼板应避开后浇带区域,当建筑长度较大时,应提前确定好后浇带的位置。在拆分设计时,应提前避开该区域。

⑨对于板跨特别大的区域,应综合考虑是否适合采用叠合楼板。

2.2.2　叠合板拆分设计要点

(1)叠合板拆分形式的选择

叠合板拆分形式如图2.14所示。

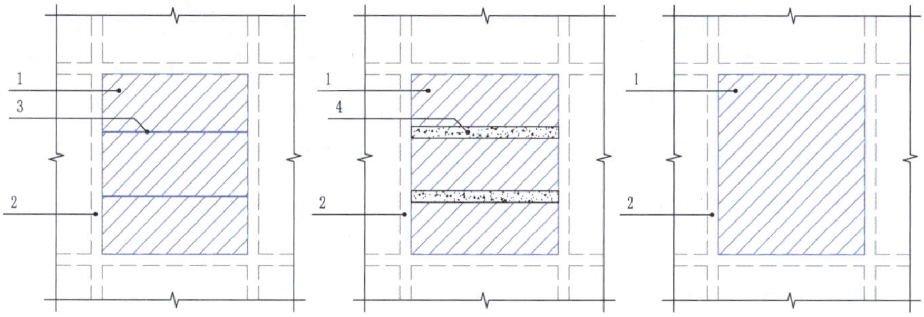

(a)单向叠合板　(b)带接缝的双向叠合板　(c)无接缝的双向叠合板

图2.14　叠合板拆分形式

1—预制板;2—梁或墙;3—板侧分离式接缝;4—板侧整体式接缝

叠合板拆分时,应结合项目特点,根据叠合板尺寸、预制板尺寸及接缝构造,合理选择按照单向叠合板或者双向叠合板进行设计。当按照双向板设计时,同一块板内,可采用整块的叠合双向板[图2.14(c)]或者几块预制板通过整体式接缝组合成的叠合双向板[图2.14(b)];当按照单向板设计时,几块预制板各自作为单向板进行设计[图2.14(a)],板侧采用分离式拼缝即可。

《装配式混凝土结构技术规程》第6.6.6条规定:双向叠合板板侧的整体式接缝宜设置在叠合板的次要受力方向上且宜避开最大弯矩截面。其原因可参见《装配式混凝土结构技术规程》规定:试验研究表明,与整体现浇板比较,预制板接缝处应变集中,裂缝宽度较大,导致构件的挠度比整体现浇板略大,接缝处受弯承载力略有下降。因此,接缝应该避开双向板的主要受力方向和跨中弯矩最大的位置。在设计时,如果接缝位于主要受力位置,应考虑其影响,对按照弹性板计算的内力及配筋结果进行调整,适当增大两个方向的纵向受力钢筋。因此,双向叠合板板侧接缝位置应避开主要受力及弯矩最大截面,否则应考虑其不利影响,采取相应的加强措施。

(2)叠合板尺寸的要求

在选择叠合板尺寸时,根据《装配式混凝土结构技术规程》第6.6.2条的相关规定,叠合板应按《混凝土结构设计标准》进行设计,并应符合下列规定:

①叠合板的预制层厚度不宜小于60 mm,后浇混凝土叠合层厚度不应小于60 mm;

②当叠合板的预制板采用空心板时,板端空腔应封堵;

③跨度大于3 m的叠合板,宜采用桁架钢筋混凝土叠合板;

④跨度大于6 m的叠合板,宜采用预应力混凝土预制板;

⑤板厚大于180 mm的叠合板,宜采用混凝土空心板。

对于上述叠合板板厚、跨度的限制,《装配式混凝土结构技术规程》第6.6.2条也做了相应的解释说明:

①叠合板后浇层最小厚度的规定考虑了楼板整体性要求以及管线预埋、面筋铺设、施工误差等因素。预制板最小厚度的规定考虑了脱模、吊装、运输、施工等因素。在采取可靠的构造措施的情况下，如设置桁架钢筋或板肋等，增加了预制板刚度时，可以考虑将其厚度适当减小。

②当板跨较大时，为了增加预制板的整体刚度和水平界面抗剪性能，可在预制板内设置桁架钢筋。钢筋桁架的下弦钢筋可视情况作为下部的受力钢筋使用。在施工阶段，验算预制板的承载力及变形时，可考虑桁架钢筋的作用，减小预制板下的临时支撑。

③当板跨超过 6 m 时，采用预应力混凝土预制板经济性较好。板厚大于 180 mm 时，为了减轻楼板自重、节约材料，推荐采用空心楼板；可在预制板上设置各种轻质模具，浇筑混凝土后形成空心。

另外，叠合板预制层、现浇层的厚度应考虑桁架钢筋的设置，详见项目 3 中 3.2.1 节“(3)桁架钢筋问题”的相关介绍。

对于常规的叠合板，预制层厚度一般均取为 60 mm，但对于跨度较大的叠合板，预制层厚度应适当加厚，如加厚到 70 mm 或者更大厚度。当预制板跨度较大而预制层厚度仍取为 60 mm 时，在脱模、起吊阶段容易出现开裂。预制层加厚的同时，也须注意现浇层厚度的选择。叠合板的后浇层厚度不可过小，以确保叠合板上部后浇混凝土层内管线的正常预埋。

结合常规运输车辆的宽度，叠合板拆分后的预制板宽度尽量控制在 3 m 以内(包含出筋长度)，个别地区使用的运输车辆宽度可能只有 2.5 m，须结合当地的实际情况综合考虑。

另外，在选择预制板尺寸时，也应结合塔吊的选型和布置控制叠合板拆分后单块预制板的质量，将其质量控制在塔吊可起吊重量范围内。

(3)叠合板拼缝的选择

在对楼板进行拆分时，若按有接缝的双向板进行拆分，预制板之间的接缝宽度应结合板底纵筋的种类、直径、锚固方式、混凝土强度等级进行设置，满足板底纵筋搭接长度。常见的接缝形式如图 2.15 至图 2.17 所示。

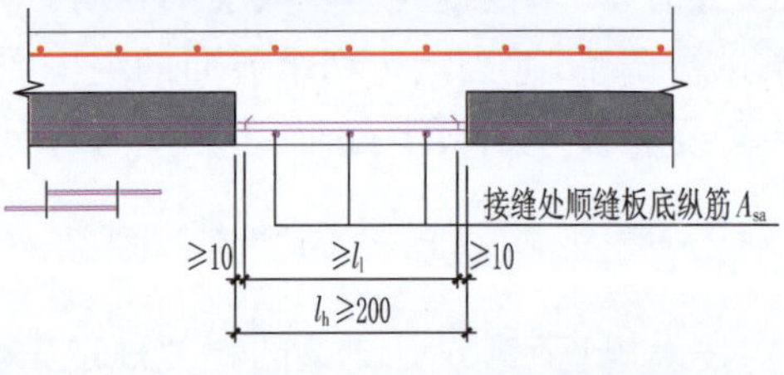

图 2.15　后浇带形式接缝(板底纵筋直线搭接)

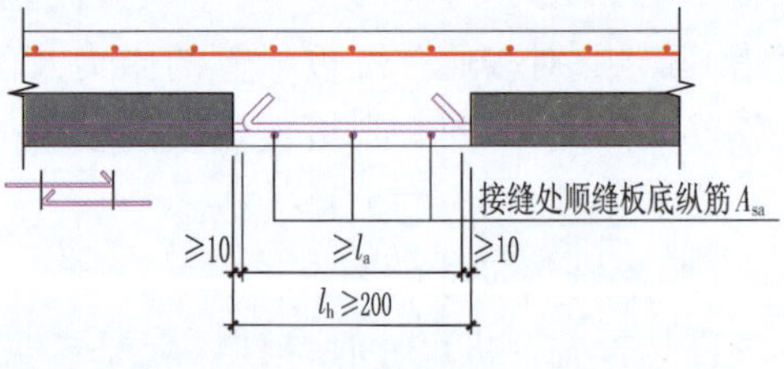

图 2.16　后浇带形式接缝(板底纵筋末端带 135°弯钩搭接)

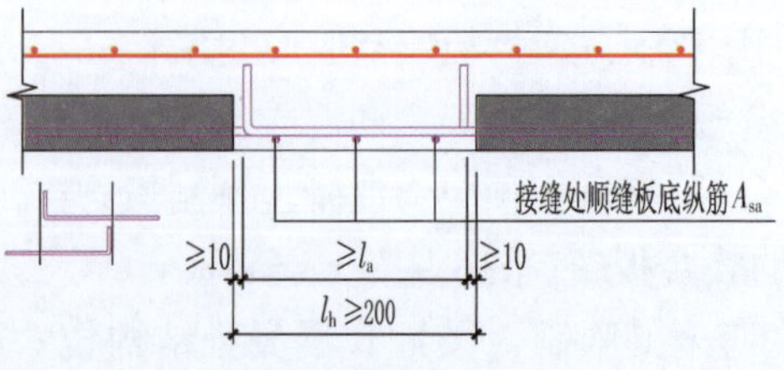

图 2.17　后浇带形式接缝(板底纵筋末端带 90°弯钩搭接)

若按单向板进行拆分，常见的板侧接缝处节点大样如图 2.18、图 2.19 所示。

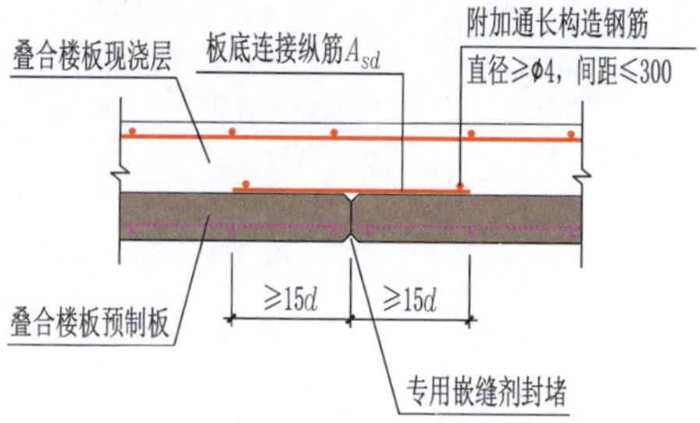

图 2.18 单向叠合板板侧接缝构造（密拼接缝）

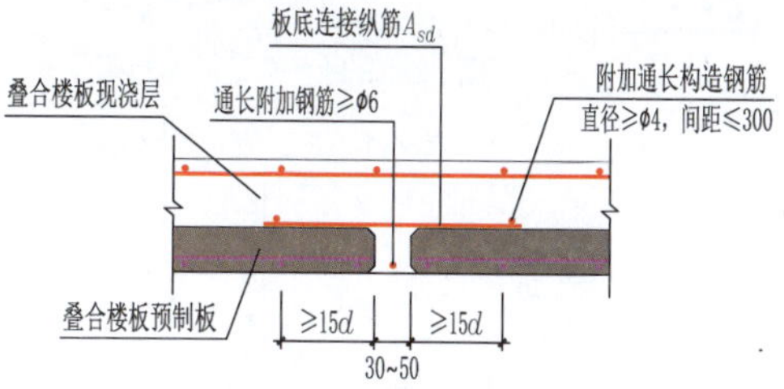

图 2.19 单向叠合板板侧接缝构造（后浇小接缝）

对于双向叠合板的拼缝宽度，常见尺寸为 300 mm（混凝土强度等级为 C30、板底钢筋种类为 HRB400、钢筋直径为 8 mm；拼缝形式选择图 2.16 时，接缝宽度为 300 mm）。计算过程如下：

当混凝土强度等级为 C30、板底钢筋直径为 8 mm（HRB400）时，根据表 2.2 至表 2.6 并结合式（2.1），$l_a=\zeta_a l_{ab}=\zeta_a \alpha \dfrac{f_y}{f_t}d \approx 35d=280$ mm，因此其接缝宽取为 280+10×2=300（mm）。

表 2.2 纵向受拉钢筋搭接长度 l_l、l_{lE}

抗 震	非抗震
$l_{lE}=\zeta_l l_{aE}$	$l_l=\zeta_l l_a$

注：①当直径不同的钢筋搭接时，按直径较小的钢筋计算。

②对梁的纵向钢筋，不小于 300 mm。

③式中 ζ_l 为纵向受拉钢筋搭接长度修正系数，按表 2.3 取值。

表 2.3 纵向受拉钢筋搭接长度修正系数 ζ_l

纵向受拉钢筋搭接接头面积百分比（%）	25	50	100
ζ_l	1.2	1.4	1.6

注：当纵向受拉钢筋搭接接头面积百分比为表中的中间值时，可按线性内插取值。

表 2.4 受拉钢筋锚固长度 l_a、抗震锚固长度 l_{aE}

非抗震	抗 震
$l_a=\zeta_a l_{ab}$	$l_{aE}=\zeta_{aE} l_{ab}$

注：①l_a 不应小于 200 mm。

②锚固长度修正系数 ζ_a 按表 2.5 取用，当多于一项时，可按连乘计算，但不应小于 0.6。

③ζ_{aE} 为抗震锚固长度修正系数，对一、二级抗震等级取 1.15，对三级抗震等级取 1.05，对四级抗震等级取 1.00。

表 2.5　受拉钢筋锚固长度修正系数 ζ_a

锚固条件		ζ_a
带肋钢筋的公称直径大于 25 mm		1.10
环氧树脂涂层带肋钢筋		1.25
锚固区保护层厚度	$3d$	0.80
	$5d$	0.70
实际配筋面积大于设计计算面积		$\frac{A_{sc}}{A_{st}}$

注：①当锚固区保护层厚度为表中的中间值时，可按线性内插取值；d 为锚固钢筋直径。

②当纵向受力钢筋的实际配筋面积(A_{st})大于其设计计算面积(A_{sc})时，修正系数取设计计算面积与实际配筋面积的比值，但对有抗震设防要求及直接承受动力荷载的结构构件，不应计入此项系数。

普通钢筋的基本锚固长度按下式计算：

$$l_{ab} = \alpha \frac{f_y}{f_t} d \tag{2.1}$$

式中　f_y——普通钢筋的抗拉强度设计值；

f_t——混凝土轴心抗拉强度设计值，当混凝土强度等级超过 C60 时，按 C60 取值；

d——锚固钢筋的直径；

α——锚固钢筋的外形系数，按表 2.6 取用。

表 2.6　锚固钢筋的外形系数 α

钢筋类型	光圆钢筋	带肋钢筋	螺旋肋钢筋	三股钢绞线	七股钢绞线
α	0.16	0.14	0.13	0.16	0.17

(4)叠合板钢筋出筋的问题

从楼盖结构整体性考虑，宜优先考虑叠合板板边出筋的形式。出筋的形式保证了叠合板受力与现浇板基本保持一致，但此方式会导致叠合板模具较复杂。相同尺寸、配筋间距不同时，均需要不同的叠合板模具，造成一定的模具浪费。若采用叠合板板端不出筋的方式，此时只要叠合板尺寸一致，即使其配筋不同，也可共用模具进行生产，降低叠合板模具的摊销成本。但应注意，当叠合板采用板端不出筋的形式时，应满足《装配式混凝土建筑技术标准》《钢筋桁架混凝土叠合板应用技术规程》等规范、规程的相关条款规定。

根据《装配式混凝土建筑技术标准》第 5.5.3 条的规定：当桁架钢筋混凝土叠合板的后浇混凝土叠合层厚度不小于 100 mm 且不小于预制板厚度的 1.5 倍时，支承端预制板内纵向受力钢筋可采用间接搭接方式锚入支承梁或墙的后浇混凝土中(图 2.20)，并应符合下列规定：

①附加钢筋的面积应通过计算确定，且不应少于受力方向跨中板底钢筋面积的 1/3。

②附加钢筋直径不宜小于 8 mm，间距不宜大于 250 mm。

③当附加钢筋为构造钢筋时，伸入楼板的长度不应小于与板底钢筋的受压搭接长度，伸入支座的长度不应小于 15d(d 为附加钢筋直径)且宜伸过支座中心线；当附加钢筋承受

拉力时，伸入楼板的长度不应小于与板底钢筋的受拉搭接长度，伸入支座的长度不应小于受拉钢筋的锚固长度。

④垂直于附加钢筋的方向应布置横向分布钢筋，在搭接范围内不宜少于3根，且钢筋直径不宜小于6 mm，间距不宜大于250 mm。

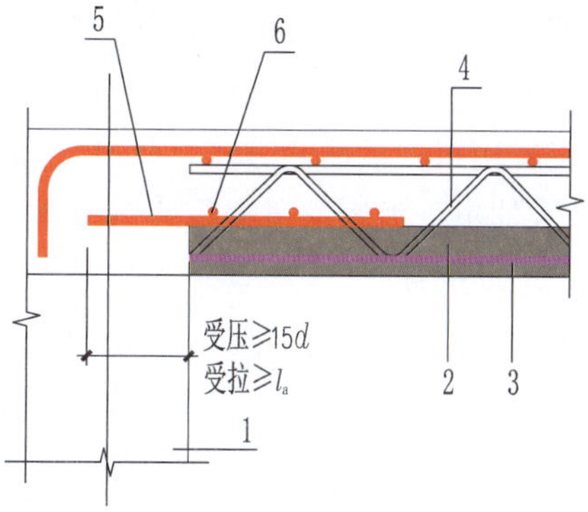

图2.20 桁架钢筋混凝土叠合板板端构造

1—支承梁或墙；2—预制板；3—板底钢筋；4—桁架钢筋；5—附加钢筋；6—横向分布钢筋

根据《钢筋桁架混凝土叠合板应用技术规程》第5.4.6条，桁架预制板纵向钢筋不伸入支座时，应符合下列规定：

①后浇混凝土叠合层厚度不应小于桁架预制板厚度的1.3倍，且不应小于75 mm。

②支座处应设置垂直于板端的桁架预制板纵筋搭接钢筋，搭接钢筋截面积应按本规程第5.4.1条的要求计算确定，且不应小于桁架预制板内跨中同方向受力钢筋面积的1/3，搭接钢筋直径不宜小于8 mm，间距不宜大于250 mm；搭接钢筋强度等级不应低于与搭接钢筋平行的桁架预制板内同向受力钢筋的强度等级。

③对于端节点支座，搭接钢筋伸入后浇叠合层锚固长度 l_s 不应小于 $1.2l_a$，并应在支承梁或墙的后浇混凝土中锚固，锚固长度不应小于支座内锚固长度 l_s'；当板端支座承担负弯矩时，支座内锚固长度 l_s' 不应小于15d 且宜伸至支座中心线；当节点区承受正弯矩时，支座内锚固长度 l_s' 不应小于受拉钢筋锚固长度 l_a[图2.21(a)]。对于中节点支座，搭接钢筋在节点区应贯通，且每侧伸入后浇叠合层锚固长度 l_s 不应小于 $1.2l_a$[图2.21(b)]。

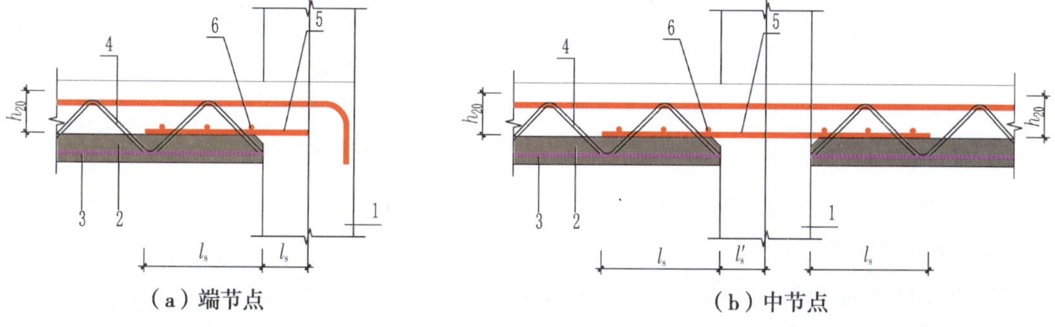

图2.21 无外伸纵筋的板端支座构造

1—支承梁或墙；2—桁架预制板；3—桁架预制板纵筋；

4—钢筋桁架；5—支座处桁架预制板纵筋搭接长度；6—横向分布钢筋

④垂直于搭接钢筋的方向应布置横向分布钢筋，在一侧纵向钢筋的搭接范围内应设置不少于2道横向分布钢筋，且钢筋直径不宜小于6 mm。

⑤当搭接钢筋紧贴叠合面时，板端顶面应设置倒角，倒角尺寸不宜小于15 mm×15 mm。

另外，《装配式混凝土结构技术规程》第6.6.4条也对板底出筋做了相应说明：为保证楼板的整体性及传递水平力的要求，预制板内的纵向钢筋在板端宜伸入支座，并应符合现浇楼板下部纵向钢筋的构造要求。在预制板侧面，即单向板长边支座，为了加工及施工方便，可以不伸出构造钢筋，但应采用附加钢筋的方式，保证楼面的整体性及连续性。

综上所述，预制板板端是否伸出受力钢筋可根据实际情况而定。当采用不出筋的形式时，应满足规范的相关要求；当不同的规范、规程要求不一致时，在无可靠依据的情况下，宜从严控制。预制板端部不伸出受力钢筋时，根据规范、规程的相关要求，板厚较大，增大了结构自重，仅适用于大跨度楼板、多层建筑，不适用于小跨度楼板及高层建筑，工程中宜有条件地选用。

(5)其他拆分设计要点

叠合板区域的机电管线应提前进行相应优化和合理排布，不可完全照搬现浇结构中的布线思路。

叠合板伸入支座的长度要求见本项目任务2.2相关介绍。

【知识检测】

一、单项选择题

1. 装配式结构中，预制构件的连接部位宜设置在(　　)的部位。

A. 易于施工　　B. 结构受力较小　　C. 方便生产　　D. 方便设计

2. 屋面层和平面受力复杂的楼层宜采用现浇楼盖，采用叠合楼盖时，楼板的后浇混凝土叠合层厚度不应小于(　　)。

A. 200 mm　　B. 100 mm　　C. 150 mm　　D. 250 mm

3. 卫生间宜优先考虑采用(　　)。

A. 双T板　　B. 预应力楼板　　C. 叠合楼板　　D. 现浇楼板

4. 对于结构大开洞周边的区域，或者框架-核心筒结构的核心筒周边区域、角柱内侧楼板，由于受力复杂，宜优先考虑采用现浇楼板，以增强其(　　)。

A. 稳定性　　B. 结构整体性　　C. 强度　　D. 刚度

5. 叠合板的预制层厚度不宜小于(　　)，后浇混凝土叠合层厚度不应小于(　　)。

A. 60 mm　　B. 70 mm　　C. 80 mm　　D. 90 mm

二、多项选择题

1. 装配整体式混凝土结构拆分需考虑的因素包括(　　　)。

A. 结构的合理性　　B. 生产的便利性

C. 运输的可行性　　D. 施工的可操作性

2. 叠合楼盖有很多形式,包括(　　　　)。

A. 钢筋桁架叠合楼盖　　B. 预应力叠合楼盖

C. 带肋叠合楼盖　　D. 箱式叠合楼盖

E. 叠合空心楼盖

3. 叠合板拆分时,应结合项目特点,根据叠合板(　　　　),合理选择按照单向叠合板或者双向叠合板进行设计。

A. 接缝构造　　B. 尺寸　　C. 钢筋长度　　D. 预制板尺寸

4. 双向叠合板板侧的整体式接缝宜设置在(　　　　)且(　　　　)。

A. 叠合板的次要受力方向上　　B. 宜避开最大弯矩截面

C. 方便施工的位置　　D. 经济性好的位置

5. 对楼板进行拆分时,若按照有接缝的双向板进行拆分,预制板之间的接缝宽度应结合(　　　　)进行设置。

A. 板底纵筋的种类　　B. 板底纵筋的直径

C. 板底纵筋的锚固方式　　D. 混凝土强度等级

三、判断题

1. 拆分设计宜与建筑、结构、水、暖、电、精装、智能化等各专业协同进行、同步设计,避免出现先施工图设计、后拆分设计的情况。(　　)

2. 相对于全预制装配楼板而言,叠合楼板可提高结构的整体刚度和抗震性能。(　　)

3. 结构转换层、平面复杂或开洞较大的楼层、作为上部结构嵌固部位的地下室楼层,应采用现浇楼盖。(　　)

4. 对于从公区电井到户内配电箱的这一段电气穿线管所经过的区域,宜优先采用叠合楼板。(　　)

5. 对于板跨特别大的区域,不能采用叠合楼板。(　　)

【想一想】

如何对叠合板区域的机电管线进行优化,从而达到合理排布?注意不可完全照搬现浇结构中的布线思路。

任务 2.3　框架结构拆分设计

框架结构地上部分的主要受力构件为柱、梁、板。装配整体式混凝土框架结构拆分设计的节点区钢筋布置复杂。预制构件特别是伸出预制构件断面的钢筋位置加工精度要求高、节点区施工操作复杂,需要注意。

对于装配整体式混凝土框架结构,在前期的结构方案布置阶段,应优先采用单向布置的次梁,避免出现井字梁,同时应尽量减少次梁的布置,以降低生产和后期施工的难度。在满足计算的前提下,对梁、柱的截面进行标准化处理。相同跨度的柱网内梁格的布置应尽量统一,以使板的尺寸尽量标准化,相同荷载区域的梁、柱、板配筋应尽量统一,特别是梁、柱的配筋,应尽量采用大直径、小数量的方式,以便节点区的钢筋能够尽量少,从而有利于节点区的施工。若节点区钢筋较多,节点区混凝土浇筑将可能出现下料困难、浇筑不密实的情况,从而对节点区的强度以及结构安全性能产生不利影响。

垂直相交于同一框架柱的预制框架梁、垂直相交的预制主次梁在高度上应有高差,一般宜为 100 mm 以上,以便于不同方向的预制梁底部纵筋的相互避让。预制框架梁与柱中心线偏心距控制不超过该方向柱子宽度的 1/4,尽量避免出现预制框架梁水平加腋的情况。若有水平加腋,则叠合板需要避开加腋位置。当预制梁水平加腋区域预制时,也不利于预制梁模具的标准化,而且生产工艺较为复杂。预制框架梁尽量不采用梁边贴柱边的方式进行布置,以便梁底纵向钢筋与柱角部纵向钢筋在节点区自然避让而不用采用弯折避让的方式,降低梁柱节点区钢筋避让的复杂程度;同时,应尽量避免布置交叉次梁或二级次梁,减少节点数量,降低施工难度。

在对装配整体式混凝土框架结构进行拆分时,应对典型预制梁、预制柱根据实际配筋进行试放样,以查看钢筋直径、数量是否合理。钢筋应尽量采用大直径、小数量的方式,同时应对典型预制梁柱节点区、预制主次梁节点区进行节点区钢筋避让模拟,以查看节点区钢筋设置的合理性,避免后期预制构件深化时发现钢筋无法避让。在进行节点区钢筋避让模拟时,应预留一定的偏差余量,给工厂生产留有一定的生产误差空间,给施工现场留有一定的施工误差空间,宜采用 BIM 技术进行典型节点区三维模拟,提高节点区模拟的准确性。个别项目中,由于建筑功能的要求,构件截面尺寸受限,截面尺寸往往相对较小。若使用荷载很大,会出现配筋非常多的情况,在条件允许的情况下,结构专业可考虑采用高强度钢筋,以减少钢筋数量,有利于节点区的钢筋相互避让,保证节点区后浇混凝土的浇筑质量及节点安全性能。

2.3.1 预制梁拆分设计区域

装配整体式混凝土框架结构中,预制梁一般采用预制叠合梁,本章介绍的预制梁均指预制叠合梁。叠合梁是指在梁的高度上分两次浇捣混凝土的梁,其底部在工厂做成预制,现场将预制部分吊装安装完成后,其顶部在现场后浇混凝土而形成整体的构件。在选择预制叠合梁应用范围时,应与结构设计结合,充分考虑结构的合理性、生产及现场施工的便利性。

预制叠合框架梁尽量选择与柱中心重合的框架梁,尽量不选择梁边贴柱边位置的梁(此位置梁采用预制时,梁底部纵向钢筋需要避开柱角部纵向钢筋,避让位置较大,当梁底部纵向钢筋较多时,可能会导致梁底部纵向钢筋摆放不下);优先选择相同荷载区域、结构布置类似区域的区域,此区域内梁截面尺寸、配筋一般均相同,以提高预制构件的标准化程度。预制叠合梁应用区域选择时,应特别注意所选预制叠合梁两侧板面标高及板厚,部分楼板板底标高同梁底标高或当板面标高降低较多且板厚较大时(图 2.22、图 2.23),此位置梁已经无法采用正常的预制叠合梁(若采用预制叠合梁,需要在侧面预留较多的板底钢筋)。同时,预制梁使用区域的选择还要结合墙身详图。有些项目边梁与幕墙的连接节点较为复杂,存在混凝土下挂外绑等节点做法,如图 2.24 所示。此处若采用预制叠合梁,将需要设计比较复杂的预制梁模具，且生产也较为复杂，在装配率指标满足要求的情况下，此类边梁宜优先采用现浇。

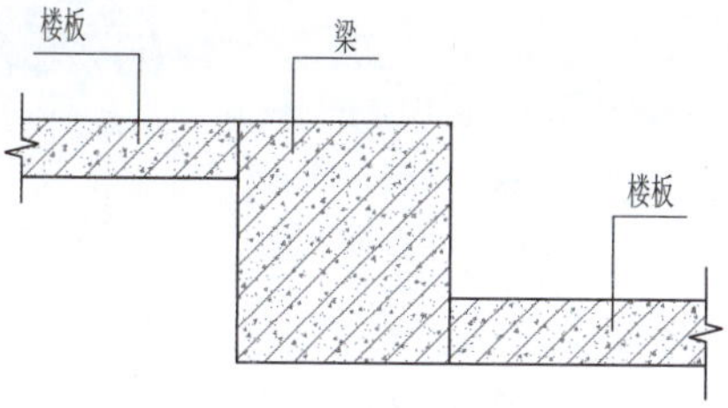

图 2.22　梁底平板底

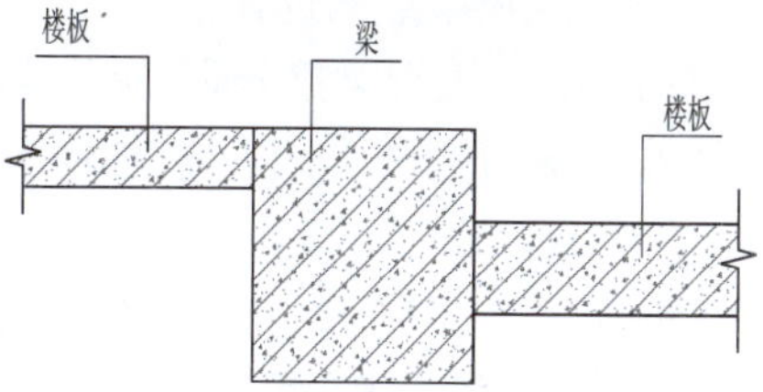

图 2.23　板面降板较多

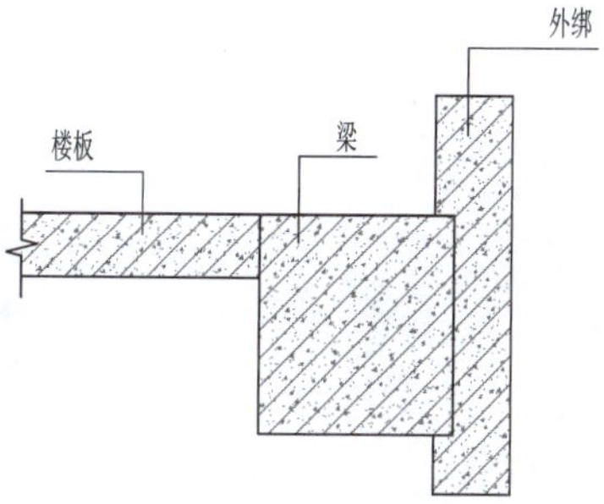

图 2.24　节点较复杂

其他需要综合考虑是否适合采用预制叠合梁的区域包括：

①结构转换区域的结构整体性要求高且属于受力复杂区域，宜采用现浇。

②跨度特别大的梁在不分段预制的情况下一般质量较大，应结合现场场地、塔吊布置情况决定是否采用预制。

③型钢混凝土梁节点区较复杂时，宜优先考虑现浇。

④楼梯间、电梯井均为开洞区域，此区域优先考虑采用现浇梁，以增强结构的整体性。需要注意的是，楼梯间梁上有梯柱，电梯井周边的墙内均有构造柱，均需要落在电梯井周边的梁上。如采用预制梁，则涉及预留插筋的问题。在工厂内预留插筋时，插筋位置的准确固定有一定的困难，生产过程中容易产生偏位。因此，楼电梯井周边建议优先采用现浇梁。

⑤悬挑梁无多余约束，其与主体结构的连接尤为重要，宜采用现浇，以增强其与结构的整体性。

⑥根据《装配式混凝土结构技术规程》第 6.1.9 条，带转换层的装配整体式结构应符合下列规定：

a. 当采用部分框支剪力墙结构时，底部框支层不宜超过 2 层，且框支层及相邻上一层应采用现浇结构；

b. 部分框支剪力墙以外的结构中，转换梁、转换柱宜现浇。

根据《装配式混凝土结构技术规程》第 6.1.9 条，部分框支剪力墙结构的框支层受力较大且地震作用下容易破坏，为加强整体性，框支层及相邻上一层宜采用现浇结构。转换梁、转换柱是保证结构抗震性能的关键受力部位，且往往构件截面较大、配筋多，节点构造复杂，不适合采用预制构件。

2.3.2 预制梁拆分设计要点

搁置主次梁连接节点构造（L4-1）

(1)主、次梁节点的选择

在进行预制叠合梁拆分时，应结合项目特点，综合考虑并确定预制主梁、预制次梁连接节点的形式。常见的预制主、次梁连接节点形式一般有以下5种。

①预制主、次梁连接方式采用在预制主梁侧边预埋机械连接接头，次梁端部设置后浇段，预制次梁底部纵筋在后浇段内与连接纵筋（连接纵筋与预制主梁通过预制主梁侧边预埋的机械连接接头连接）搭接连接，如图2.25所示。

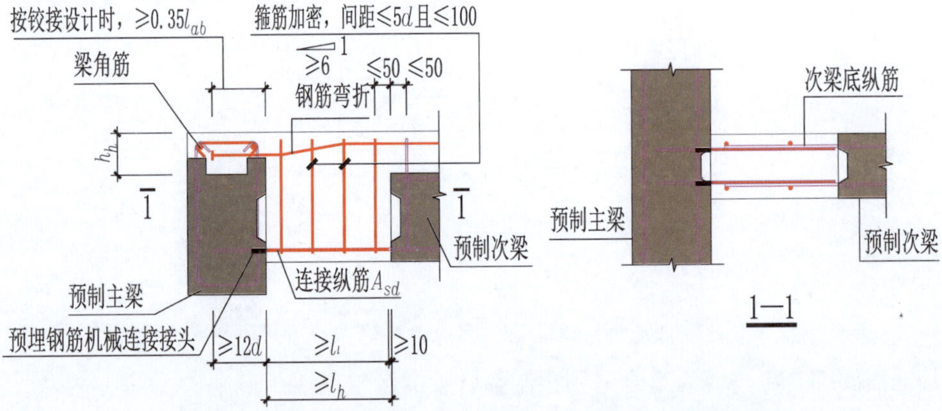

图2.25 预制次梁端设后浇段（预制次梁顶部为单层钢筋）

②主梁侧边取消预埋机械连接接头，而直接将次梁底部钢筋预留伸出主梁端面进入次梁后浇段内，在次梁后浇段内通过灌浆套筒将次梁底纵向钢筋相连，如图2.26所示。此做法需考虑灌浆套筒之间的净距满足相关要求。当次梁底部纵向钢筋数量较多时，一般无法满足灌浆套筒净距的要求，不适合采用该节点形式。

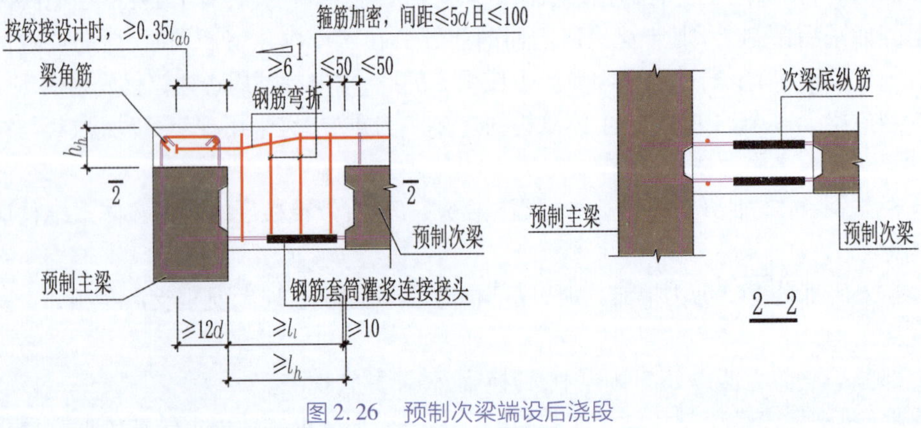

图2.26 预制次梁端设后浇段

需要特别注意预制次梁顶部纵筋的数量。当预制次梁顶部为双层钢筋时，若采用图2.27的形式，需要在预制次梁侧将预制主梁凹口边取消，以便于次梁顶部纵筋顺利伸入预制主梁，如图2.27所示。

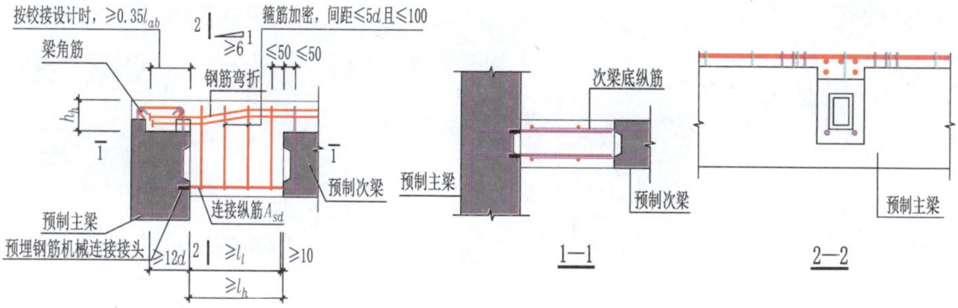

图 2.27　预制次梁端设后浇段（预制次梁顶部为双层钢筋）

③预制主、次梁连接方式采用在预制主梁上预留后浇槽口，预制主梁梁腹纵筋在后浇槽口处断开并伸出预制面一定长度（预制主梁梁腹纵筋按照抗扭考虑，非抗扭时，可直接断开，不用伸出预制面），现场用短钢筋与受扭梁腹纵筋焊接的方式，将梁腹纵筋贯通，如图 2.28 所示。预制次梁底部纵筋直接伸出进入预制主梁预留后浇槽口内。此节点形式需要在预制主梁预留后浇槽口两侧增加梁端模具，增加生产作业工序，如图 2.29 所示。另外，考虑运输、吊装的情况，还需要在后浇槽口两侧增加临时补强措施，增加了措施费，如图 2.30 所示。

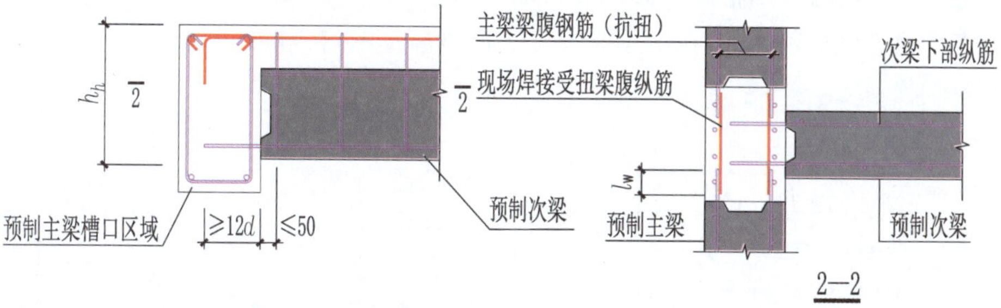

图 2.28　预制主梁预留后浇缺口（预制次梁上部纵筋采用弯钩锚固、下端直锚）

图 2.29　梁腹受扭纵筋后焊接

图 2.30　预制主梁后浇槽口侧面加强措施

④预制主梁梁腹纵筋在预留后浇槽口位置贯通（梁腹纵筋按照抗扭考虑，非抗扭时，可直接断开，不用伸出预制面）。由于预制次梁吊装、安装原因，预制次梁底部纵筋在端部不直接出筋（若直接出筋，吊装时，预制次梁底筋将与预制主梁内梁腹纵筋碰撞，预制次梁将无法安装到位），采用预留机械连接接头的方式，如图 2.31 所示。预制次梁吊装到位后，在预留机械连接接头的位置后拧伸入预制主梁的连接纵筋。选择此节点时，应充分考虑施工

操作空间的问题。

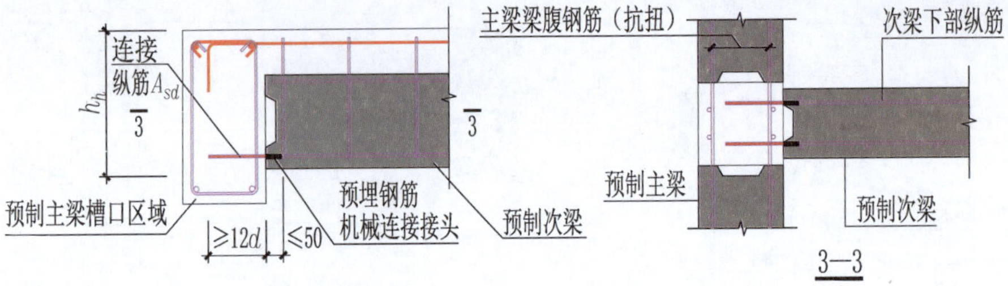

图 2.31　主梁预留后浇缺口（预制次梁上部纵筋采用弯钩锚固、下端采用机械连接）

⑤根据《装配式混凝土建筑技术标准》第 5.5.5 条，次梁与主梁宜采用铰接连接，也可采用刚接连接。当采用刚接连接并采用后浇段连接的形式时，应符合《装配式混凝土结构技术规程》的有关规定。当采用铰接连接时，可采用企口连接或钢企口连接形式；采用企口连接时，应符合国家现行标准的有关规定；当次梁不直接承受动力荷载且跨度不大于 9 m 时，可采用钢企口连接（图 2.32），并应符合下列规定：

a. 钢企口两侧应对称布置抗剪栓钉，钢板厚度不应小于栓钉直径的 60%；预制主梁与钢企口连接处应设置预埋件；在次梁端部 1.5 倍梁高范围内，箍筋间距不应大于 100 mm。

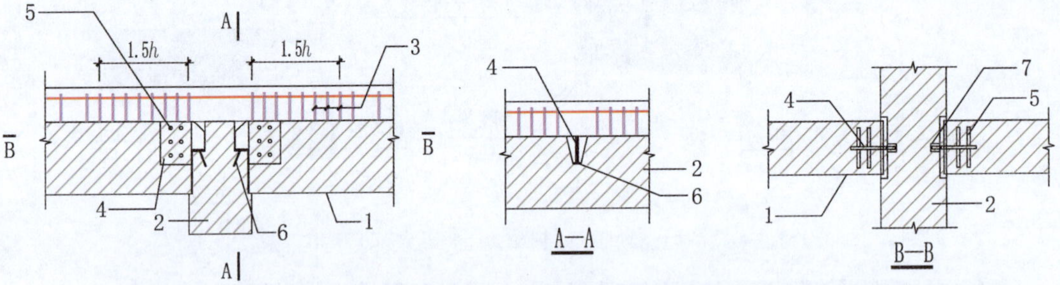

图 2.32　钢企口接头

1—预制次梁；2—预制主梁；3—次梁端部加密箍筋；4—钢板；5—栓钉；6—预埋件；7—灌浆料

b. 钢企口接头的承载力验算（图 2.33），除应符合《混凝土结构设计标准》、《钢结构设计标准》（GB 50017—2017）的有关规定外，还应符合下列规定：

- 钢企口接头应能够承受施工及使用阶段的荷载；
- 应验算钢企口截面 A 处在施工及使用阶段的抗弯、抗剪强度；
- 应验算钢企口截面 B 处在施工及使用阶段的抗弯强度；
- 凹槽内灌浆料未达到设计强度前，应验算钢企口外挑部分的稳定性；
- 应验算栓钉的抗剪强度；
- 应验算钢企口搁置处的局部受压承载力。

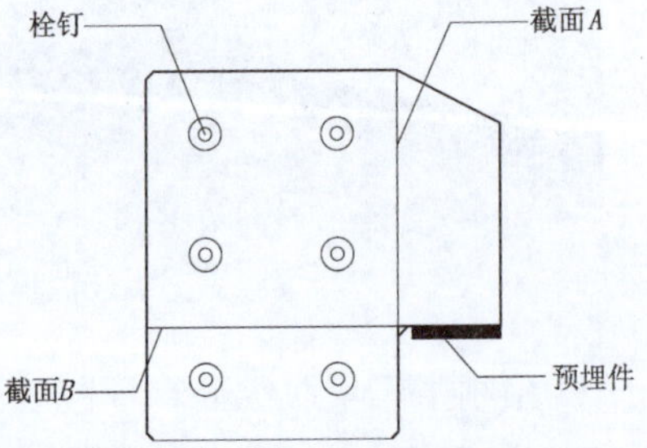

图 2.33　钢企口示意图

c. 抗剪栓钉的布置应符合下列规定：

- 栓钉杆直径不宜大于 19 mm，单侧抗剪栓钉排数及列数均不应小于 2；
- 栓钉间距不应小于杆径的 6 倍且不宜大于 300 mm；
- 栓钉至钢板边缘的距离不宜小于 50 mm，至混凝土构件边缘的距离不应小于 200 mm；
- 栓钉钉头内表面至连接钢板的净距不宜小于 30 mm；
- 栓钉顶面的保护层厚度不应小于 25 mm。

d. 主梁与钢企口连接处应设置附加横向钢筋，相关计算及构造要求应符合《混凝土结构设计标准》的有关规定。

应特别注意，当次梁抗扭时，不得采用搁置式连接。

(2)叠合梁对接连接要求

当拆分设计过程中采用叠合梁对接连接(图 2.34)时，应满足《装配式混凝土结构技术规程》第 7.3.3 条的相关要求，还应符合下列规定：

①连接处应设置后浇段，后浇段的长度应满足梁下部纵向钢筋连接作业的空间需求；

②梁下部纵向钢筋在后浇段内宜采用机械连接、套筒灌浆连接或焊接；

③后浇段内的箍筋应加密，箍筋间距不应大于 $5d$(d 为纵向钢筋直径)，且不应大于 100 mm。

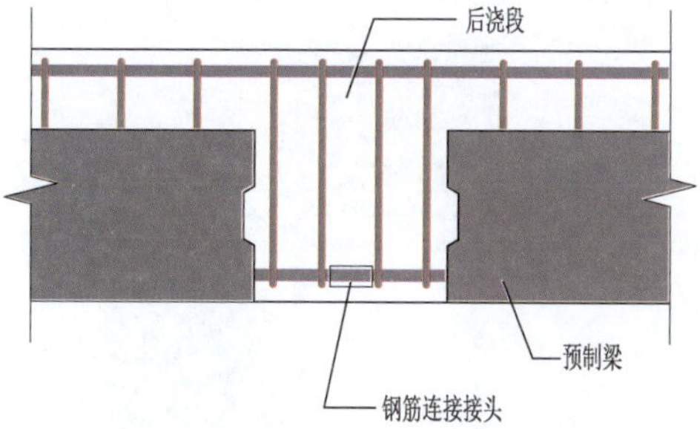

图 2.34　叠合梁连接节点

需要注意的是，当梁下部纵向钢筋在后浇段内采用机械连接时，一般只能采用加长丝扣型直螺纹接头。滚轧直螺纹加长丝头在安装过程中会存在一定的困难，且无法达到Ⅰ级接头的性能指标。

(3)梁柱节点形式的选择

在装配整体式混凝土框架结构中，梁柱节点区钢筋较多，节点区复杂，但梁柱节点区也是最为重要的节点之一。梁柱节点区形式的选择尤其重要，对后续的施工影响较大。

《装配式混凝土结构技术规程》第 7.3.7 条规定：梁、柱纵向钢筋在后浇节点区内采用直线锚固、弯折锚固或者机械锚固的方式时，其锚固长度应符合《混凝土结构设计标准》中的有关规定；当梁、柱纵向钢筋采用锚固板时，应符合《钢筋锚固板应用技术规程》(JGJ 256—2011)中的有关规定。

《装配式混凝土结构技术规程》第 7.3.8 条规定：采用预制柱及叠合梁的装配整体式框架节点，梁纵向受力钢筋应伸入后浇节点区内锚固或连接，并应符合下列规定：

①对于框架中间层中节点,节点两侧的梁下部纵向受力钢筋宜锚固在后浇节点区内[图2.35(a)],也可采用机械连接或焊接的方式直接连接[图2.35(b)];梁上部纵向受力钢筋应贯穿后浇节点区。

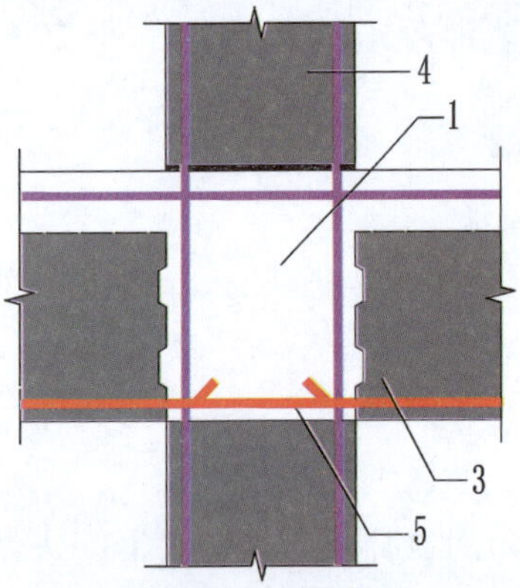

(a)梁下部纵向受力钢筋锚固

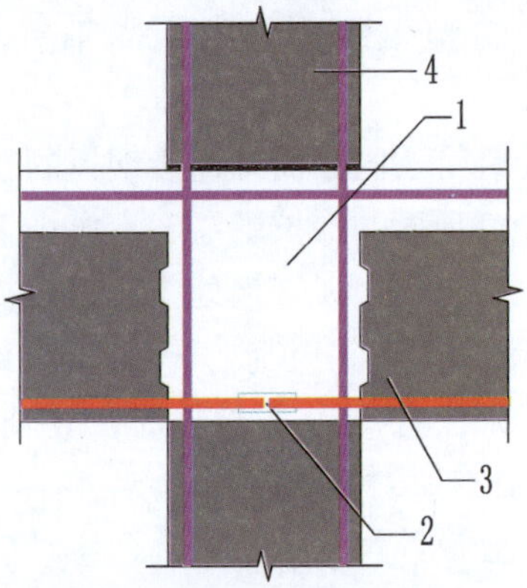

(b)梁下部纵向受力钢筋连接

图2.35　预制柱及叠合梁框架中间层中节点构造

1—后浇区;2—梁下部纵向受力钢筋连接;3—预制梁;4—预制柱;5—梁下部纵向受力钢筋锚固

②对于框架中间层端节点,当柱截面尺寸不满足梁纵向受力钢筋的直线锚固要求时,宜采用锚固板锚固(图2.36),也可采用90°弯折锚固。

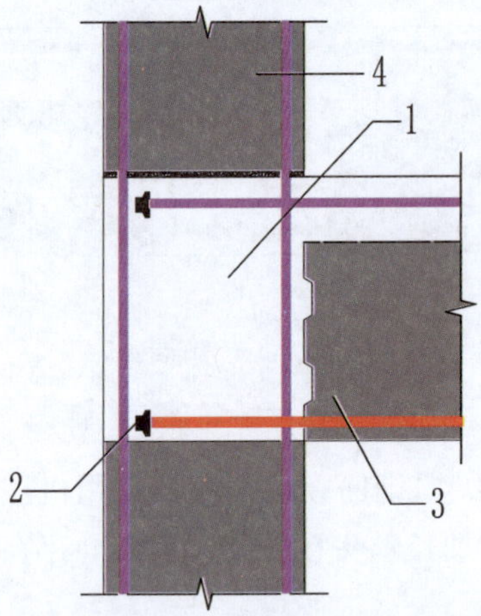

图2.36　预制柱及叠合梁框架中间层端节点构造

1—后浇区;2—梁下部纵向受力钢筋锚固;3—预制梁;4—预制柱

③对于框架顶层中节点,梁纵向受力钢筋的构造应符合第①条的规定。柱纵向受力钢筋宜采用直线锚固;当梁截面尺寸不满足直线锚固要求时,宜采用锚固板锚固(图2.37)。

④对于框架顶层端节点,梁下部纵向受力钢筋应锚固在后浇节点区内,且宜采用锚固板的锚固方式;梁、柱其他纵向受力钢筋的锚固方式应符合下列规定:

a.柱宜伸出屋面并将柱纵向受力钢筋锚固在伸出段内(图2.38),伸出段长度不宜小于500 mm,伸出段内箍筋间距不应大于$5d$(d为柱纵向受力钢筋直径),且不应大于100 mm;柱纵向钢筋宜采用锚固板锚固,锚固长度不应小于$40d$;梁上部纵向受力钢筋宜采用锚固板锚固。

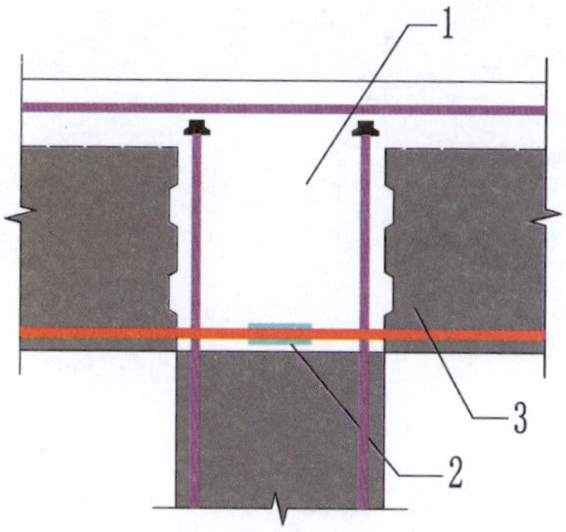

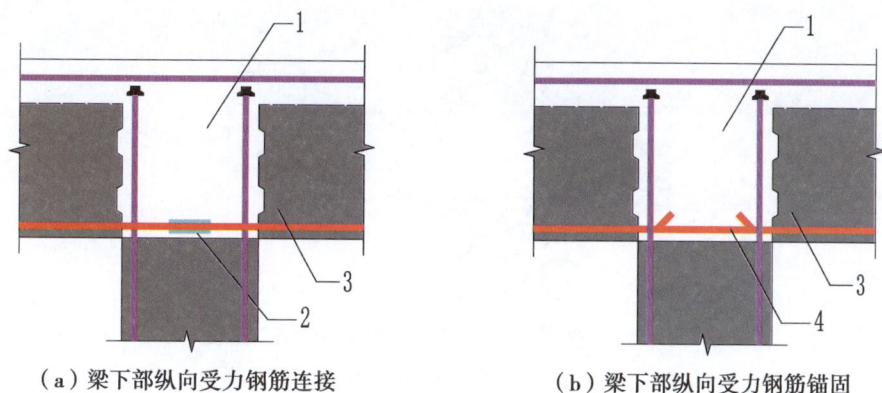

（a）梁下部纵向受力钢筋连接　　（b）梁下部纵向受力钢筋锚固

图2.37　预制柱及叠合梁框架顶层中节点构造

1—后浇区;2—梁下部纵向受力钢筋连接;3—预制梁;4—梁下部纵向受力钢筋锚固

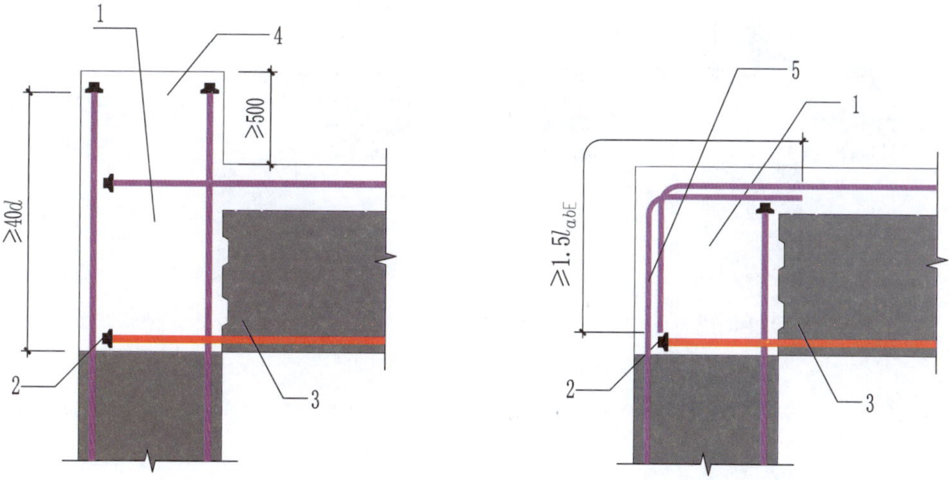

（a）柱向上伸长　　（b）梁柱外侧钢筋搭接

图2.38　预制柱及叠合梁框架顶层端节点构造

1—后浇区;2—梁下部纵向受力钢筋锚固;3—预制梁;4—柱延伸段;5—梁柱外侧钢筋搭接

b.柱外侧纵向受力钢筋也可以与梁上部纵向受力钢筋在后浇节点区搭接(图2.37),其构造要求应符合《混凝土结构设计标准》的规定;柱内侧纵向受力钢筋宜采用锚固板锚固。

根据《装配式混凝土结构技术规程》第7.3.9条,采用预制柱与叠合梁的装配式框架节点,梁下部纵向受力钢筋也可伸至节点区外的后浇段内连接(图2.39),连接接头与节点区的距离不应小于$1.5h_0$(h_0为梁截面有效高度)。

根据《装配式混凝土建筑技术标准》第5.6.6条,采用预制柱及叠合梁的装配整体式框架结构节点,两侧叠合梁底部水平钢筋为挤压套筒连接时,可在核心区外一侧梁端后浇段内连接(图2.40),也可在核心区外两侧梁端后浇段内连接(图2.41),连接接头距柱边不小于$0.5h_b$(h_b为叠合梁截面高度)且不小于300 mm,叠合梁后浇叠合层顶部的水平钢筋应贯穿后浇核心区。

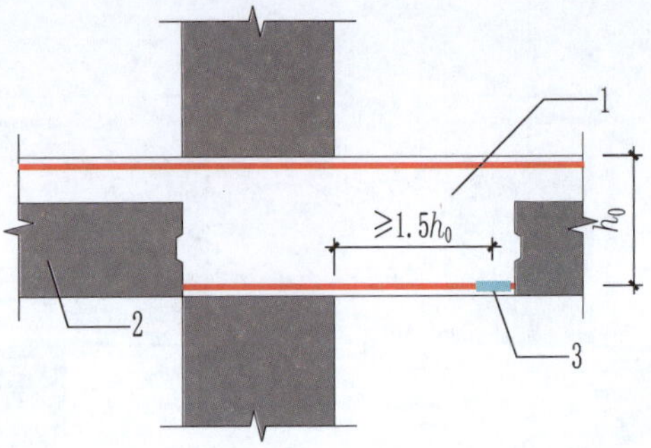

图 2.39　梁纵向钢筋在节点区外的后浇段内连接

1—后浇段；2—预制梁；3—纵向受力钢筋连接

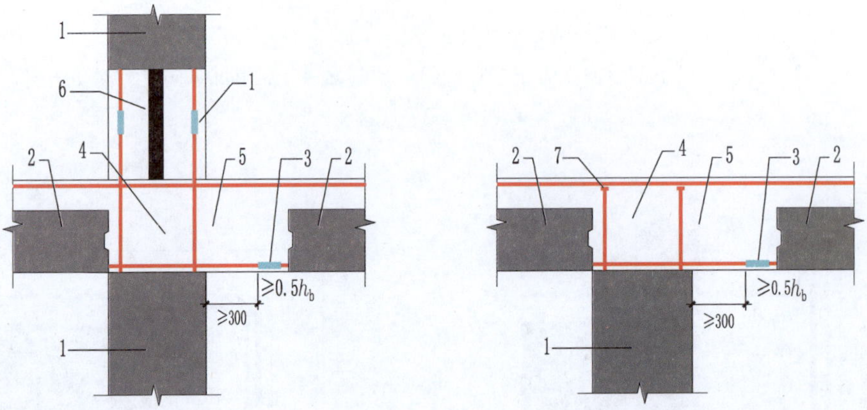

（a）中间层　　（b）顶层

图 2.40　框架节点叠合梁底部水平钢筋在一侧梁端后浇段内采用挤压套筒连接

1—预制柱；2—叠合梁预制部分；3—挤压套筒；4—后浇区；5—梁端后浇段；6—柱底后浇段；7—锚固板

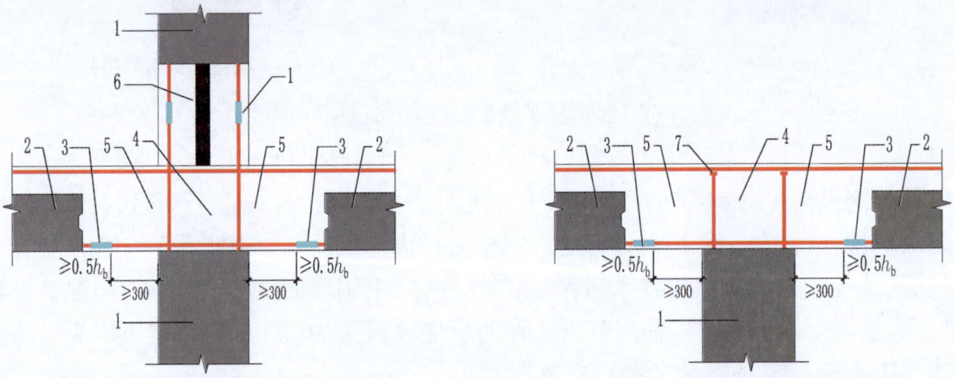

（a）中间层　　（b）顶层

图 2.41　框架节点叠合梁底部水平钢筋在两侧梁端后浇段内采用挤压套筒连接

1—预制柱；2—叠合梁预制部分；3—挤压套筒；4—后浇区；5—梁端后浇段；6—柱底后浇段；7—锚固板

梁端后浇段的箍筋还应满足下列要求：

①箍筋间距不宜大于 75 mm；

②抗震等级为一、二级时，箍筋直径不应小于 10 mm；抗震等级为三、四级时，箍筋直径不应小于 8 mm。

工程中，常用的一些装配整体式混凝土梁柱节点形式如图 2.42 至图 2.45 所示。

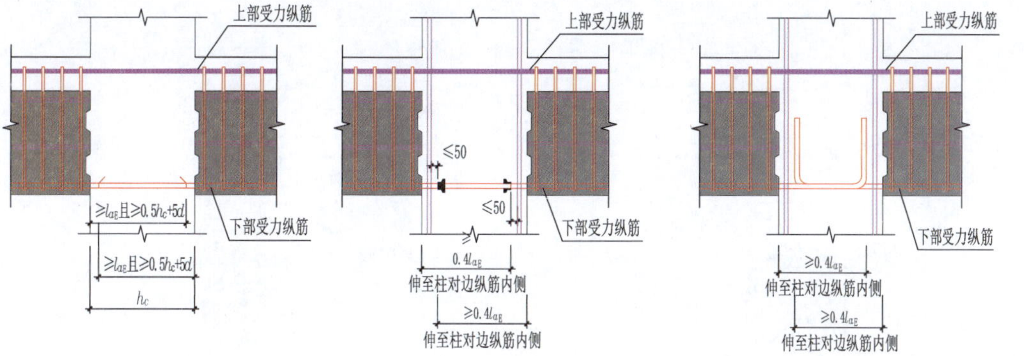

（a）中间层中节点直锚　（b）中间层中节点锚固板锚固　（c）中间层中节点纵筋末端弯钩锚固

图 2.42　梁柱中间层中节点

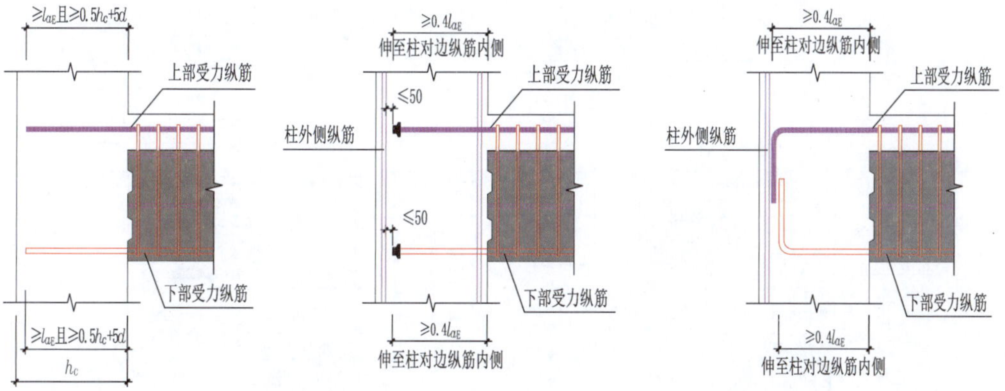

（a）中间层端节点直锚　（b）中间层端节点锚固板锚固　（c）中间层端节点纵筋末端弯钩锚固

图 2.43　梁柱中间层边节点

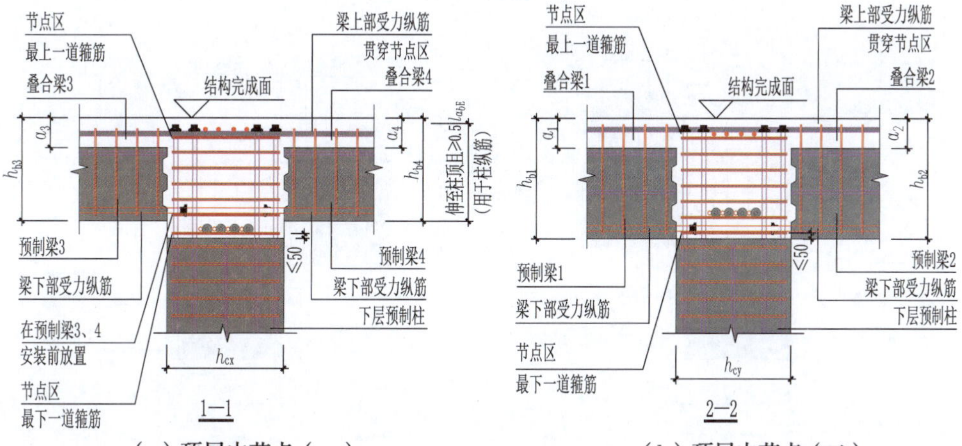

（a）顶层中节点（一）　（b）顶层中节点（二）

图 2.44　梁柱顶层中节点

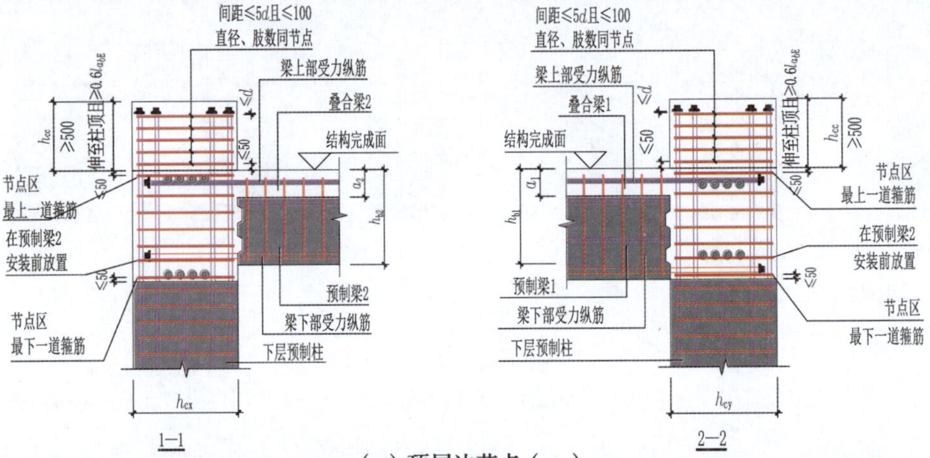

(a) 顶层边节点（一）

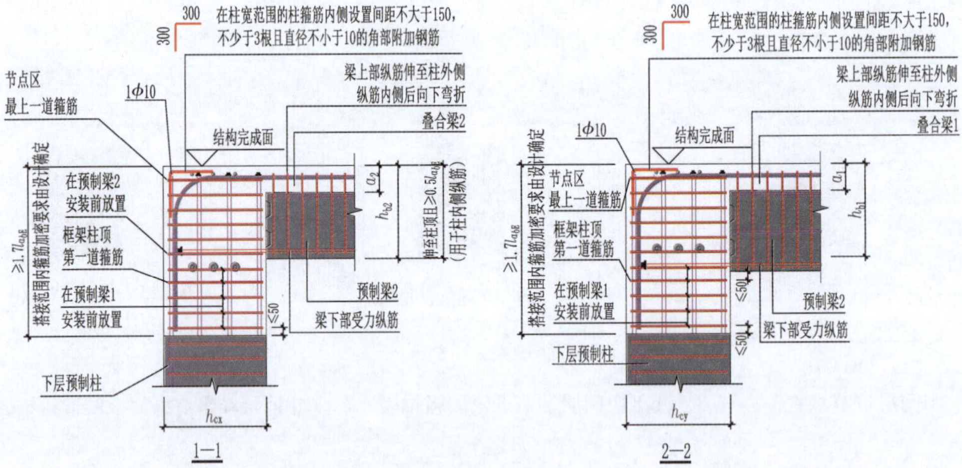

(b) 顶层边节点（二）

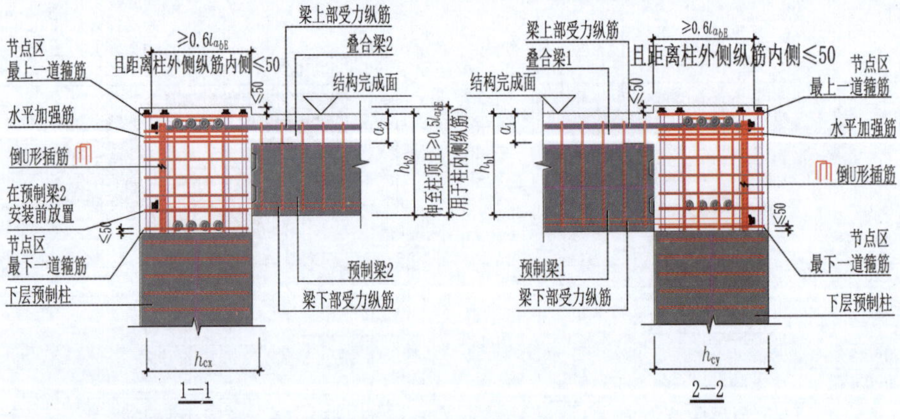

(c) 顶层边节点（三）

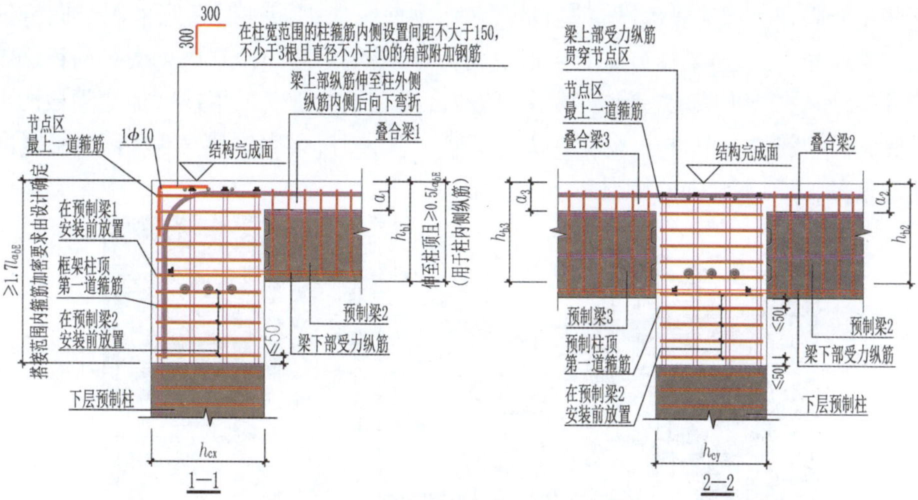

（d）顶层边节点（四）

图 2.45　梁柱顶层边节点

需要注意的是，两个方向的梁均采用梁边贴柱边的方式布置，预制梁均伸入支座时，将出现碰撞的情况，如图 2.46 所示；应将其中一个方向的预制梁预制段后退，避免吊装时发生碰撞，如图 2.47 所示。

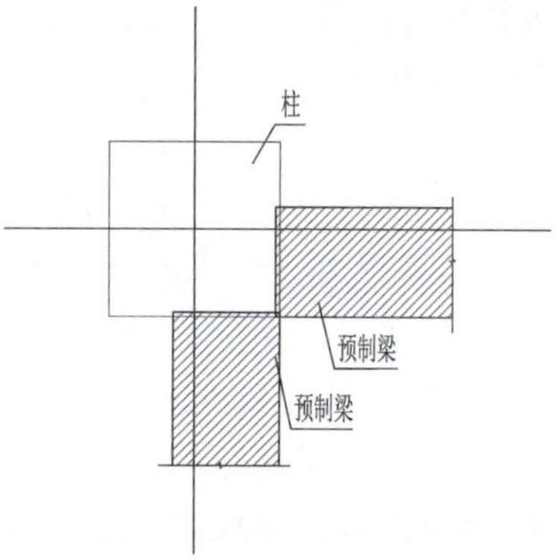

图 2.46　梁贴柱边未避让

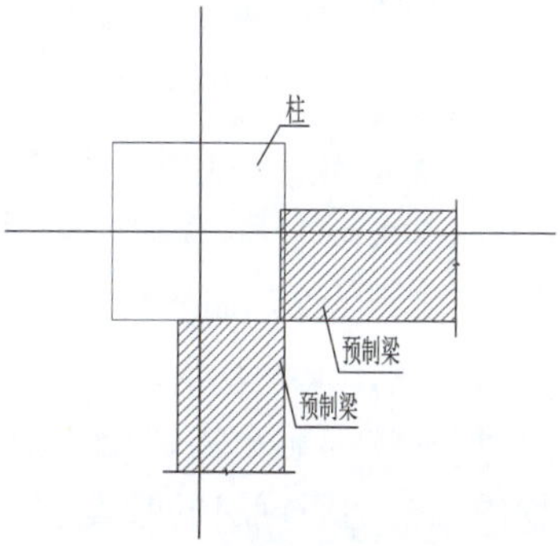

图 2.47　梁贴柱边避让

对于顶层边节点，当采用预制柱时，应优先选择“梁锚柱”的形式。柱纵筋无弯折钢筋，有利于现场的顶层梁施工，且有利于该预制柱的吊装；当采用“柱锚梁”时，柱外侧纵向钢筋要弯锚进入梁内，当弯锚钢筋较多时，将会影响吊具的安装，且后续顶层梁钢筋的施工也较为困难。另外，当顶部纵筋配筋率大于 1.2% 时，弯入柱外侧的梁上部纵筋宜分两批截断，具体要求可参见《混凝土结构施工钢筋排布规则与构造详图》（18G901—1）。

（4）梁柱节点区钢筋的避让

对于预制框架梁，垂直相交于同一柱的框架梁两个方向应有足够的高差，宜不小于 100 mm，为梁底纵向钢筋相互避让留出空间。若两个方向的梁高取相同，则同方向的梁底纵向钢筋可采用机械连接接头连接或套筒连接。但若梁底部纵向钢筋较多时，机械连接接头及套筒之间的净距无法满足要求（净距不小于 25 mm），需要在梁柱节点区域内，将梁底纵向钢筋相互避开。当梁底部纵向钢筋较多时，梁底纵向钢筋一般只能采用纵向钢筋竖向弯折相互避开的方式；当梁柱节点有4根梁相交时，最后吊装的预制梁梁底纵向钢筋将会竖向弯折过多，如图2.48所示。图2.48中，节点区梁底纵向钢筋采用端部加锚固板的形式，4根梁梁底纵向钢筋均为单排。当梁底纵向钢筋为双排时，梁底钢筋为互相避开，竖向弯折的高度将更多，出现不合理的情况。

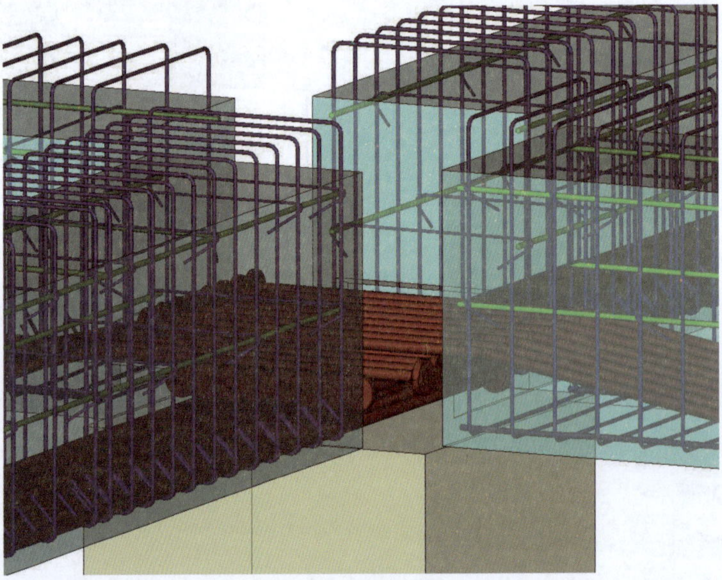

图2.48 梁底纵向钢筋竖向弯折过多

在对装配整体式混凝土框架结构进行拆分设计时，需要注意梁底纵向钢筋的净距要满足柱纵向钢筋穿过的要求，应考虑钢筋的肋高及生产、施工误差带来的影响。因此，实际上当柱纵向钢筋直径为25 mm时，梁底相邻纵向钢筋的净距不能仅满足大于25 mm或d的要求，考虑工厂的制作误差以及现场施工误差，甚至需要将净距保持在30 mm以上，以便现场吊装时能够更加顺利地安装到位。因此，在拆分设计阶段，就需要与结构专业的设计师沟通，注意梁内纵向钢筋每层的数量，不能按照现浇时的要求去做。在现浇混凝土结构施工时，梁底纵向钢筋多是直接采用并筋的方式来解决钢筋净距不满足要求或钢筋互相避让的问题。在装配整体式混凝土框架结构中，由于各方面的原因，基本很少采用梁底纵筋并筋的形式，各根梁底纵筋均是单独分开的状态。

在拆分设计阶段，应初步设定预制梁的吊装顺序，应根据梁底部纵向钢筋避让的关系进行确定。节点区预制梁底纵向钢筋位于下层的预制梁先吊装，同时应考虑现浇区域钢筋施工顺序对预制构件吊装的影响。

在拆分设计阶段，不仅要对梁底部纵向钢筋进行适当的优化（尽量采用大直径、小数量），梁顶部后浇层内纵向钢筋也应进行相应的优化。当梁为四肢箍或有更多的箍筋肢数时，应将梁顶部纵向钢筋、梁底部纵向钢筋、梁箍筋的排布综合考虑，在满足梁纵向钢筋之间间距的同时，也应考虑纵向钢筋与箍筋之间的布置关系。当梁纵向钢筋数量较多时，应挑选典型的预制梁进行钢筋试放样，充分考虑梁顶部、底部钢筋与梁箍筋的排布关系，以确保在深化设计阶段能够顺利进行预制叠合梁的深化工作。

(5)预制叠合梁后浇混凝土层的厚度

对于预制叠合梁顶部现浇层厚度的选择,首先需要满足规范中的构造要求。根据《装配式混凝土结构技术规程》第7.3.1条规定:装配式框架结构中,当采用叠合梁时,框架梁的后浇混凝土叠合层厚度不宜小于150 mm,次梁的后浇混凝土叠合层厚度不宜小于120 mm,如图2.49(a)所示;当采用凹口截面预制梁时,凹口深度不宜小于50 mm,凹口边厚度不宜小于60 mm,如图2.49(b)所示。

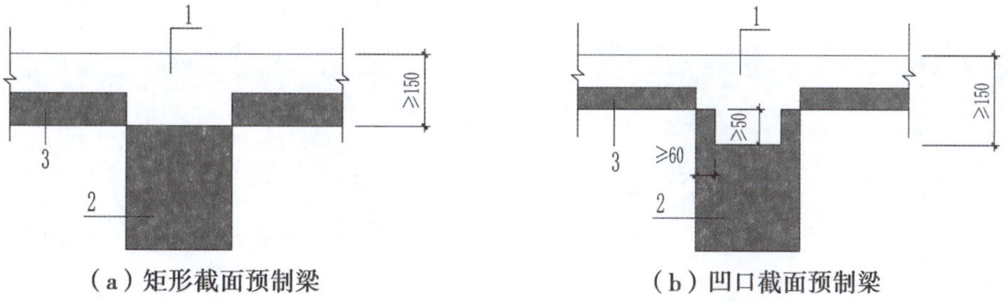

图2.49 叠合框架梁梁截面

1—后浇混凝土叠合层;2—预制梁;3—预制板

其次,需要考虑楼板的厚度、降板等因素对预制叠合梁后浇层厚度的影响,如图2.50所示。

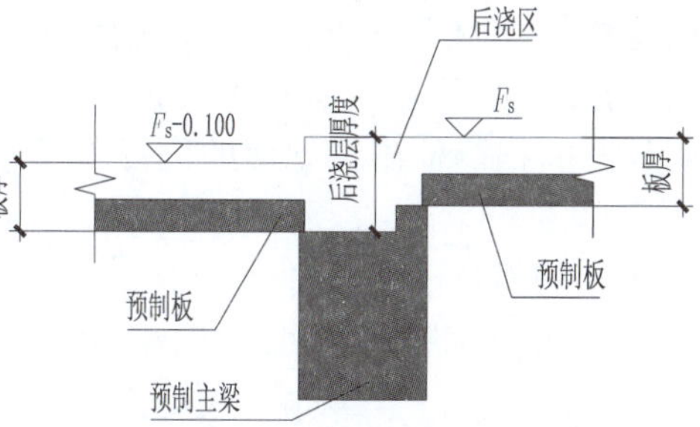

图2.50 后浇层厚度与相邻板板底标高的关系

需要注意,梁顶部纵向钢筋较多时,对预制叠合梁顶部现浇层厚度也将产生影响。如当柱4个方向均有预制梁,且梁顶部纵向钢筋均为两层时,梁顶部纵向钢筋为相互避让,不同方向的梁顶部纵向钢筋存在上下层的关系。此时,应关注存在置于下层钢筋的预制叠合梁顶部现浇层厚度是否满足要求。另外,当现浇层内增加了考虑梁端部抗剪的附加抗剪纵向钢筋时,还要进一步增加叠合梁局部后浇层的厚度(在端部局部增大后浇层高度,预留后浇凹口,如图3.37所示),以满足附加抗剪纵向钢筋的摆放要求。

(6)预制叠合梁钢筋的要求

对于预制叠合梁,梁底纵向钢筋采用大直径钢筋,尽量减少梁底纵向钢筋的数量,尽可能减少伸入支座的钢筋数量,以有利于梁底纵向钢筋在节点区的相互避让,同时也有利于节点区混凝土浇筑密实。在笔者接触过的项目中,有些项目为了减少预制梁底部纵向钢筋,甚至采用高强钢筋,以达到减少钢筋数量的目的。

考虑梁柱节点区施工的便利性,预制梁宜尽量减少伸入支座的钢筋数量,预制梁箍筋在满足计算值及构造要求的情况下，不宜过多放大，以使梁端更容易满足抗剪验算，尽量减少单独设置抗剪钢筋。预制梁端部抗剪的计算，可按照《装配式混凝土结构技术规程》的相关条款进行验算，也可参照项目 3 中 3.3.8 节的相关介绍。

(7)预制叠合梁端部键槽的要求

预制梁拆分设计时，预制梁端部键槽的选择通常有两种，如图 2.51、图 2.52 所示。

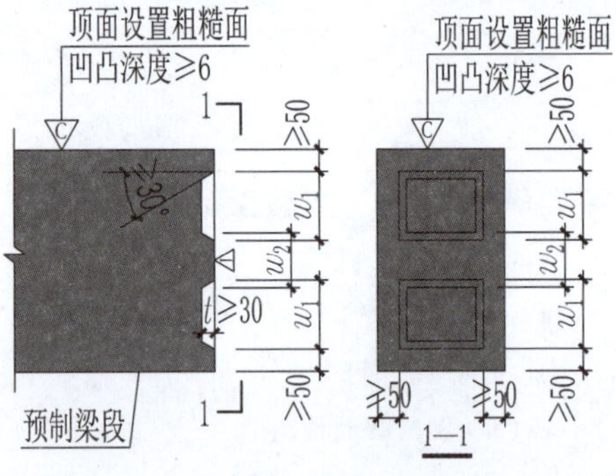

图 2.51　梁端设不贯通截面的键槽

($3t \leqslant w_1 \leqslant 10t, 3t \leqslant w_2 \leqslant 10t$)

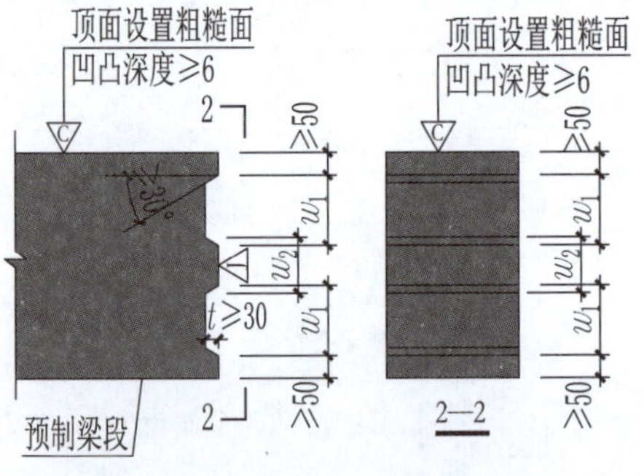

图 2.52　梁端设贯通截面的键槽

($3t \leqslant w_1 \leqslant 10t, 3t \leqslant w_2 \leqslant 10t$)

当预制梁梁腹纵向钢筋为构造钢筋时，一般优先选择梁腹纵向钢筋不伸出梁端面的形式，键槽采用贯通或不贯通的形式均可。当预制梁梁腹纵向钢筋为抗扭钢筋时，梁腹纵向钢筋需要伸出梁端面，键槽宜优先选用不贯通的形式，便于梁腹纵向钢筋根据需要上下移动位置；若采用贯通式键槽，为方便工厂生产，梁腹纵向钢筋需要避开键槽凹口位置。当梁柱节点区钢筋较复杂时，梁腹纵向钢筋伸出梁端面的位置需要考虑的因素较多，会出现梁腹纵向钢筋布置位置很不合理的情况。

(8)预制叠合梁纵向受力钢筋端部锚固形式

梁底纵向受力钢筋直锚长度不够时，可以选择采用纵向受力钢筋端部增加锚固板的形式，锚固板的相关要求可参见项目 3 中 3.3.14 节。采用梁底纵向钢筋端部增加锚固板方式时，柱两侧相邻预制框架梁的底部纵向钢筋可以按照吊装顺序考虑上下避让即可。若采用梁底纵向钢筋弯锚的形式，则柱两侧相同方向的预制梁梁底纵向受力钢筋只能采用水平错开的方式(否则，弯钩会碰到对面梁的底部纵向钢筋)；若梁底部纵向受力钢筋数量较多时，由于梁的底部纵向钢筋都放在同一层，会使梁底部纵向钢筋之间的净距过小，影响节点区混凝土的浇筑，可以适当抬高某一侧梁底纵向钢筋，以增大节点区同向两根梁底纵向钢筋之间的间距，有利于节点区混凝土浇筑密实。

(9)其他拆分设计要点

在对梁做拆分设计时，要充分考虑拆分后的预制梁质量，将预制梁质量标注在图面上。质量应务必准确，以便施工单位根据质量选择合适的塔吊型号，从而进行施工方案的编制。有些项目存在标注的质量比实际质量小的情况。若塔吊起重量的余量较小时，将可能导致现场吊装时吊不上去。拆分过程中发现有质量特别大的预制梁，应结合现场塔吊的布置及项目场地的实际情况，对其做进一步的拆分或者减重处理(在满足相关装配式指标要求的前提下)，以便于现场吊装的顺利进行。

叠合梁伸入支座的长度要求见本项目任务 2.3 相关介绍。

2.3.3　预制柱拆分设计区域

根据《装配式混凝土建筑技术标准》第5.1.7条，高层建筑装配整体式混凝土结构应符合下列规定：

①当设置地下室时，宜采用现浇混凝土；

②剪力墙结构和部分框支剪力墙结构底部加强部位宜采用现浇混凝土；

③框架结构的首层柱宜采用现浇混凝土；

④当底部加强部位的剪力墙、框架结构的首层柱采用预制混凝土时，应采用可靠技术措施。

在地震作用下，高层装配整体式结构的底部容易出现塑性铰区，尤其在高烈度区，建筑结构的底部内力较大，更容易出现塑性铰。现浇钢筋混凝土的延性好，结构的整体性、抗震能力强，因此，结构的底部加强区宜采用现浇结构。

根据《装配式混凝土结构技术规程》第6.1.8条，高层装配整体式结构应符合下列规定：

①宜设置地下室，地下室宜采用现浇混凝土；

②剪力墙结构底部加强部位的剪力墙宜采用现浇混凝土；

③框架结构首层柱宜采用现浇混凝土，顶层宜采用现浇楼盖。

在框架结构中，楼梯一般是双跑甚至多跑楼梯，有中间休息平台，休息平台的梯梁一般与框架柱相连。如果此处框架柱采用预制，就需要预留梯梁纵向钢筋（或预埋机械接头），这会给生产、运输带来一定的困难。另外，楼梯间本身属于结构薄弱区域，周边的柱子宜尽量采用现浇以增强结构的整体性。若需做预制，则可优先选择将无梯梁连接的框架柱采用预制，最后再选择将有梯梁连接的框架柱采用预制。

电梯井道为开洞区域，周边的框架柱宜优先采用现浇。由于电梯轨道安装的需要，会有圈梁与周边的框架柱（或构造柱）相连。当此处框架柱采用预制时，应考虑周边圈梁与预制框架柱的关系，预留相关的钢筋或连接接头。

跃层柱、钢管混凝土柱宜优先采用现浇。

根据《装配整体式混凝土框架结构技术规程》（DGJ32/TJ 219—2017）第3.1.8条，预制柱水平接缝处不宜出现拉应力。另外，《装配式混凝土结构技术规程》第7.1.3条也做了相关的规定：装配整体式框架结构中，预制柱水平接缝处不宜出现拉力。因此，选择预制柱时，应结合结构计算，宜避开存在拉力的柱子。

根据《装配式混凝土结构技术规程》第6.1.9条，带转换层的装配整体式结构应符合下列规定：

①当采用部分框支剪力墙结构时，底部框支层不宜超过2层，且框支层及相邻上一层应采用现浇结构；

②部分框支剪力墙以外的结构中，转换梁、转换柱宜现浇。

转换梁、转换柱是保证结构抗震性能的关键受力部位，且往往构件截面较大、配筋多，节点构造复杂，不适合采用预制构件。

2.3.4 预制柱拆分设计要点

(1)预制柱的尺寸要求

根据《装配式混凝土建筑技术标准》第5.6.3条,预制柱的设计应满足《混凝土结构设计标准》的要求,并应符合下列规定:矩形柱截面边长不宜小于400 mm,圆形柱截面直径不宜小于450 mm,且不宜小于同方向梁宽的1.5倍,以便于梁柱节点的安装施工,避免节点区梁钢筋和柱钢筋的碰撞。

(2)预制柱接缝要求

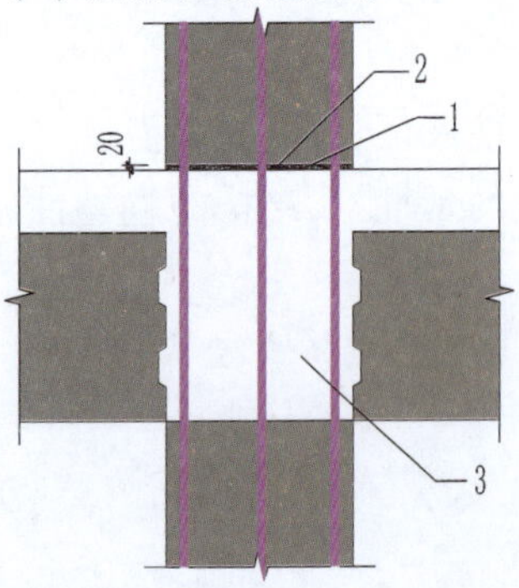

图2.53 预制柱底接缝构造

1—后浇节点区混凝土上表面粗糙面;2—接缝灌浆料;3—后浇区

根据《装配式混凝土结构技术规程》第7.3.6条,采用预制柱及叠合梁的装配整体式框架中,柱底接缝宜设置在楼面标高处(图2.53),并应符合下列规定:

①后浇节点区混凝土上表面应设置粗糙面;

②柱纵向受力钢筋应贯穿后浇节点区;

③柱底接缝厚度宜为20 mm,并应采用灌浆料填实。

(3)预制柱纵向钢筋连接的相关要求

根据《装配式混凝土结构技术规程》第7.1.2条,装配整体式框架结构中,预制柱的纵向钢筋连接应符合下列规定:

①当房屋高度不大于12 m或层数不超过3层时,可采用套筒灌浆、浆锚搭接、焊接等连接方式;

②当房屋高度大于12 m或层数超过3层时,宜采用套筒灌浆连接。

另外,在结构设计时,上下层预制柱内的纵向钢筋的直径、数量宜尽量统一,以有利于预制构件标准化。

【知识检测】

一、单项选择题

1. 对预制梁进行拆分设计时,应根据实际配筋进行试放样,以查看钢筋直径、数量是否合理,钢筋应尽量采用(　　)的方式。

A. 大直径、小数量　　B. 大直径、大数量

C. 小直径、小数量　　D. 小直径、大数量

2. 常见的预制主、次梁连接节点形式一般有(　　)种。

A. 2　　B. 3　　C. 4　　D. 5

3. 叠合梁后浇段内的箍筋应加密,箍筋间距应满足(　　)。

A. 不应大于5d(d为纵向钢筋直径),且不应大于50 mm

B. 不应大于5d(d为纵向钢筋直径)

C. 不应大于5d(d为纵向钢筋直径),且不应大于100 mm

D. 不应大于100 mm

4. 对于预制框架梁,垂直相交于同一柱的框架梁两个方向应有足够的高差,宜不小于(　　),为梁底纵向钢筋相互避让留出空间。

A. 30 mm　　B. 50 mm　　C. 100 mm　　D. 150 mm

5. 装配式框架结构中,采用凹口截面预制梁时,凹口深度不宜小于(　　),凹口边厚度不宜小于(　　)。

A. 60 mm;50 mm　　B. 50 mm;60 mm　　C. 50 mm;50 mm　　D. 60 mm;60 mm

二、多项选择题

1. 叠合梁下部纵向钢筋在后浇段内宜采用(　　　)方式连接。

A. 机械连接　　B. 套筒灌浆连接　　C. 焊接　　D. 绑扎搭接

2. (　　)宜优先采用现浇。

A. 跃层柱　　B. 角柱　　C. 钢骨混凝土柱　　D. 中柱

三、判断题

1. 转换梁、转换柱是保证结构抗震性能的关键受力部位,且往往构件截面较大、配筋多,节点构造复杂,不适合采用预制构件。　　(　　)

2. 对于顶层边节点,采用预制柱时,应优先选择"柱锚梁"的形式。　　(　　)

3. 装配整体式混凝土框架结构中,梁底纵向钢筋净长采用梁底纵筋并筋的形式。　　(　　)

4. 节点区预制梁底纵向钢筋位于上层的预制梁先吊装,同时应考虑现浇区域钢筋施工顺序对预制构件吊装的影响。　　(　　)

【想一想】

当拆分过程中发现有质量特别大的预制梁时,如何结合现场塔吊的布置及项目场地的实际情况,对其做进一步的拆分或者减重处理?

任务2.4　剪力墙结构拆分设计

2.4.1　预制剪力墙拆分设计区域

根据《装配式混凝土建筑技术标准》第5.1.7条,对于高层建筑装配整体式混凝土结构,当设置地下室时,宜采用现浇混凝土;剪力墙结构和部分框支剪力墙结构底部加强部位宜采用现浇混凝土;当底部加强部位的剪力墙采用预制混凝土时,应采取可靠的技术措施。

高层建筑装配整体式剪力墙结构的底部加强部位宜采用现浇结构,尤其在高烈度区,剪力墙结构的底部加强区采用现浇结构,可以保证结构具有很好的延性及抗震性能,并且底部几层因使用功能的需要一般均不太规则,结构构件不适合采用预制构件。结构底部几层构件截面大、配筋多,不利于预制构件的连接。

部分框支剪力墙结构的框支层受力较大且在地震作用下容易破坏,为加强整体性,底部框支层不宜超过2层,且框支层及相邻上一层应采用现浇结构。

除上述部位以外,电梯筒、楼梯间、公共管道井和通风排烟竖井部位、结构重要的连接部位、应力集中的部位也均宜布置现浇剪力墙。

楼梯、电梯井等大开洞区域周边的剪力墙两侧楼板约束较少,且个别情况下存在剪力墙两面临空的情况,临时斜支撑将难以安装到位。因此,此类区域宜采用现浇结构。另外,《装配式混凝土结构技术规程》第8.1.4条规定,抗震设防烈度为8度时,高层建筑装配整体式剪力墙结构中的电梯井筒宜采用现浇混凝土结构。高层建筑中,电梯井筒往往承受很大的地震剪力及倾覆力矩,采用现浇结构有利于保证结构的抗震性能。

短肢剪力墙抗震性能较差,在高层建筑装配整体式混凝土结构中应避免过多采用,而预制短肢剪力墙目前缺乏相应的研究,因此,短肢剪力墙应采用现浇。

预制剪力墙底接缝位置应进行受剪承载力验算。当需要采用较多的钢筋才能满足接缝受剪承载力验算时,应考虑钢筋的排布;当排布困难时,此处剪力墙宜采用现浇。

出现全截面受拉情况的剪力墙,宜优先采用现浇。

结构缝两侧的剪力墙若采用预制,安装时存在极大的困难,底部接缝封堵存在漏浆的可能性,一旦发生漏浆,将难以补救,宜采用现浇。

预制剪力墙板的使用区域宜尽量避开结构暗柱的设置区域。一般情况下,优先采用边缘构件现浇、非边缘构件预制的方式。

同时需要注意,剪力墙的预制区域的选择还要结合当地的实际情况,如有些地方外剪力墙不得采用预制,有些地方竖向受力构件均不得采用预制。因此,拆分时还需要做到因地制宜。

根据《高层建筑混凝土结构技术规程》(JGJ 3—2010)第7.1.6条,当剪力墙或核心筒墙肢与其平面外相交的楼面梁刚接时,可沿楼面梁轴线方向设置与梁相连的剪力墙、扶壁柱或墙内设置暗柱,并应符合下列规定:

①设置沿楼面梁轴线方向与梁相连的剪力墙时,墙的厚度不宜小于梁的截面宽度;

②设置扶壁柱时,其截面宽度不应小于梁宽,其截面高度可计入墙厚;

③墙内设置暗柱时,暗柱的截面高度可取墙的厚度,暗柱的截面宽度可取梁宽加2倍墙厚;

④应通过计算确定暗柱或扶壁柱的纵向钢筋(或型钢),纵向钢筋的总配筋率不宜小于表2.7的规定。

表2.7　暗柱、扶壁柱纵向钢筋的构造配筋率

设计状况	抗震设计				非抗震
	一级	二级	三级	四级	
配筋率(%)	0.9	0.7	0.6	0.5	0.5

注:采用400 MPa、335 MPa级钢筋,表中数值宜分别增加0.05、0.10。

⑤楼面梁的水平钢筋应伸入剪力墙或扶壁柱,伸入长度应符合钢筋锚固要求。对于钢

筋锚固段的水平投影长度，非抗震设计时，不宜小于 $0.4l_{ab}$；抗震设计时，不宜小于 $0.4l_{abE}$。当锚固段的水平投影长度不满足要求时，可将楼面梁伸出墙面形成梁头，梁的纵向钢筋伸入梁头后弯折锚固（图 2.54），也可采取其他可靠的锚固措施。

⑥暗柱或扶壁柱应设置箍筋，对于箍筋直径，一、二、三级时，不应小于 8 mm；四级及非抗震时，不应小于 6 mm，且均不应小于纵向钢筋直径的 1/4。对于箍筋间距，一、二、三级时，不应大于 150 mm；四级及非抗震时，不应大于 200 mm。

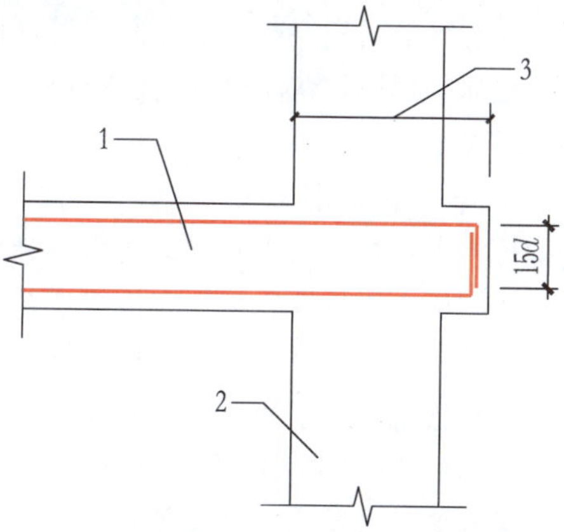

图 2.54　楼面梁伸出墙面形成梁头

1—楼面梁；2—剪力墙；
3—楼面钢筋锚固水平投影长度

剪力墙平面外有梁搭接时，当设计采用刚接时，剪力墙一般会在梁位置设置暗柱，剪力墙宜采用现浇。当采用预制时，一般需要将暗柱内钢筋均设置为上下层相连的连接筋，会使用较多的套筒。

关于预制剪力墙平面外存在楼面梁的情况，《装配式混凝土结构技术规程》第 8.3.9 条规定：楼面梁不宜与预制剪力墙在剪力墙平面外单侧连接；当楼面梁与剪力墙在平面外单侧连接时，宜采用铰接。

2.4.2　预制剪力墙拆分设计要点

（1）预制剪力墙的形状、尺寸要求

应结合建筑功能和结构平立面布置的要求，根据构件的生产、运输和安装能力，确定预制构件的形状和大小。

根据《装配式混凝土结构技术规程》第 8.2.1 条，预制剪力墙宜采用一字形，也可采用 L 形、T 形或 U 形；开洞预制剪力墙洞口宜居中布置，洞口两侧的墙肢宽度不应小于 200 mm，洞口上方连梁高度不宜小于 250 mm。

鉴于预制连梁与现浇墙肢的连接施工难度大，不建议采用立面 L 形墙板，如图 2.55 所示。

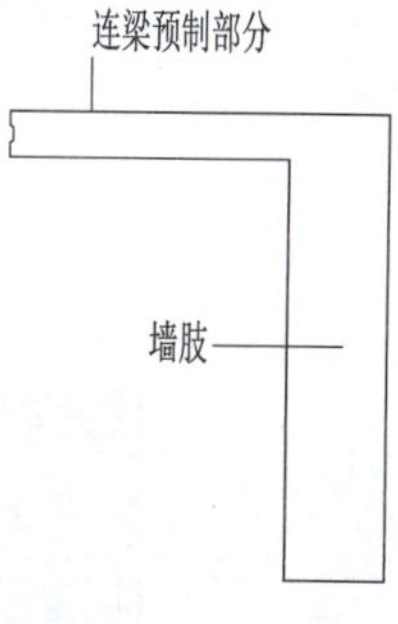

图 2.55　立面 L 形墙板

根据《装配式混凝土结构技术规程》第 9.1.3 条，当房屋高度不大于 10 m 且不超过 3 层时，预制剪力墙截面厚度不应小于 120 mm；当房屋超过 3 层时，预制剪力墙截面厚度不宜小于 140 mm。

（2）预制剪力墙接缝要求

预制剪力墙竖向接缝位置应尽量避免接缝对结构整体性能的影响，还应考虑建筑功能，便于生产、运输和安装。

剪力墙边支座板端连接构造（B4-1）

根据《装配式混凝土结构技术规程》第 8.3.4 条，预制剪力墙底部接缝宜设置在楼面标高处，且应符合下列规定：

①接缝高度宜为 20 m；

②接缝宜采用灌浆料填实；

③接缝处后浇混凝土上表面应设置粗糙面。

根据《装配式混凝土结构技术规程》第 5.3.3 条，预制外墙板的接缝应满足保温、防火、隔声的要求。

根据《装配式混凝土结构技术规程》第 5.3.4 条，预制外墙的接缝及门窗洞口等防水薄弱部位宜采用材料防水和构造防水相结合的做法，并应符合下列规定：

①墙板水平接缝宜采用高低缝或企口缝构造；

②墙板竖缝可采用平口或槽口构造；

③当板缝空腔需设置导水管排水时，板缝内侧应增设气密条密封构造。

T形后浇墙构造展示

(3) 预制剪力墙相邻层的连接

装配整体式剪力墙结构预制构件竖向连接方式有灌浆连接、后浇筑混凝土连接、型钢焊接、水平钢筋锚环灌浆连接等。灌浆连接有套筒灌浆连接和浆锚搭接连接，后浇筑混凝土连接有叠合剪力墙板、预制圆孔板剪力墙，型钢焊接（或螺栓连接）为型钢混凝土剪力墙。常用的上下层相邻预制剪力墙的连接方式有套筒灌浆连接（全灌浆套筒连接、半灌浆套筒连接）、浆锚搭接连接。关于套筒灌浆连接、浆锚搭接连接的相关介绍详见项目 3 中 3.3.15 节、3.3.16 节。

(4) 楼层内相邻预制剪力墙的连接

根据《装配式混凝土结构技术规程》第 8.3.1 条，楼层内相邻预制剪力墙之间应采用整体式接缝连接，且应符合下列规定：

预制墙间竖向接缝构造（Q4-3）

①当接缝位于纵横墙交接处的约束边缘构件区域时，约束边缘构件的阴影区域（图 2.56）宜全部采用后浇混凝土，并应在后浇段内设置封闭箍筋。

预制墙间竖向接缝构造（Q1-1）

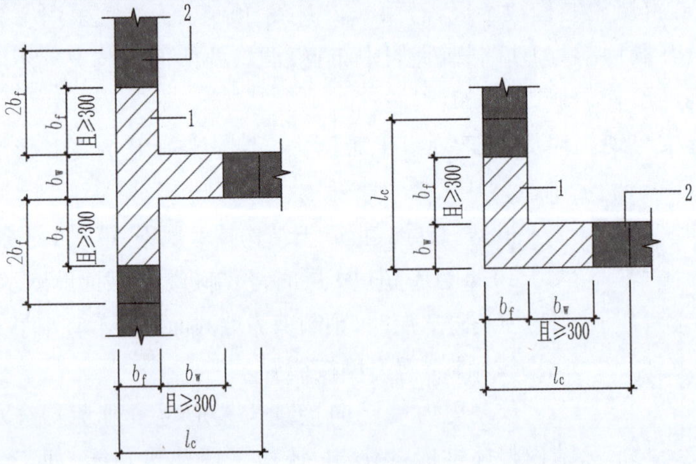

（a）有翼墙　　（b）转角墙

图 2.56　约束边缘构件阴影区域全部后浇构造

l_c—约束边缘构件沿墙肢的长度；1—后浇段；2—预制剪力墙

预制墙竖向接缝（Q1-5）

②当接缝位于纵横墙交接处的构造边缘构件区域时，构造边缘构件宜全部采用后浇混凝土(图 2.57)；当仅一面墙上设置后浇段时，后浇段的长度不宜小于 300 mm(图 2.58)。

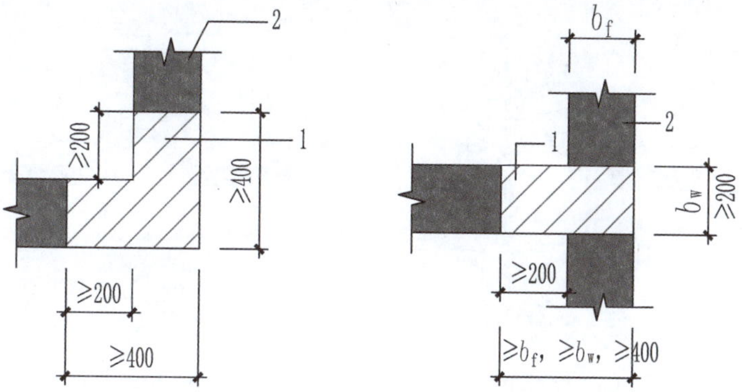

(a) 转角墙　　(b) 有翼墙

图 2.57　构造边缘构件全部后浇构造(阴影区域为构造边缘构件范围)

1—后浇段；2—预制剪力墙

剪力墙在转角处竖向接缝构造展示

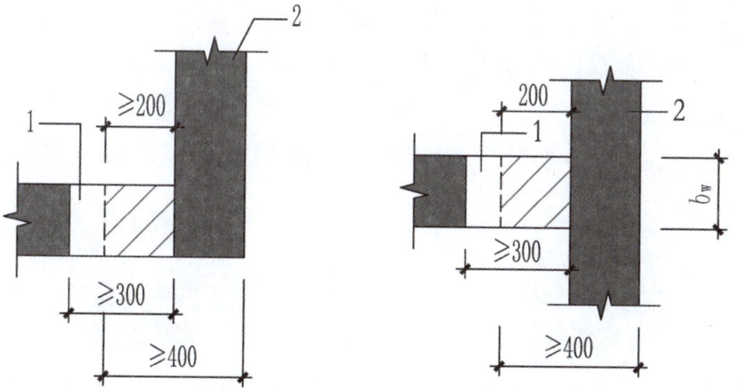

(a) 转角墙　　(b) 有翼墙

图 2.58　构造边缘构件部分后浇构造(阴影区域为构造边缘构件范围)

1—后浇段；2—预制剪力墙

预制墙间竖向接缝构造(Q5-5)

③边缘构件内的配筋及构造要求应符合《建筑抗震设计标准》的有关规定；预制剪力墙的水平分布钢筋在后浇段内的锚固、连接应符合《混凝土结构设计标准》的有关规定。

④在非边缘构件位置，相邻预制剪力墙之间应设置后浇段，后浇段的宽度不应小于墙厚且不宜小于 200 mm；后浇段内应设置不少于 4 根竖向钢筋，钢筋直径不应小于墙体竖向分布钢筋直径且不应小于 8 mm；两侧墙体的水平分布钢筋在后浇段内的锚固、连接应符合《混凝土结构设计标准》的有关规定。

预制墙间竖向接缝构造(Q2-1)

(5)预制剪力墙顶部后浇区的要求

根据《装配式混凝土结构技术规程》第 8.3.2 条，屋面以及立面收进的楼层应在预制剪力墙顶部设置封闭的后浇钢筋混凝土圈梁(图 2.59)，并应符合下列规定：

①圈梁截面宽度不应小于剪力墙的厚度，截面高度不宜小于楼板厚度及 250 mm 的较大值；圈梁应与现浇或者叠合楼、屋盖浇筑成整体。

②圈梁内配置的纵向钢筋不应小于 4 Φ 12，且按全截面计算的配筋率不应小于 0.5% 和水平分布筋配筋率的较大值，纵向钢筋竖向间距不应大于 200 mm；箍筋间距不应大于 200 mm，且直径不应小于 8 mm。

剪力墙边支座板端连接构造（B4-2）

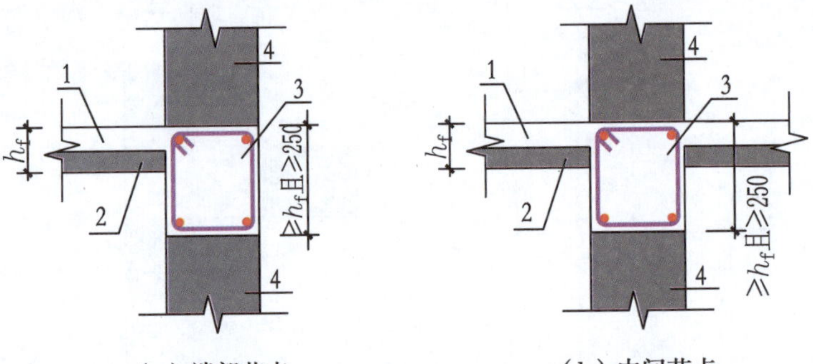

（a）端部节点　　（b）中间节点

剪力墙边中间支座板端连接构造（B5-1）

图 2.59　后浇钢筋混凝土圈梁构造

1—后浇混凝土叠合层；2—预制板；3—后浇圈梁；4—预制剪力墙

根据《装配式混凝土结构技术规程》第 8.3.3 条，在各层楼面位置，预制剪力墙顶部无后浇圈梁时，应设置连续的水平后浇带（图 2.60）。水平后浇带应符合下列规定：

①水平后浇带宽度应取剪力墙的厚度，高度不应小于楼板厚度；水平后浇带应与现浇或者叠合楼、屋盖浇筑成整体。

②水平后浇带内应配置不少于 2 根连续纵向钢筋，其直径不宜小于 12 mm。

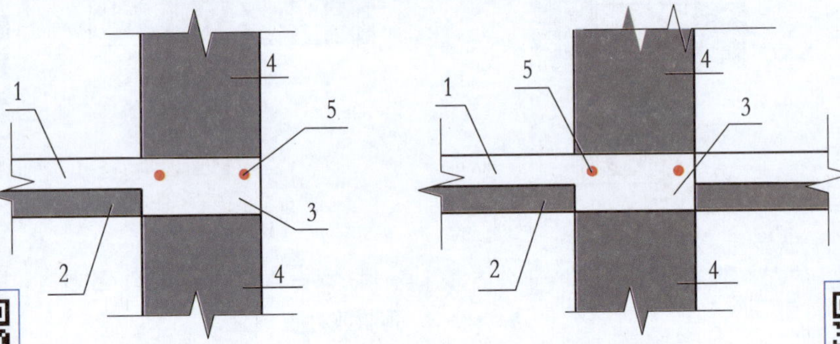

剪力墙边支座板端连接构造（B4-3）

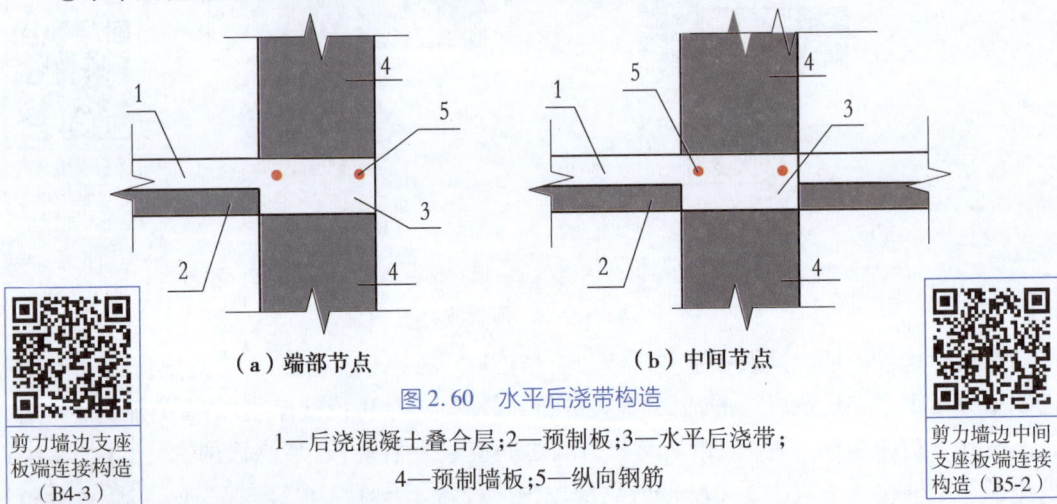

（a）端部节点　　（b）中间节点

剪力墙边中间支座板端连接构造（B5-2）

图 2.60　水平后浇带构造

1—后浇混凝土叠合层；2—预制板；3—水平后浇带；4—预制墙板；5—纵向钢筋

（6）预制剪力墙与梁连接节点

根据《装配式混凝土结构技术规程》第 8.3.12 条，当预制叠合梁端部与预制剪力墙在平面内拼接时，接缝构造应符合下列规定：

①当墙端边缘构件采用后浇混凝土时，连梁纵向钢筋应在后浇段中可靠锚固[图 2.61(a)]或连接[图 2.61(b)]；

②当预制剪力墙端部上角预留局部后浇节点区时，连梁纵向钢筋应在局部后浇节点区内可靠锚固[图 2.61(c)]或连接[图 2.61(d)]。

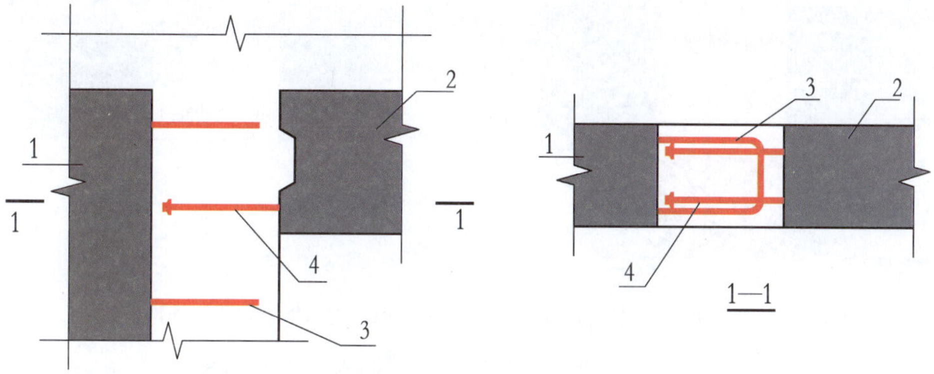

（a）预制连梁钢筋在后浇段内锚固构造

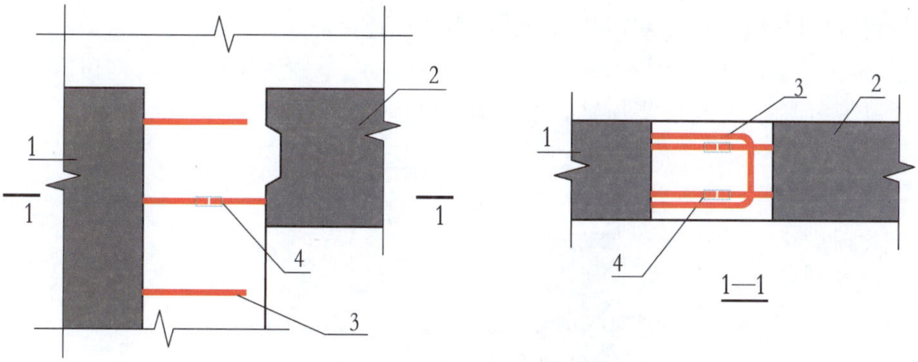

（b）预制连梁钢筋在后浇段内与预制剪力墙预留钢筋连接构造

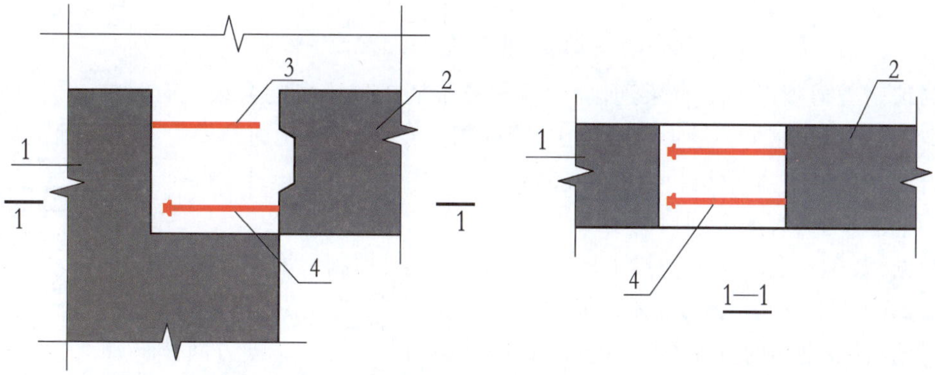

（c）预制连梁钢筋在预制剪力墙局部后浇节点区内锚固构造

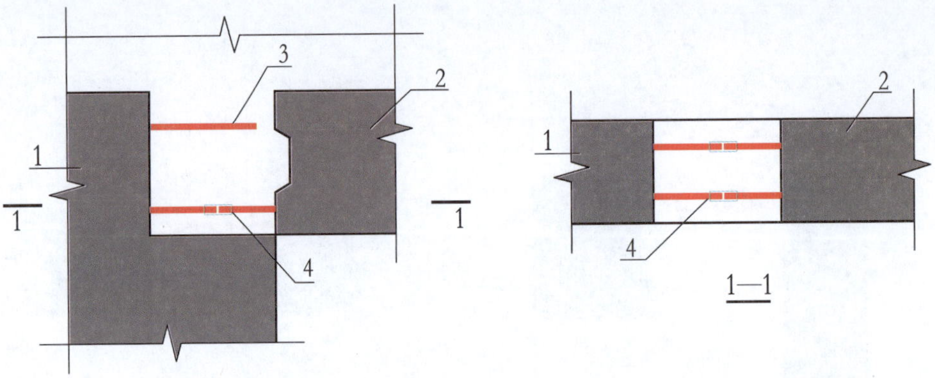

（d）预制连梁钢筋在预制剪力墙局部后浇带节点区内与墙板预留钢筋连接构造

图 2.61　同一平面内预制连梁与预制剪力墙连接构造

1—预制剪力墙；2—预制连梁；3—边缘构件箍筋；4—连梁下部纵向受力钢筋锚固或连接

根据《装配式混凝土结构技术规程》第 8.3.10 条，预制叠合连梁的预制部分宜与剪力墙整体预制，也可在跨中拼接或在端部与预制剪力墙连接。

根据《装配式混凝土结构技术规程》第 8.3.13 条，当采用后浇连梁时，宜在预制剪力墙端伸出预留纵向钢筋，并与后浇连梁的纵向钢筋可靠连接（图 2.62）。

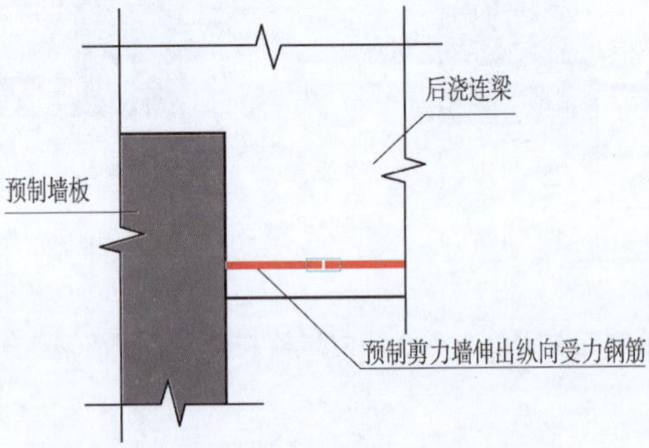

图 2.62　后浇连梁与预制剪力墙连接构造

当预制剪力墙平面外有梁连接时，应注意梁搭接位置可能会设置有暗柱，可参见本项目 2.2.3 节“1）预制剪力墙拆分设计区域”的相关介绍，且预制剪力墙上应注意预留梁连接钢筋（图 2.63）或预留后浇凹槽（图 2.64）。

（7）预制剪力墙墙上洞口的要求

门洞节点展示

根据《装配式混凝土结构技术规程》第 8.2.3 条，预制剪力墙开有边长小于 800 mm 的洞口且在结构整体计算中不考虑其影响时，应沿洞口周边配置补强钢筋；补强钢筋的直径不应小于 12 mm，截面面积不应小于同方向被洞口截断的钢筋面积；该钢筋自孔洞边角算起伸入墙内的长度，非抗震设计时不应小于 l_a，抗震设计时不应小于 l_{aE}（图 2.65）。

（8）预制剪力墙连梁开洞的要求

根据《装配式混凝土结构技术规程》第 8.2.2 条，预制剪力墙的连梁不宜开洞；当需开洞时，洞口宜预埋套管，洞口上、下截面的有效高度不宜小于梁高的 1/3，且不宜小于

200 mm；被洞口削弱的连梁截面应进行承载力验算，洞口处应设置补强纵向钢筋和箍筋，补强纵向钢筋的直径不应小于 12 mm。

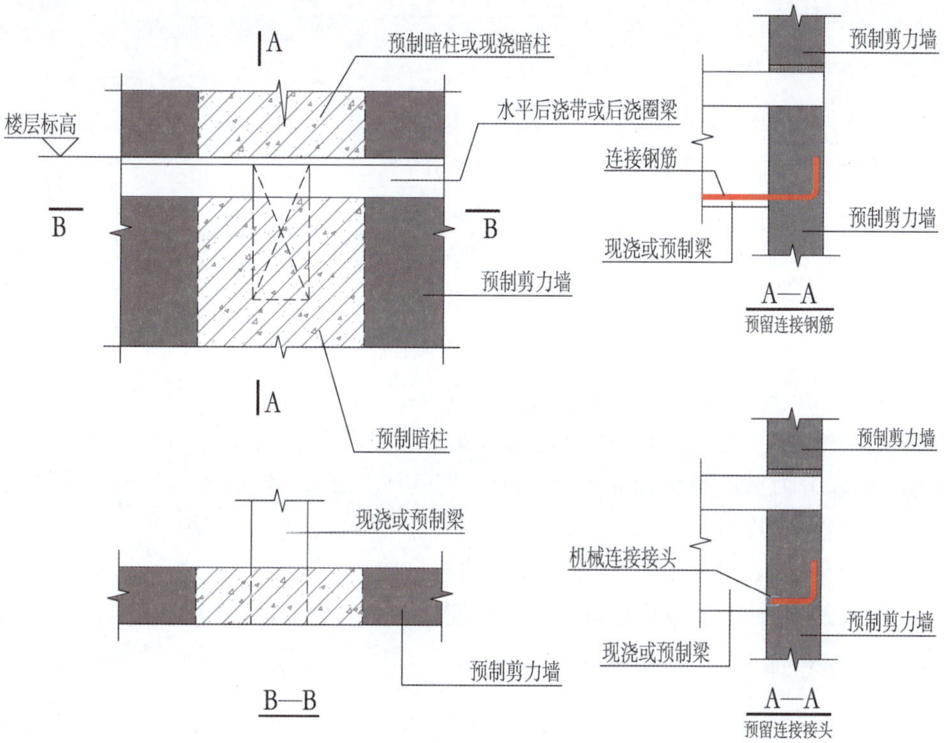

图 2.63 预制剪力墙预留梁连接钢筋

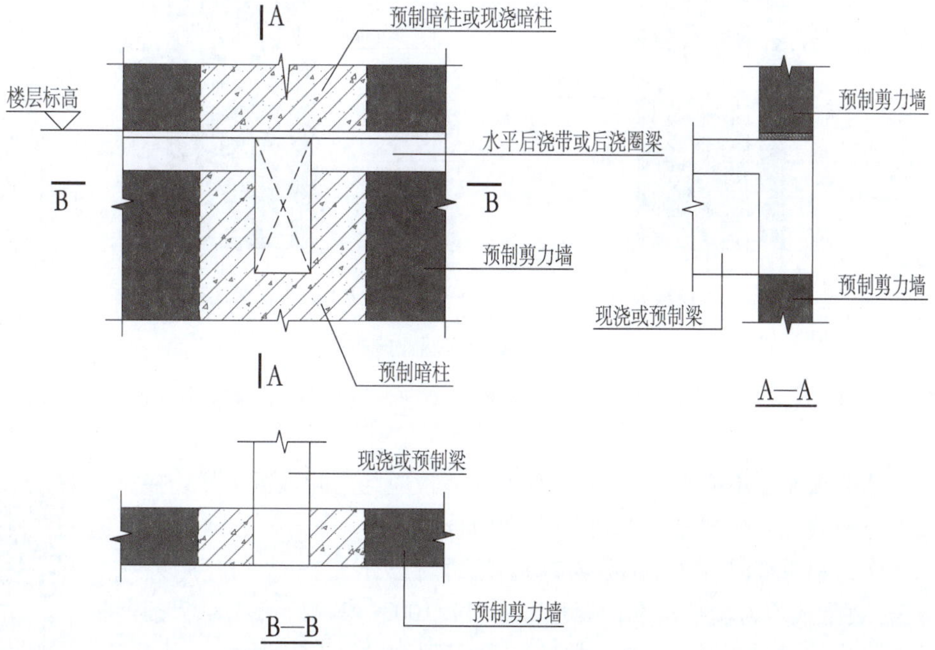

图 2.64 预制剪力墙预留后浇凹槽

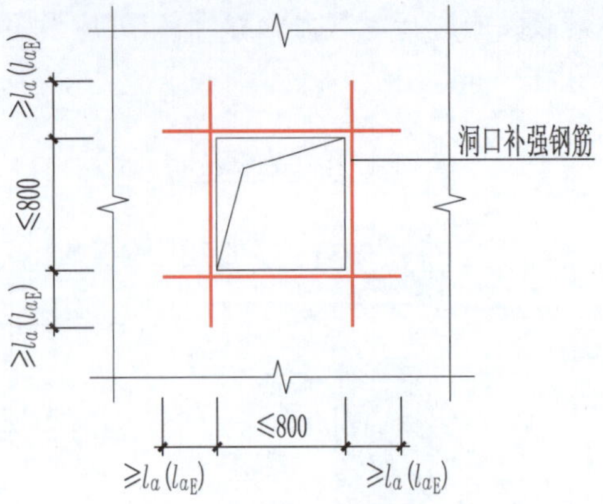

图 2.65　预制剪力墙洞口补强钢筋配置

外墙板图纸交底

(9)预制混凝土夹心保温外墙板的要求

预制混凝土夹心保温外墙板指中间夹有保温层的预制混凝土外墙板。根据其在结构中的作用,可以分为承重墙板和非承重墙板。当其作为承重墙板时,与其他结构构件共同承担垂直力和水平力;当其作为非承重墙板时,仅作为外围护墙体使用。

预制夹心外墙板根据其内、外叶墙板间的连接构造,又可以分为组合墙板和非组合墙板。组合墙板的内、外叶墙板可通过拉结件的连接共同工作;非组合墙板的内、外叶墙板不共同受力,外叶墙板仅作为荷载,通过拉结件作用在内叶墙板上。夹心保温连接节点如图 2.66 所示。

三明治板介绍

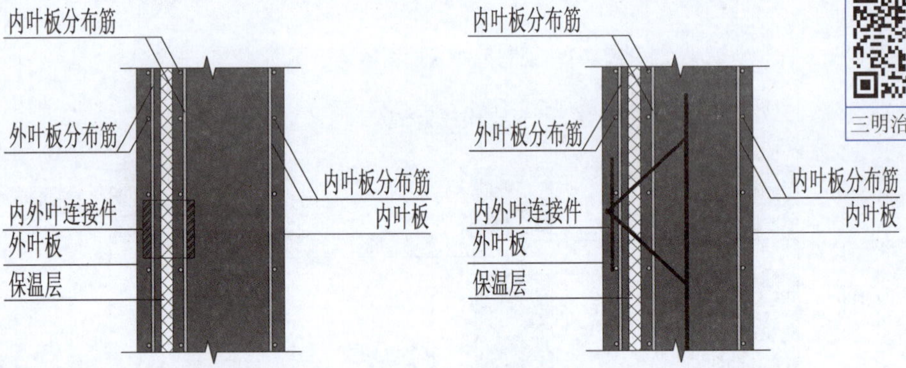

(a)夹心保温连接节点一　　(b)夹心保温连接节点二

图 2.66　夹心保温连接节点

根据《装配式混凝土结构技术规程》第 8.2.6 条,当预制外墙采用夹心墙板时,应满足下列要求:

①外叶墙板厚度不应小于 50 mm,且外叶墙板应与内叶墙板可靠连接;

②夹心外墙板的夹层厚度不宜大于 120 mm;

③当作为承重墙时,内叶墙板应按剪力墙进行设计。

外墙构造及竖向连接展示

根据《装配式剪力墙结构设计规程》(DB11/1003—2022)第 5.4.7 条,住宅建筑采用装配式剪力墙结构时,外墙宜采用预制夹心剪力墙板。外叶墙板、保温层及连接件的耐久性能应与内叶墙板相同，保温性能的设计标准宜适当提高；预制夹心剪力墙板的设计还应符合下列规定：

①外叶墙板的厚度不宜小于60 mm，最大厚度处不宜大于100 mm；外叶墙板的宽度可大于内叶墙板的宽度，单侧超出的尺寸不宜大于300 mm；混凝土强度等级宜采用C40，且不应低于C30。外叶墙板的设计应满足下列规定：

a. 与外叶墙板一同成型的建筑装饰线脚，突出墙面尺寸不宜大于50 mm，且应计入外叶墙板的厚度；

b. 外叶墙板内应配置单层双向钢筋网，钢筋直径不宜小于4 mm、间距不宜大于150 mm；有洞口的外叶墙板，在洞口边应配置加强钢筋；每边不应少于2根，直径不宜小于10 mm，间距宜为50～100 mm；

c. 外叶墙板厚度应满足拉结件锚固的要求，可在拉结件布置区局部增加外叶墙板厚度，且不应影响建筑外墙保温性能；

d. 外叶墙板最外层钢筋的混凝土保护层厚度：对于采用反打石材、瓷板和面砖的饰面做法，不应小于15 mm；对于采用涂料或清水混凝土的饰面做法，不宜小于20 mm；对于有凹凸造型的饰面做法，从混凝土凹进处的表面计算，不应小于15 mm。

②保温层的厚度宜为50～150 mm，保温材料的导热系数不宜大于0.040 W/(m·K)，体积比吸水率不宜大于0.3%，燃烧性能不应低于《建筑材料及制品燃烧性能分级》(GB 8624—2012)中B1级的要求。保温层设计还应满足下列要求：

a. 外叶墙板在风荷载、地震及温度作用下形成的垂直于墙面的压力宜由连接件全部承担。当需由保温层材料承担部分作用时，应对保温层材料的力学性能提出设计要求。

b. 保温层与内叶墙板、外叶墙板间的界面宜满足在自重、温度、风、地震作用下，外叶墙板与内叶墙板间的相对变形要求。

c. 在保温材料拼接贯通缝的内外两面宜粘贴防水胶带，必要时还应对保温材料采取防水包裹处理。

外墙拼缝展示

③内叶墙板厚度不宜小于200 mm，且应符合本规程第六章至第八章的有关规定。

④外叶墙板、保温层和内叶墙板间的拉结件可作为专项设计内容，应符合现行有关标准的规定。拉结件的选型设计应满足下列要求：

a. 拉结件的材料宜选用统一的数字代号为S304××、S316××的奥氏体型不锈钢材料及纤维增强复合材料，同一构件内拉结件的材料应统一；

b. 不锈钢拉结件宜采用桁架式、针式、板式及夹式拉结件等形式，不同形式的拉结件可组合；

c. 纤维增强复合材料拉结件宜采用棒状、片式等形式。

⑤预制夹心剪力墙板应根据构件的质量、尺寸及重心位置、建筑饰面等确定吊装方式、吊具形式、吊点数量及布置、安全保护措施等；构件吊装中宜保持与地面基本垂直，在安装固定过程中应避免向建筑外侧倾斜。

【知识检测】

一、单项选择题

1. 预制剪力墙的接缝位于纵横墙交接处的约束边缘构件区域时，应采用(　　)连接。

A. 干式接缝　　B. 湿式接缝　　C. 整体式接缝　　D. 机械

2. 非边缘构件位置的相邻预制剪力墙之间设置后浇段时，后浇段的宽度应满足(　　)条件。

A. 不应小于墙厚且不宜小于 200 mm

B. 不应大于墙厚且不宜大于 200 mm

C. 应等于墙厚

D. 无具体要求

3. 预制夹心剪力墙板吊装时，应保持与地面的(　　)关系。

A. 平行　　B. 垂直　　C. 倾斜　　D. 任意角度

4. 预制剪力墙顶部后浇区的圈梁截面宽度应满足(　　)要求。

A. 不应小于剪力墙的厚度　　B. 应等于剪力墙的厚度

C. 应大于剪力墙的厚度　　D. 无具体

二、多项选择题

1. 预制剪力墙与梁连接节点时，连梁纵向钢筋应在(　　)可靠锚固或连接。

A. 后浇混凝土中　　B. 局部后浇节点区内

C. 预制剪力墙端部上角预留处　　D. 预制叠合梁端部

2. 外叶墙板、保温层和内叶墙板间的拉结件材料可以选用(　　)类型。

A. S304××奥氏体型不锈钢材料　　B. S316××奥氏体型不锈钢材料

C. 纤维增强复合材料　　D. 碳钢材料

3. 预制剪力墙顶部后浇区圈梁内的纵向钢筋配置应满足(　　)要求。

A. 纵向钢筋直径不应小于 12 mm

B. 按全截面计算的配筋率不应小于 0.5%

C. 纵向钢筋竖向间距不应大于 200 mm

D. 箍筋间距不应大于 200 mm

三、判断题

1. 接缝位于纵横墙交接处的构造边缘构件区域时，构造边缘构件宜全部采用后浇混凝土。　(　　)

2. 预制剪力墙的水平分布钢筋在后浇段内的锚固、连接应符合《建筑抗震设计标准》的有关规定。　(　　)

3. 预制夹心剪力墙板应根据构件的质量、尺寸及重心位置、建筑饰面等确定吊装方式、吊具形式、吊点数量及布置、安全保护措施等。　(　　)

4. 圈梁内配置的纵向钢筋按全截面计算的配筋率不应小于水平分布钢筋配筋率的较大值。　（　　）

任务 2.5　其他构件拆分设计

2.5.1　预制楼梯

(1)预制楼梯拆分设计区域

对于住宅项目的预制楼梯,一般情况下,标准化程度较高,在决定是否采用预制楼梯时,还需要考虑楼梯区域附近的结构受力问题及预制楼梯的质量。在选择预制楼梯的使用范围时,一般有以下 3 类情况宜优先采用现浇楼梯:

①楼梯两侧是大开洞,楼梯位置整体性较差,此楼梯宜采用现浇,如图 2.67 所示。

②在某些住宅项目中,楼梯间可能是一个单独甩在外部边缘的一个封闭的筒,楼梯间区域比较薄弱,宜优先考虑使用现浇楼梯,增强此区域的整体性,如图 2.68 所示。

③质量较大,现场塔吊难以起吊时,宜考虑采用现浇楼梯。

住宅中,对于双跑楼梯,若采用预制楼梯,一般质量在 2.0 t 左右;对于剪刀梯,若采用预制楼梯,一般质量在 3.0 t 以上,有些甚至在 5.0 t 左右。对于剪刀梯,由于采用预制楼梯时质量较大,应结合实际情况决定是否采用预制楼梯。为降低预制楼梯质量,也可考虑采用将梯段板分段预制的方式。

另外,选择预制楼梯使用区域时,相同楼栋内的楼梯应尽量选择标准楼层范围内的楼梯。底层、顶层层高与标准层不同时,梯段板的高度可能会不同,底层与顶层采用预制楼梯将与标准层预制楼梯不能共用一套模具,造成模具浪费。

对于相同单元的楼梯间,在建筑方案设计阶段,应注意尽量采用平移的方式,即楼梯起跑位置在同一侧,避免镜像,以使楼梯标准化。

(2)预制楼梯拆分设计要点

常见的预制钢筋混凝土楼梯为板式楼梯,可以分为双跑楼梯和剪刀楼梯,如图 2.69、图 2.70 所示。

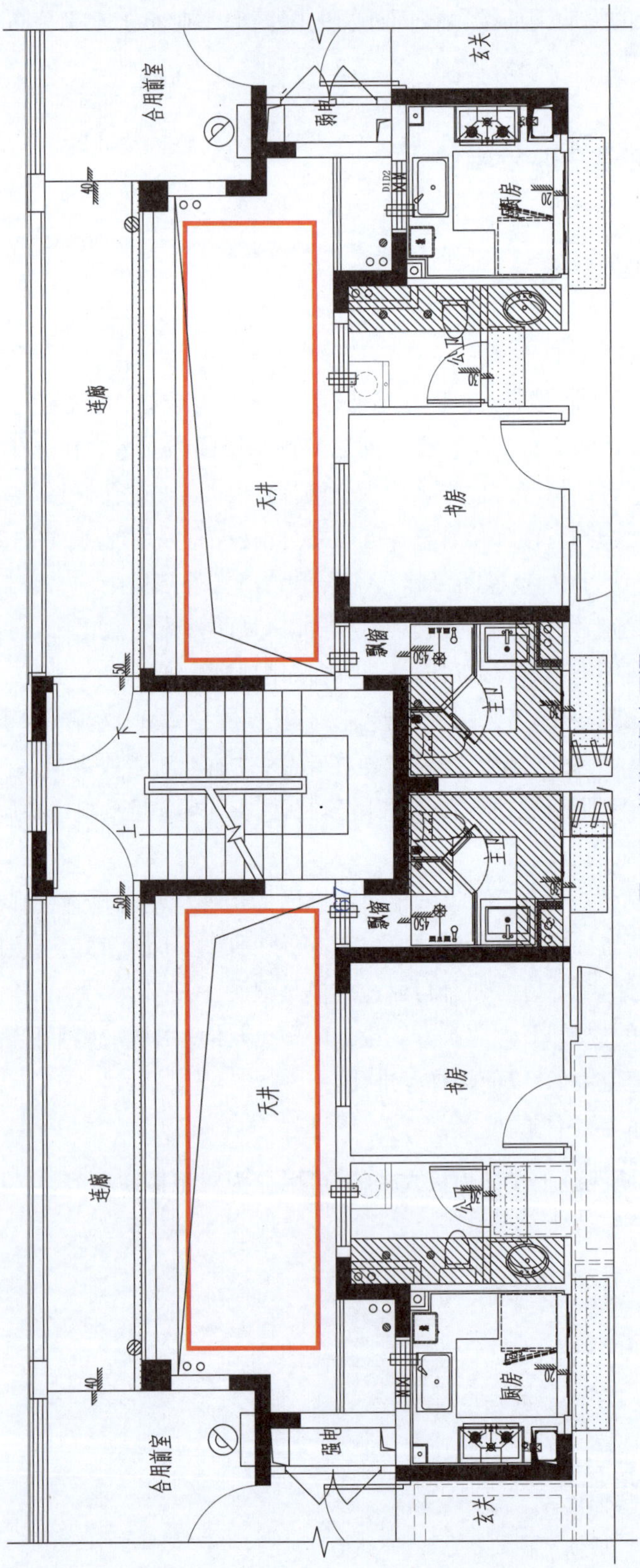

图2.67　楼体两侧大开洞

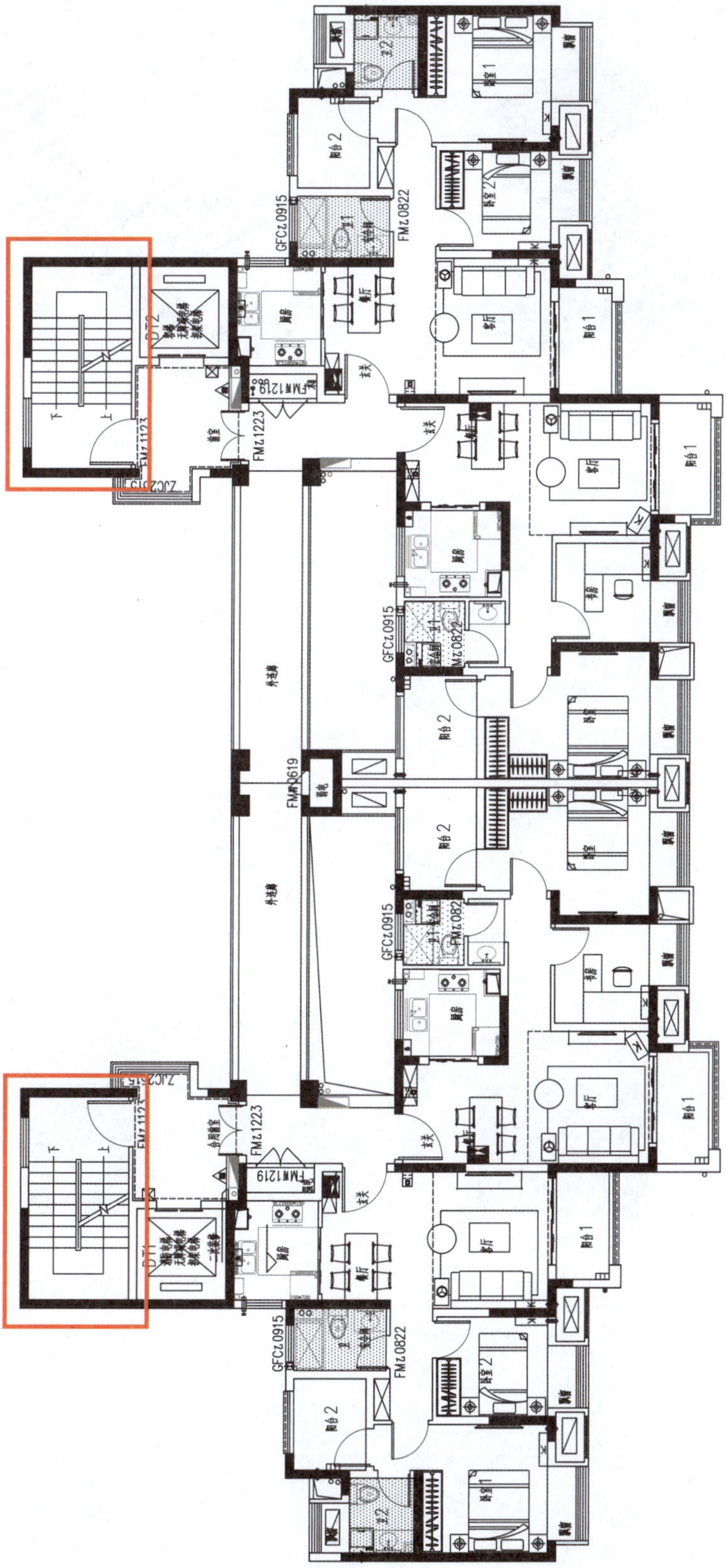

图2.68　楼梯位于主体结构外侧

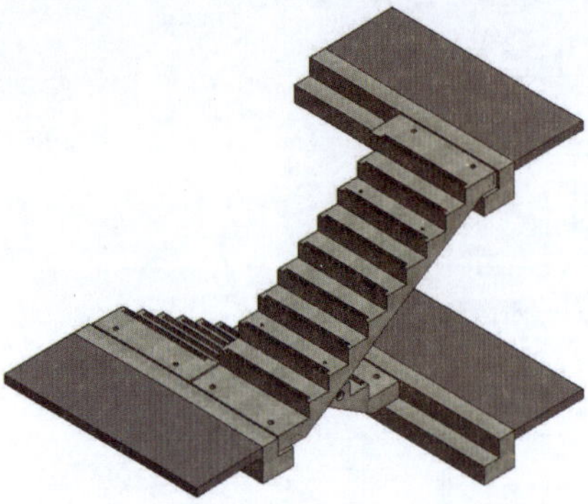

图 2.69　双跑楼梯三维示意图

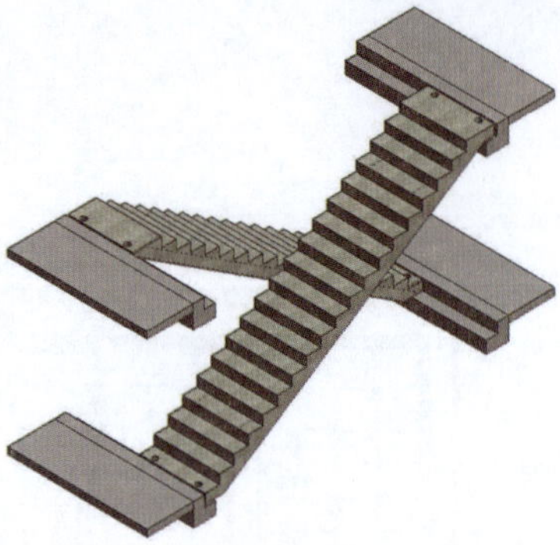

图 2.70　剪刀楼梯三维示意图

根据预制楼梯与梯梁的连接方式，支座形式可分为 3 种：

①高端支承和低端支承均为固定支座（图 2.71）；

②高端支承为固定支座，低端支承为滑动支座（图 2.72）；

③高端支承为固定铰支座，低端支承为滑动铰支座（图 2.73）。

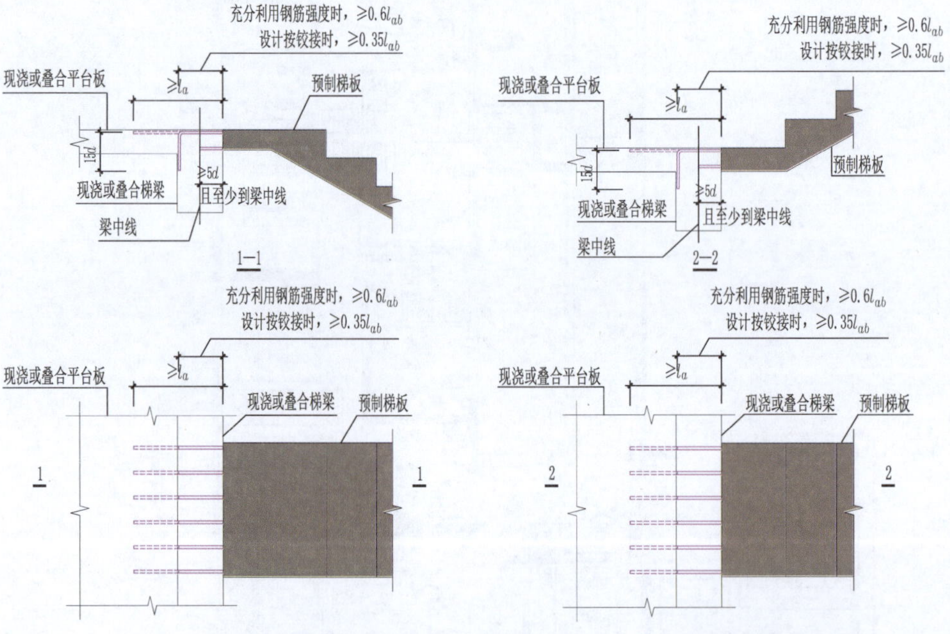

图 2.71　高端支承和低端支承均为固定支座

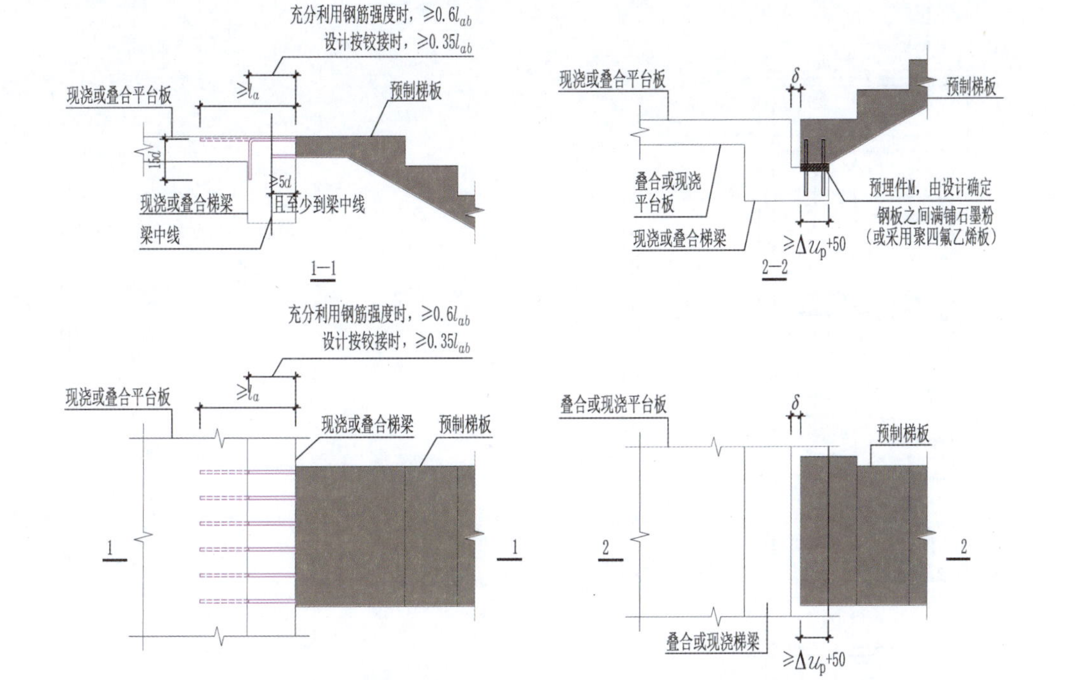

（a）高端支承固定支座　　（b）低端支承滑动支座

图 2.72　高端支承为固定支座，低端支承为滑动支座

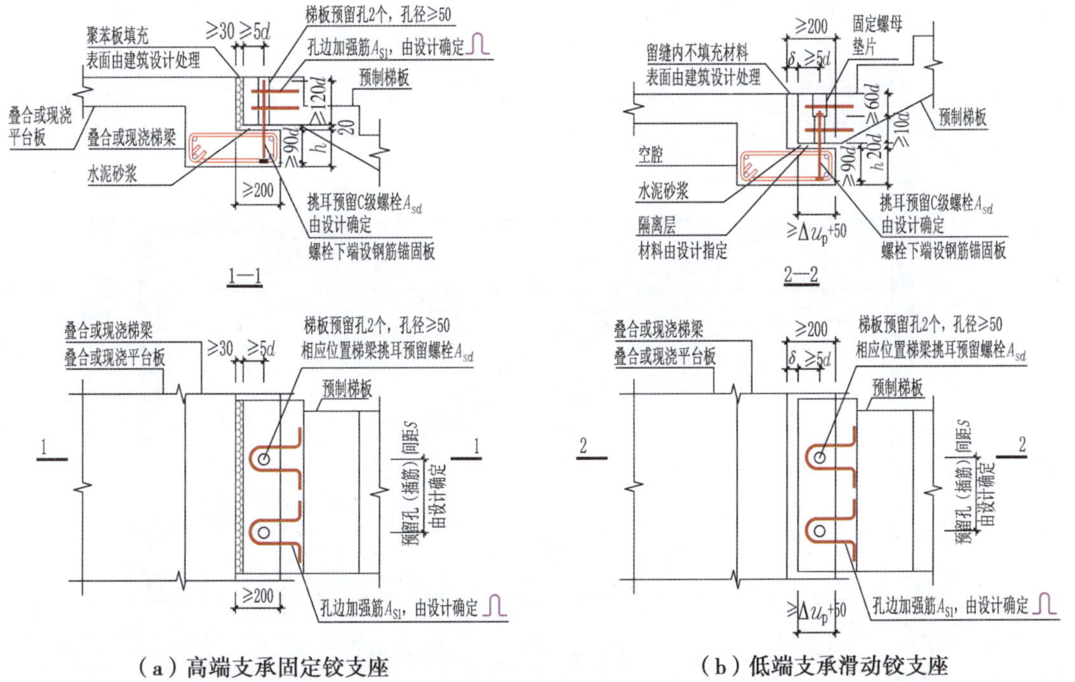

（a）高端支承固定铰支座　　（b）低端支承滑动铰支座

图 2.73　高端支承为固定铰支座，低端支承为滑动铰支座

剪刀梯的质量一般较大，为降低质量、便于吊装，一般可采用以下两种方式：

①在宽度方向将楼梯拆分为两部分，即半宽型，如图 2.74 所示。

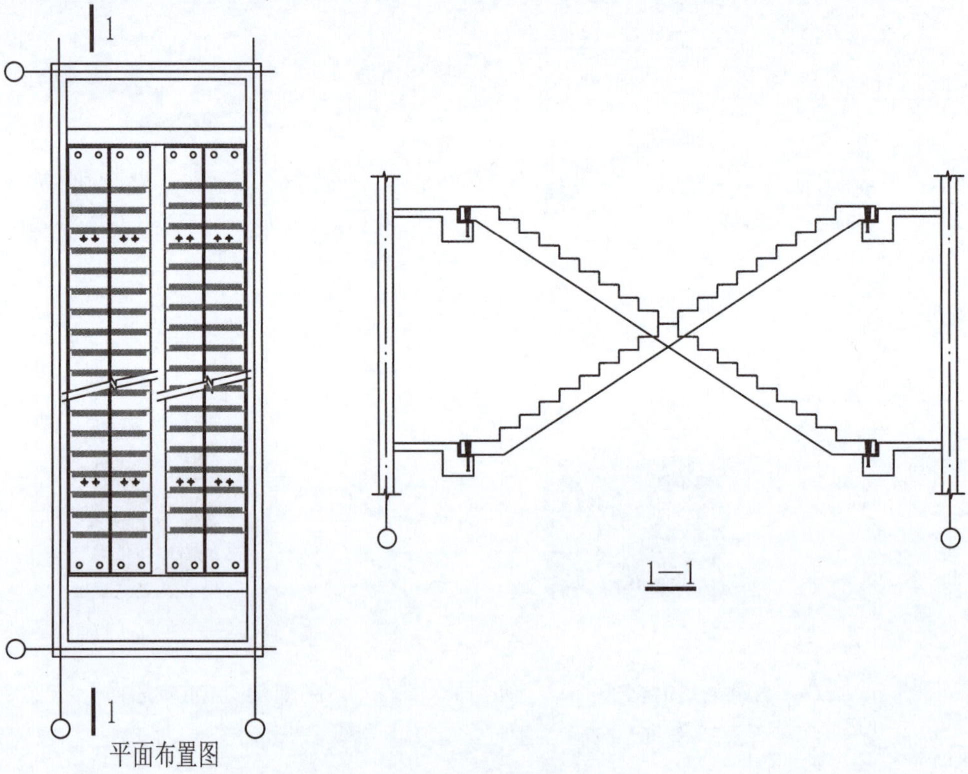

图 2.74　剪刀梯半宽型示意图

②在梯段板跨度中间设置梯梁，将梯段板分成两个部分以降低预制楼梯的质量，须复核梯梁下方的净高是否满足要求，如图 2.75 所示。

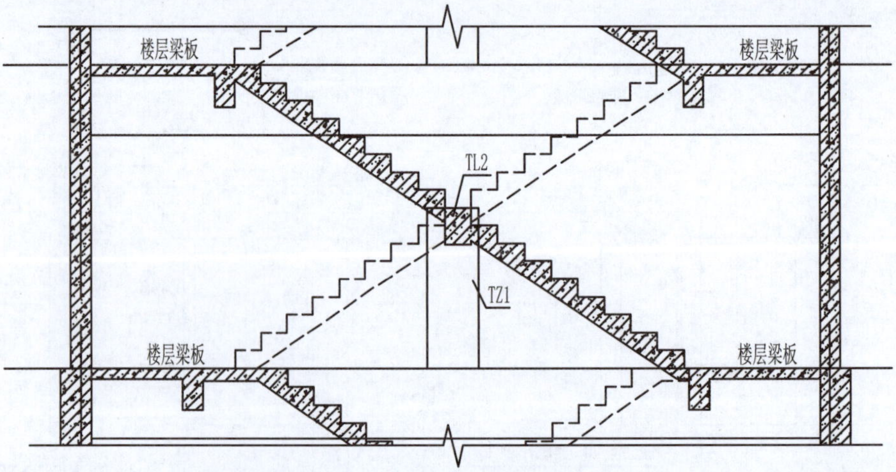

图 2.75　剪刀梯中间设置梯梁示意图

当预制梯板与梯梁采用铰接时，预制梯板与梯梁之间留缝宽度，由设计确定，且应大于 $\Delta\mu_p$。$\Delta\mu_p$ 为结构弹塑性层间位移。$\Delta\mu_p = \theta_p h_t$，$\theta_p$ 为结构弹塑性层间位移角限值，按照《建筑抗震设计标准》确定；h_t 为梯段高度。

同时,梯段板侧面与主体结构之间可以预留一定的空隙,一般可取 20 mm(图 2.76),以免现场施工误差,导致梯段板不能安装到位。

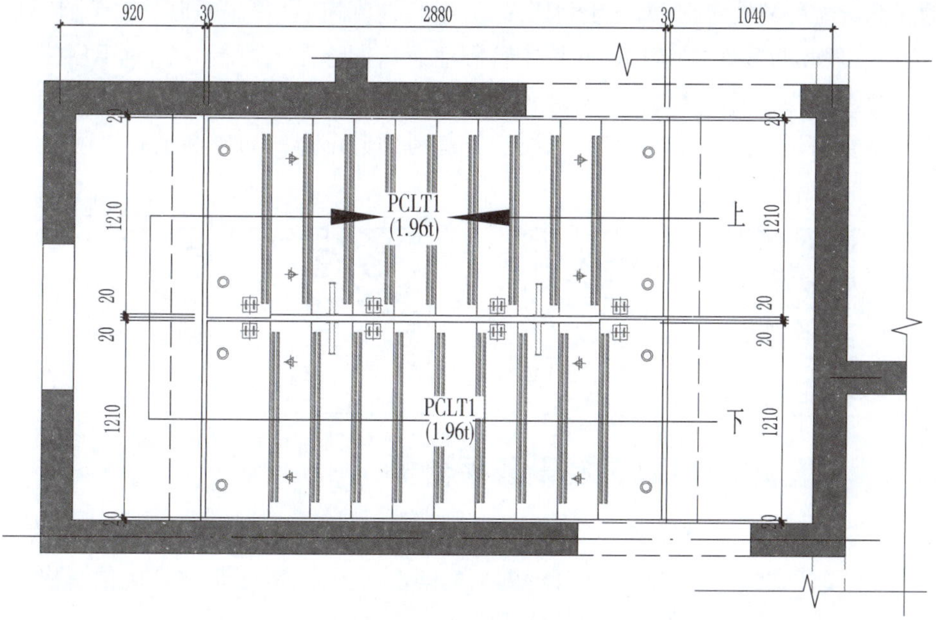

图 2.76　预制梯段板侧面与主体结构预留施工缝

预制楼梯的面层一般有两种形式:免后做建筑面层和后做建筑面层。预制楼梯在工厂内生产,其表面光滑。当采用免后做建筑面层的做法时,预制梯段面的标高即建筑完成面的标高;若采用后做建筑面层的做法时,预制梯段面上需要预留建筑面层的厚度,预制梯段面上应设置相应的粗糙面,以便于后期建筑面层的施工。

由于预制板式楼梯在吊装、运输及安装过程中,受力状况比较复杂,板面宜配置通长钢筋,钢筋用量可根据加工、运输、吊装过程中各工况的承载力及裂缝控制验算结果确定。另外,当楼梯两端均不能滑动时,在水平侧向力作用下楼梯会起到斜撑作用,楼梯板中会产生轴向拉力。因此,预制梯段板的板面和板底均应配置通长钢筋。

2.5.2　预制阳台

阳台可分为梁式阳台、板式阳台。对于阳台,可采用的预制形式包括叠合板式阳台、全预制板式阳台、全预制梁式阳台。可根据需要采用不同的形式。

板式阳台采用预制时,应注意阳台板上部纵向受力钢筋伸入支座的长度应按照设计要求;采用全预制梁式阳台时,应注意悬挑预制梁上部纵向受力钢筋伸入支座长度。由于阳台标高一般均低于室内标高,上部纵向受力钢筋在支座的锚固应进行试放样,同时由于锚固钢筋长度一般均较长(一般情况下,锚固长度除满足 $1.1L_a$ 外,还应满足支座弯矩图的要求,锚固长度应从弯矩不需要处再延伸 L_a;当兼做内跨支座附筋时,还应满足不小于内跨楼板短向跨度 1/4 的要求),应考虑运输条件的影响。

另外,预制阳台的锚固端宜留有现浇层。

2.5.3 预制飘窗

预制飘窗的种类较多，有局部预制飘窗板、组装式飘窗、全预制飘窗。由于飘窗位置的节点、造型一般均较复杂，在做拆分时，应特别注意后期施工的可行性，不能随意拆分。预制飘窗应特别注意与现浇区域节点连接的设计。

全预制飘窗属于三维空间预制构件，应提前考虑其吊点的布置和重心平衡的问题，以有利于现场的存放、吊装。

窗洞展示（窗洞安装窗框）

窗洞展示（窗洞安装附框）

窗洞展示（窗洞裸露）

窗洞展示（完整窗安装）

2.5.4 预制空调板、预制设备平台板

对于预制空调板、预制设备平台板，当周边有梁时，拆分要点同梁式阳台；当为板式悬挑构件时，主要注意钢筋锚固问题及现场施工的问题。另外，对于板式悬挑预制构件，应对施工阶段的支撑位置、拆模条件给出具体要求。

2.5.5 装配式内隔墙板

在抗震设计中，装配式内隔墙板作为柔性连接的建筑构件，不计入其整体刚度，也不计入其抗震承载力。

装配式内隔墙板的使用区域须结合工程经验及项目所在地的要求，充分考虑施工的便利性、可操作性。对于一些安装困难的区域，应避免使用装配式内隔墙板，如剪刀梯中间的分隔墙。另外，同一楼层范围内，既存在砖砌墙体，又存在装配式内隔墙板时，应考虑施工顺序的影响。若先砌筑砖砌墙体，应结合平面布置，考虑装配式内隔墙板在后期施工时是否能够顺利地搬运到需要使用的区域。

装配式内隔墙板的使用区域要结合各地区的实际要求进行布置，如常州市《关于加强全市住宅工程建筑轻质条板隔墙质量管理的有关规定》（常住建〔2019〕117 号）明确规定：轻质条板的抗压强度不得低于5.0 MPa，分户墙厚度不得小于200 mm，其余内隔墙体厚度不得小于120 mm。厨房、卫生间及有防潮要求的部位不得采用条板隔墙。条板隔墙的门窗洞口应采用钢筋混凝土框或钢龙骨框加强；条板隔墙内设置的暗埋配电箱、控制柜、暗埋水管、重物挂件等部位必须明确节点做法，条板拼缝处及不同材料基体交接处必须明确防裂措施，以满足施工需求。具体的内容可以参见《关于加强全市住宅工程建筑轻质条板隔墙质量管理的有关规定》（常住建〔2019〕117 号）。

装配式内隔墙板形式包括蒸压轻质加气混凝土墙板、陶粒混凝土墙板、轻钢龙骨石膏板隔墙、GRC 硅酸盐水泥墙板、轻质复合条板等。以下介绍常用的蒸压轻质加气混凝土墙板、陶粒混凝土墙板以及轻钢龙骨石膏板隔墙。

(1)蒸压轻质加气混凝土墙板

蒸压轻质加气混凝土墙板简称 ALC 墙板,属于轻质墙板。它是以硅质和钙质材料为主要原料,以石膏为调节材料,以铝粉(膏)为发气剂,加水混合搅拌,内置经防锈处理的钢筋网片,经过高温、高压、蒸汽养护等工艺而成的不同厚度、不同长度的多气孔混凝土板材。

ALC 墙板具有定尺加工、工厂化生产、尺寸精准、标准化装配等特点,使得在施工过程中可省去圈梁、构造柱、支模、喷浆、粉刷等复杂程序(但剪力墙结构中作为填充墙体与结构剪力墙的平整度仍很难控制,仍需进行粉刷找平)。

ALC 墙板安装长度超过 6 m 时,宜增加构造柱,构造柱可采用方钢柱、H 型钢柱或钢筋混凝土柱。分户隔墙的墙板厚度应满足建筑隔声要求。

ALC 墙板用于厨房、卫生间及有防潮、防水要求的环境时,应采取可靠的防潮、防水构造措施,其防水构造高度应为整墙面高度。同时,下端应设置混凝土反坎,反坎高度不应小于 200 mm,并应做泛水处理。防水反坎可用 C20 细石混凝土现浇。

对于电梯间等安装较为困难的区域,不宜采用装配式内隔墙板。

ALC 墙板基本性能可参考《蒸压加气混凝土砌块、板材构造》(13J104),如表 2.8 所示。

表 2.8　ALC 墙板基本性能

强度级别		A2.5	A3.5	A5.0	A7.5
干密度级别		B04	B05	B06	B07
干密度(kg/m^3)		≤425	≤525	≤625	≤725
抗压强度(MPa)	平均值	≥2.5	≥3.5	≥5.0	≥7.5
	单组最小值	≥2.0	≥2.8	≥4.0	≥6.0
干燥收缩值(mm/m)	标准法	≤0.50			
	快速法	≤0.80			
抗冻性	质量损失(%)	≤5.0			
	冻后强度(MPa)	≥2.0	≥2.8	≥4.0	≥6.0
导热系数(干态)[W/(m·K)]		≤0.12	≤0.14	≤0.16	≤0.18

ALC 墙板板缝分类、位置及处理方法如表 2.9 所示。

表 2.9　ALC 墙板板缝分类、位置及处理方法

<table>
<tr><th>板缝编号、分类及处理方法</th><th>板缝位置</th></tr>
<tr><td>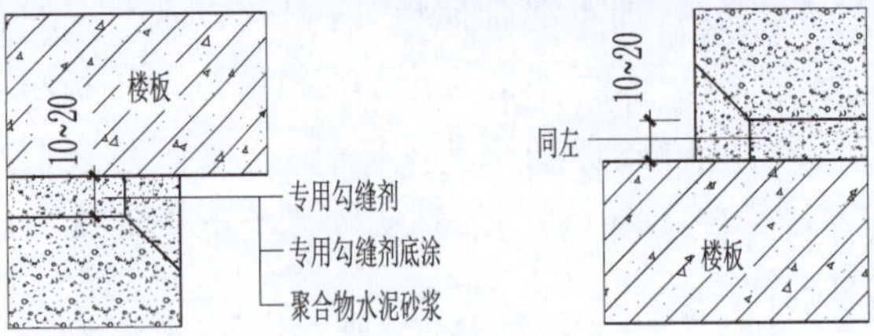

①隔墙一般缝</td><td>采用插入钢筋法安装的隔墙板顶缝和板底缝</td></tr>
<tr><td>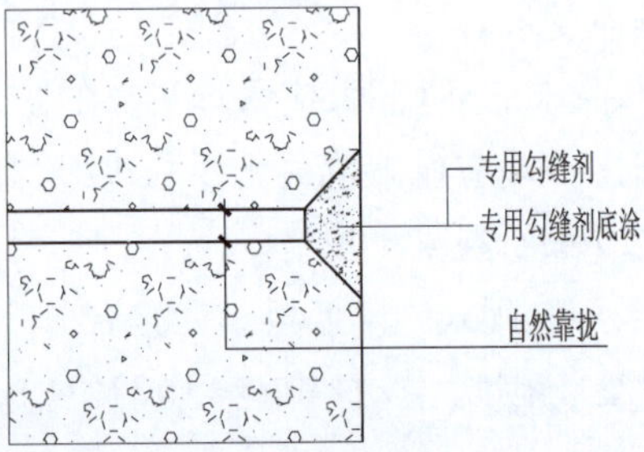

②隔墙一般缝</td><td>隔墙板侧边之间的接缝</td></tr>
<tr><td>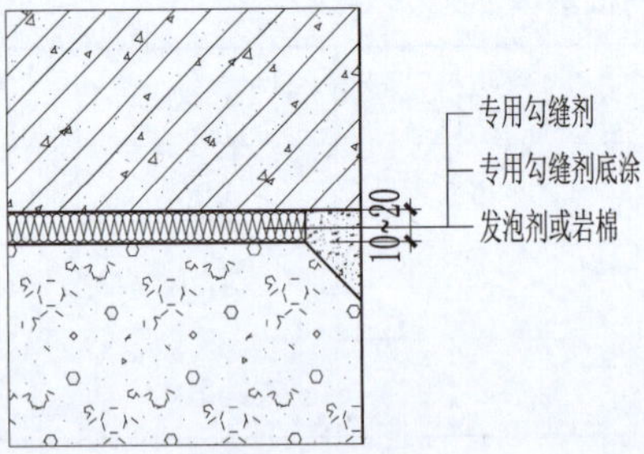

③隔墙胀缩缝</td><td>①竖装板隔墙两端缝；
②竖装 TU 形板的顶缝；
③横装隔墙板的竖缝；
④横装墙板与基础梁相接的横缝</td></tr>
</table>

ALC 墙板的典型节点如图 2.77 至图 2.79 所示。

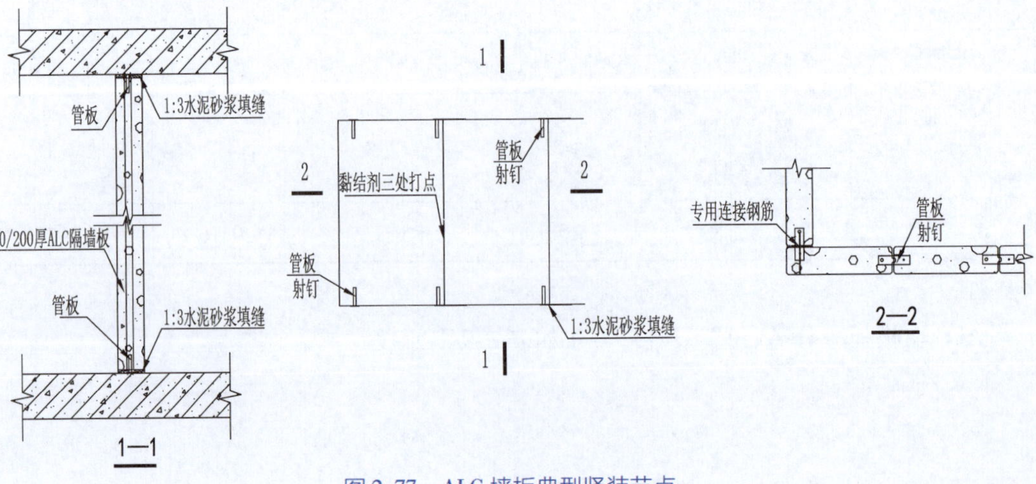

图 2.77　ALC 墙板典型竖装节点

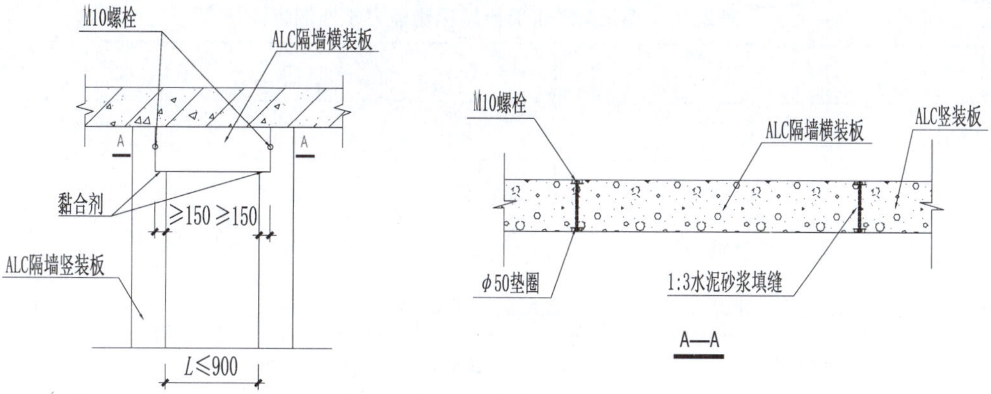

图 2.78　ALC 墙板典型门洞加固节点(一)

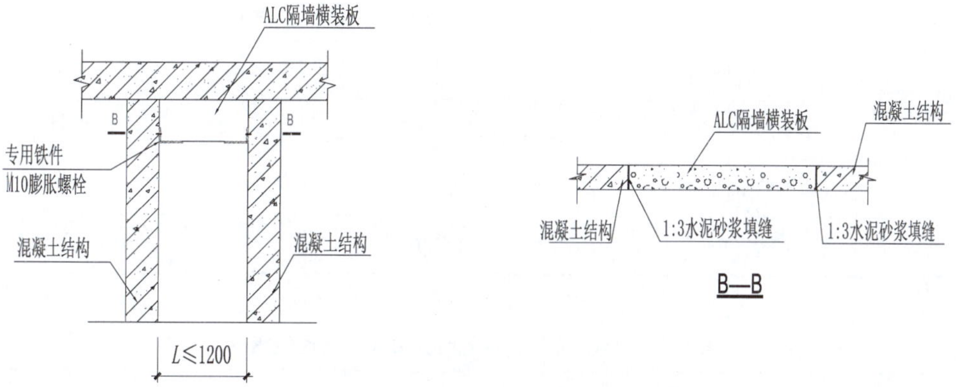

图 2.79　ALC 墙板典型门洞加固节点(二)

(2)陶粒混凝土墙板

陶粒混凝土墙板是以水泥、硅砂粉、陶粒、砂、外加剂和水等原料配制成的轻集料混凝土为基料,内置冷拔钢筋网架,经浇筑成型、养护而成的一种轻质内隔墙板。按照生产工艺,可分为蒸压陶粒混凝土墙板和挤压陶粒混凝土墙板。按照是否空心,可分为实心墙板和空心墙板。

墙板安装长度超过 6 m 时,宜增加构造柱,构造柱可采用方钢柱、H 型钢柱或钢筋混凝土柱。

在限高以内安装墙板时,竖向接板不宜超过 1 次,相邻墙板接头位置应错开 300 mm 以上,错缝范围可为 300 ~ 500 mm。

在限高以上安装墙板时,应满足图集的相关构造要求,并提出专门的安装施工方案。

墙板用于厨房、卫生间及有防潮、防水要求的环境时,应采取可靠的防潮、防水构造措施,其防水构造高度不宜低于 1.8 m。同时下端应设置混凝土反坎,反坎高度不应小于 200 mm,并应做泛水处理。防水反坎可用 C20 细石混凝土现浇。

当采用空心陶粒板隔墙,且墙板上开洞时,应注意空心墙板的处理。

陶粒混凝土墙板物理力学性能指标可参考《JH 钢筋陶粒混凝土墙板》(2016 CPXY-J372 总 478),如表 2.10、表 2.11 所示。

表 2.10　蒸压陶粒混凝土墙板物理力学性能指标

项　目	指　标		
板厚(mm)	100	120	150
抗冲击性能(次)	≥5	≥5	≥5
抗弯破坏荷载(板自重倍数)	≥1.5	≥1.5	≥1.5
抗压强度(MPa)	≥7.5	≥7.5	≥7.5
软化系数	≥0.8	≥0.8	≥0.8
实心板面密度(kg/m^2)	≤140	≤170	≤190
含水率(%)	≤6.0	≤6.0	≤6.0
干燥收缩值(mm/m)	≤0.5	≤0.5	≤0.5
吊挂力(N)	≥1 000	≥1 000	≥1 000
空气声隔声量(dB)	≥40	≥45	≥48
耐火极限(h)	≥2.0	≥2.0	≥2.0

表 2.11　挤压陶粒混凝土墙板物理力学性能指标

项　目	指　标			
板厚(mm)	100	120	150	200
抗冲击性能(次)	≥5	≥5	≥5	≥5
抗弯破坏荷载(板自重倍数)	≥1.5	≥1.5	≥1.5	≥1.5
抗压强度(MPa)	≥7.5	≥7.5	≥7.5	≥7.5
软化系数	≥0.80	≥0.80	≥0.80	≥0.80
面密度(kg/m^2)	≤110	≤140	≤160	≤190
含水率(%)	≤6.0	≤6.0	≤6.0	≤6.0
干燥收缩值(mm/m)	≤0.4	≤0.4	≤0.4	≤0.4
吊挂力(N)	≥1 000	≥1 000	≥1 000	≥1 000
空气声隔声量(dB)	≥40	≥45	≥48	≥50
耐火极限(h)	≥2.0	≥2.0	≥2.0	≥2.0

陶粒混凝土墙板的典型节点如图 2.80 至图 2.83 所示。

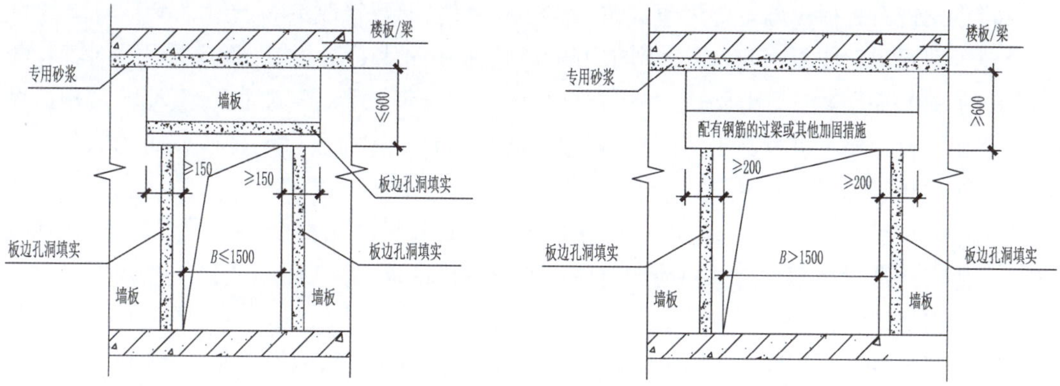

（a）门（窗）≤洞宽1 500 mm安装大样　　（b）门（窗）>洞宽1 500 mm安装大样

图 2.80　钢筋陶粒混凝土墙板门洞处安装大样

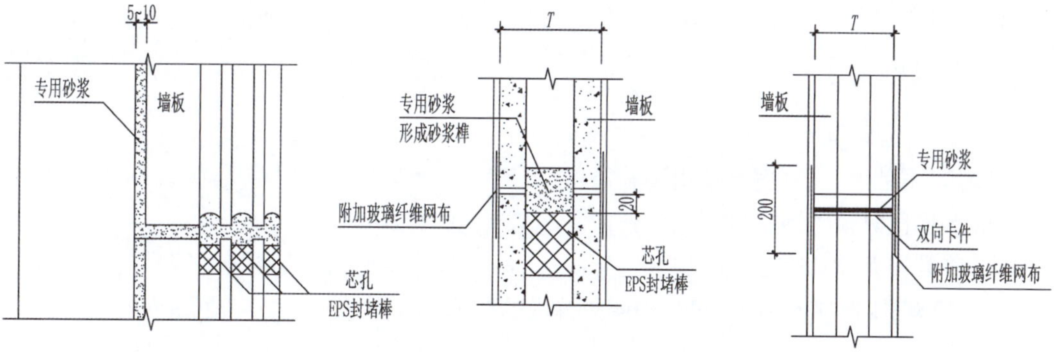

图 2.81　钢筋陶粒混凝土墙板竖向接板大样

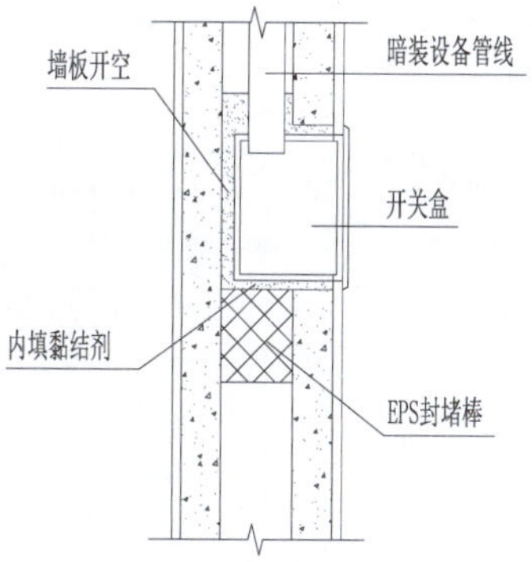

图 2.82　钢筋陶粒混凝土墙板暗线盒安装

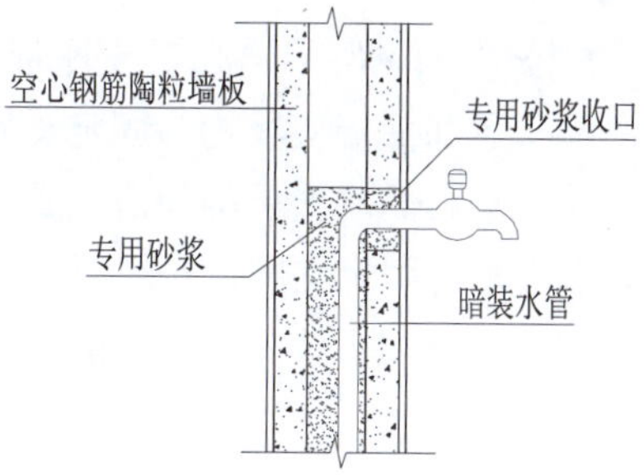

图 2.83　钢筋陶粒混凝土墙板暗装水管

（3）轻钢龙骨石膏板隔墙

轻钢龙骨石膏板隔墙由轻钢龙骨和石膏板组成。轻钢龙骨是以热镀锌板带为材料，经过冷弯工艺轧制而成的金属骨架；轻钢龙骨石膏板隔墙就是在轻钢龙骨外以纸面石膏板、装饰石膏板等轻质板材作为饰面，从而组合形成的非承重墙体。

轻钢龙骨石膏板隔墙按构造可分为单排龙骨单层石膏板隔墙、单排龙骨双层石膏板隔墙和双排龙骨双层石膏板隔墙。前一种用于一般隔墙,后两种用于隔声墙。

轻钢龙骨石膏板隔墙主要用于宾馆、商场、办公楼、旧建筑改造等场所。

对于潮湿房间如卫生间、厨房等的内隔墙,应采用耐水石膏板,底部应采用不小于 200 mm 高的 C20 细石素混凝土反坎,并将石膏板的下端嵌密封膏,缝宽为 5 ~ 7 mm,其构造做法应严格按设计要求进行施工,并采用相应的配套辅料。板面可以贴瓷砖或防水涂料。连续湿度超过 95% 不建议使用。

利用隔墙腔体敷设线路时,应按设计要求安装石膏板隔墙离框并与龙骨固定,接线盒四周采用密封膏封严。作为分户墙或有防火要求的内隔墙,电气插座或接线盒四周应采用岩棉包裹密封严实。

沿隔墙长度方向每间隔 12 m,或遇到建筑结构的伸缩缝时,应设置石膏板墙的伸缩缝。

当隔墙的高度超过 1 张石膏板的板长时,应在两块板的横向接缝处增设横撑龙骨。

轻钢龙骨石膏板隔墙的相关安装示意、连接节点可参考图集《轻钢龙骨石膏板隔墙、吊顶》(07CJ03-1)。

【知识检测】

一、单项选择题

1. 以下情况(　　)适合采用预制楼梯。

A. 楼梯位置整体性较差　　B. 楼梯间区域比较薄弱

C. 质量较大,现场塔吊难以起吊　　D. 质量较小,现场塔吊容易起吊

2. 选择预制楼梯使用区域时,相同楼栋内的楼梯应尽量选择(　　)范围内的楼梯。

A. 底层　　B. 标准楼层　　C. 顶层　　D. 跃层

3. 对于剪刀梯,若采用预制楼梯,一般质量在(　　)t。

A. 1 ~ 3　　B. 2 ~ 4　　C. 3 ~ 5　　D. 4 ~ 7

二、多选题

1. 预制楼梯与梯梁的连接,其支座形式包括(　　　)。

A. 高端支承和低端支承均为固定支座

B. 高端支承和低端支承均为滑动支座

C. 高端支承为固定支座,低端支承为滑动支座

D. 高端支承为固定铰支座,低端支承为滑动铰支座

2. 剪刀梯的质量一般较大,为降低质量、便于吊装,一般可采用(　　　)方式。

A. 在 1/3 跨度处设置梯梁,将梯段板分成两个部分

B. 在宽度方向将楼梯拆分为两部分,即半宽型

C. 在梯段板跨度中间设置梯梁,将梯段板分成两个部分

D. 在 1/4 跨度处设置梯梁,将梯段板分成两个部分

3. 对于阳台,根据需要采用不同的形式,可采用的阳台形式有(　　　)。

A. 叠合板式阳台　　B. 全预制板式阳台

C. 全预制梁式阳台　　D. 全预制叠合板式阳台

三、判断题

1. 对于相同单元的楼梯间，在建筑方案设计阶段，应注意尽量采用平移的方式，即楼梯起跑位置在同一侧，避免镜像，以使楼梯标准化。（　　）

2. 梯段板侧面与主体结构之间可以预留一定的空隙，一般可取 30 mm，以免现场施工误差，导致梯段板不能安装到位。（　　）

3. 阳台可分为梁式阳台、板式阳台。（　　）

4. 阳台标高一般均和室内标高平齐。（　　）

【想一想】

图 2.84 所示预制梯段板的板面和板底钢筋是怎样配置的？为什么？

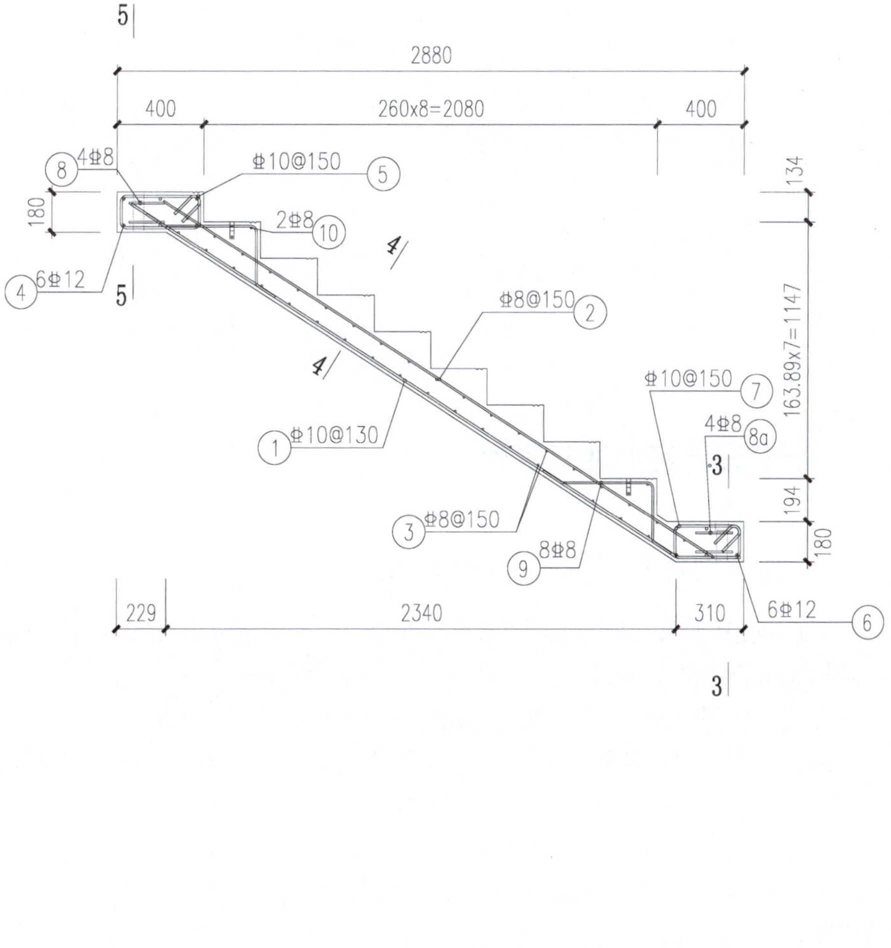

钢筋表							
使用部位	钢筋类型	编号	钢筋规格	数量	钢筋加工尺寸	单根长度(mm)	总重(kg)
踏步底部	1号纵筋	1	Φ10	10	2965 290	3255	20.070
踏步顶部	2号纵筋	2	Φ8	9	2988	2988	10.611
踏步中部	3号水平筋	3	Φ8	38	56 1175 56	1304	19.532
顶部	4号水平筋	4	Φ12	6	1255	1255	6.684
	5号箍筋	5	Φ10	9	100 370 150	1236	6.858
底部	6号水平筋	6	Φ12	6	1175	1175	6.258
	7号箍筋	7	Φ10	9	100 305 150	1107	6.138
销键开洞	销键加强筋	8	Φ8	4	120 150	378	0.596
		8a	Φ8	4	120 166	394	0.620
吊点	吊点加强筋	9	Φ8	8	100 423 268 100	891	2.813
		10	Φ8	2	1175	1175	0.927
边缘	边缘加强筋	11	Φ14	2	151 2876 250	3276	7.917
		12	Φ14	2	2924 284	3208	7.753
						合计	96.777

图 2.84　预制梯段板配筋

任务 2.6　拆分设计其他注意事项

2.6.1　预制构件尺寸和形状基本要求

根据《装配式混凝土结构技术规程》第 3.0.5 条，装配式结构中，预制构件的连接部位宜设置在结构受力较小的部位，其尺寸和形状应符合下列规定：

①应满足建筑使用功能、模数、标准化要求，并应进行优化设计；

②应根据预制构件的功能和安装部位、加工制作及施工精度等要求，确定合理的公差；

③应满足制作、运输、堆放、安装及质量控制要求。

预制构件合理的接缝位置以及尺寸和形状的设计十分重要，它对建筑功能、建筑平立面、结构受力状况、预制构件承载能力、工程造价等都会产生一定的影响。设计时，应同时满足建筑模数协调、建筑物理性能、结构和预制构件的承载能力、便于施工和进行质量控制等多项要求，同时应尽量减少预制构件的种类，保证模板能够多次重复使用，以降低造价。

对于离塔吊特别近的预制构件，应充分考虑预制构件施工的可操作性。

2.6.2　公差问题

与传统的建筑方法相比，装配式建筑有更多的连接接口。因此，对工业化生产的预制构件而言，选择适宜的公差十分重要。规定公差的目的是建立预制构件之间的协调标准。一般来说，基本公差主要包括制作公差、安装公差、位形公差和连接公差。公差提供了对预制构件推荐的尺寸和形状的边界。构件加工和施工单位根据这些实际的尺寸和形状制作和安装预制构件，以此保证各种预制构件在施工现场能合理地装配在一起，并保证在安装接缝、加工制作、放线定位中的误差在允许的范围内，使接口的功能、质量和美观均达到设计预期的要求。

2.6.3　预制构件伸入支座的问题

根据《装配式混凝土结构连接节点构造（楼盖结构和楼梯）》（15G310-1）中的相关说明，当预制构件端部伸入支座放置时，应综合考虑制作偏差、施工安装偏差、标高调整方式和封堵方式等确定 a、b 的数值，a 不宜大于 20 mm，b 不宜大于 15 mm，搁置长度由设计确定，如图 2.85 所示。

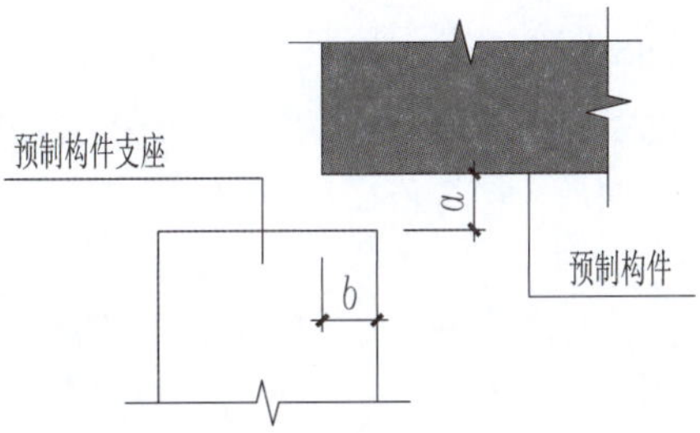

图 2.85　预制构件端部在支座处放置

2.6.4　非承重预制构件的要求

根据《混凝土结构设计标准》第 9.6.8 条，非承重预制构件的设计应符合下列要求：

①与支承结构之间宜采用柔性连接方式；

②在框架内镶嵌或采用焊接连接时，应考虑其对框架抗侧刚度的影响；

③外挂板与主体结构的连接构造应具有一定的变形适应性。

2.6.5　结构性能检验的要求

拆分设计时，应对预制构件的结构性能检验做相应的要求。根据《装配式混凝土建筑技术标准》第 11.2.2 条，专业企业生产的预制构件进场时，预制构件结构性能检验应符合下列规定：

①梁板类简支受弯预制构件进场时，应进行结构性能检验，并应符合下列规定：

a. 结构性能检验应符合国家现行有关标准的有关规定及设计的要求，检验要求和试验方法应符合《混凝土结构工程施工质量验收规范》（GB 50204—2015）的有关规定；

b. 钢筋混凝土构件和允许出现裂缝的预应力混凝土构件应进行承载力、挠度和裂缝宽度检验，不允许出现裂缝的预应力混凝土构件应进行承载力、挠度和抗裂检验；

c. 对于大型构件及有可靠应用经验的构件，可只进行裂缝宽度、抗裂和挠度检验；

d. 对于使用数量较少的构件，当能提供可靠依据时，可不进行结构性能检验；

e. 对于多个工程共同使用的同类型预制构件，结构性能检验可共同委托，其结果对多个工程共同有效。

②对于不可单独使用的叠合板预制底板，可不进行结构性能检验。对于叠合梁构件，是否进行结构性能检验、结构性能检验的方式应根据设计要求确定。

③对本条第①、②款之外的其他预制构件，除设计有专门要求外，进场时可不做结构性能检验。

④本条第①、②、③款规定中不做结构性能检验的预制构件，应采取下列措施：

a. 施工单位或监理单位代表应驻厂监督生产过程；

b. 当驻厂监督，预制构件进场时，应对其主要受力钢筋数量、规格、间距、保护层厚度及混凝土强度等进行实体检验；

• 检验数量：同一类型预制构件不超过 1 000 个为一批，每批随机抽取 1 个构件进行结构性能检验。

• 检验方法：进行结构性能检验或实体检验。

注意："同一类型"是指同一钢种、同一混凝土强度等级、同一生产工艺和同一结构形式。抽取预制构件时，宜从设计荷载最大、受力最不利或生产数量最多的预制构件中抽取。

【知识检测】

一、单项选择题

1. 对于离(　　)特别近的预制构件，应充分考虑预制构件施工的可操作性。

A. 结构　　B. 塔吊　　C. 建筑　　D. 工地

2. 对于叠合梁构件，是否进行结构性能检验、结构性能检验的方式应根据(　　)确定。

A. 建设要求　　B. 施工要求　　C. 设计要求　　D. 政府要求

3. 拆分设计时，应对预制构件的(　　)检验做相应的要求。

A. 刚度　　B. 强度　　C. 材料性能　　D. 结构性能

4. 规定公差的目的是建立预制构件之间的(　　)。

A. 协调标准　　B. 统一标准　　C. 同样标准　　D. 不同标准

二、多项选择题

1. 预制构件的连接部位的尺寸和形状应满足(　　)要求。

A. 建筑使用功能　　B. 模数　　C. 运输的可行性　　D. 标准化

2. 根据《混凝土结构设计标准》第 9.6.8 条，非承重预制构件的设计应符合(　　)要求。

A. 与支承结构之间宜采用刚性连接方式

B. 与支承结构之间宜采用柔性连接方式

C. 框架内镶嵌或采用焊接连接时，应考虑其对框架抗侧刚度的影响

D. 外挂板与主体结构的连接构造应具有一定的变形适应性

3. 对于大型构件及有可靠应用经验的构件，可只进行(　　)检验。

A. 裂缝宽度　　B. 抗裂　　C. 承载力　　D. 挠度

4. 基本公差主要包括(　　　　)。

A. 制作公差　　B. 安装公差　　C. 位形公差　　D. 连接公差

三、判断题

1. 与传统的建筑方法相比,装配式建筑有更多的连接接口。　(　　)
2. 拆分设计时,不必对预制构件的结构性能检验做相应的要求。　(　　)
3. 对于不可单独使用的叠合板预制底板,可不进行结构性能检验。　(　　)
4. 对于使用数量较少的构件, 能提供可靠依据时,可不进行结构性能检验。　(　　)

【想一想】

对图 2.86 所示板(厚度为 130mm)进行叠合板拆分设计。

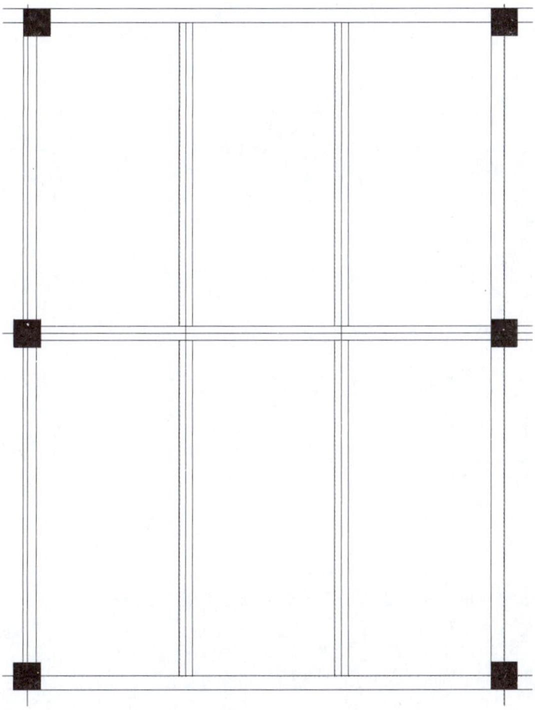

图 2.86　叠合板

【做一做】

试着用深化设计软件对图 2.86 所示叠合板进行建模,并拆分。

任务 2.7　装配整体式混凝土结构拆分设计案例

本任务以江苏省、上海市的几个典型装配整体式混凝土结构项目为例,介绍不同装配指标下的结构拆分方案及其技术特点。

2.7.1 装配式建筑政策介绍

1)江苏省装配式建筑政策介绍

江苏省关于装配式建筑的指标要求主要体现在3个方面。

(1)“三板”应用总比例

“三板”即内隔墙板、预制楼梯板、预制叠合楼板。单体建筑中强制应用的“三板”总比例不得低于60%。鼓励住宅工程在满足上述要求的基础上,积极采用预制阳台、预制遮阳板、预制空调板等预制部品(构件),提高单体建筑的预制装配率。

单体建筑中“三板”应用总比例计算方法如下:

对于混凝土结构:

$$\frac{a+b+c}{A+B+C}+\gamma\times\frac{e}{E}\geqslant 60\% \tag{2.2}$$

对于钢结构:

$$\frac{c+d}{C+D}\geqslant 60\% \tag{2.3}$$

式中 A——楼板总面积;

B——楼梯总面积;

C——内隔墙总面积;

D——外墙板总面积;

E——鼓励应用部分总面积,包括外墙板、阳台板、遮阳板、空调板;

a——预制楼板总面积;

b——预制楼梯总面积;

c——预制内隔墙总面积;

d——预制外墙板总面积;

e——鼓励应用部分预制总面积,包括预制外墙板、预制阳台板、预制遮阳板、预制空调板;

γ——鼓励应用部分折减系数,取0.25。

水平构件按投影面积计算,竖向构件按长度方向一侧表面积计算,计算时可不扣除门、窗等洞口面积。

“三板”政策的其他内容及相关要求可以参考《关于在新建建筑中加快推广应用预制内外墙板预制楼梯板预制楼板的通知》(苏建科〔2017〕43号)、《省住房和城乡建设厅关于进一步明确新建建筑应用预制内外墙板预制楼梯板预制楼板相关要求的通知》(苏建函科〔2017〕1198号)。

(2)预制装配率指标

预制装配率是指装配式建筑室外地坪以上(不含地下室顶板)、屋面以下(含屋面)采用主体结构预制构件、装配式外围护和内隔墙构件、装修和设备管线的综合比率。各城市对预制装配率的指标要求不一,具体要求需要根据土地出让条件中的相关要求并结合当地的政策要求,各城市对预制装配率的指标要求主要有30%、35%、45%、50%等。《江苏省装配式建筑综合评定标准》(DB32/T 3753—2020)自 2020 年 5 月 1 日起实行。

装配式建筑应按混凝土结构、钢结构、木结构或混合结构计算规则分别进行预制装配率计算。预制装配率计算公式如下:

$$Z = \alpha_1 Z_1 + \alpha_2 Z_3 + \alpha_3 Z_3 \tag{2.4}$$

式中 Z——预制装配率;

Z_1——主体结构中预制构件的应用占比;

Z_2——装配式外围护和内隔墙构件的应用占比;

Z_3——装修和设备管线的应用占比;

α_1——主体结构的预制装配率计算权重系数,详见表 2.12;

α_2——装配式外围护和内隔墙构件的预制装配率计算权重系数,详见表 2.12;

α_3——装修和设备管线的预制装配率计算权重系数,详见表 2.12。

表 2.12 预制装配率计算权重系数

分 项	α_1	α_2	α_3
混凝土结构	0.5	0.25	0.25
钢结构、木结构	0.4	0.3	0.3
混合结构	0.45	0.25	0.3

预制装配率计算中 Z_1、Z_2、Z_3 的具体计算规则、计算方法可参见《江苏省装配式建筑综合评定标准》(DB32/T 3753—2020)的相关内容。

(3)装配式建筑综合评定

是否需要进行装配式建筑综合评定及综合评定的等级,应根据用地条件或其他政府部门相关的要求确定。装配式建筑综合评定应在建筑工程竣工验收后进行,按竣工验收资料计算预制装配率等指标并确定综合评定等级。在建筑工程施工图设计文件通过审查后,宜进行预评。

装配式建筑综合评定项目应满足以下要求:

①居住建筑预制装配率不应低于 50%,公共建筑预制装配率不应低于 45%;

②装配式钢结构建筑、装配式木结构建筑中,装配式外围护和内隔墙构件的应用比例不应低于 60%;

③居住建筑应采用全装修,公共建筑公共部位应采用全装修;

④主体结构预制构件的应用占比 Z_1 不应低于 35%。

装配式建筑综合评定分值应根据表 2.13 中评定项及评定分值按下式计算,各评定项应满足最低分值要求。

$$S = S_1 + S_2 + S_3 + S_4 + S_5 \tag{2.5}$$

式中 S——装配式建筑综合评定得分;

S_1——标准化与一体化设计评定得分;

S_2——预制装配率评定得分;

S_3——绿色建筑评定等级得分;

S_4——集成技术应用评定得分；

S_5——项目组织与施工技术应用评定得分。

表 2.13　装配式建筑综合评定

评定项目		评定要求	评定分值	最低分值
标准化与一体化设计评定得分 S_1		按计分要求评分	5～10	5
预制装配率评定得分 S_2	居住建筑	S_2=Z	50～100	50
	公共建筑		45～100	45
绿色建筑评价等级得分 S_3		按计分要求评分	0～2	—
集成技术应用评定得分 S_4		按计分要求评分	2～8	2
项目组织与施工技术应用评定得分 S_5		按计分要求评分	4～10	4

装配式建筑综合评定各评定项的计算规则可查阅《江苏省装配式建筑综合评定标准》(DB32/T 3753—2020)的相关章节。根据评定得分，装配式建筑综合评定等级可分为一星级、二星级、三星级，并应符合表 2.14 的规定。

表 2.14　装配式建筑综合评定等级

综合评定等级	综合评定得分
一星级	$60 \leqslant S < 75$
二星级	$75 \leqslant S < 90$
三星级	$S \geqslant 90$

2)上海市装配式建筑政策介绍

上海市关于装配式建筑的指标体现在两个方面。

(1)预制率

建筑单体预制率是指混凝土结构、钢结构、竹木结构、混合结构等结构类型的装配式建筑单体±0.000 以上主体结构、外围护中预制构件部分的材料用量占对应结构材料总用量的比率。

建筑单体预制率可按“体积占比法”和“权重系数法”两种方法进行计算。

①体积占比法：

$$建筑单体预制率 = \frac{\sum 预制构件体积 \times 构件修正系数}{构件总体积} \times 100\% \qquad (2.6)$$

注意：

a. 式(2.6)中“构件”包括外围护(承重和非承重)、内承重墙、梁、柱/斜撑、楼板、楼梯、阳台、空调板等，不包括非承重内隔墙；

b. 其他计算规则参见《上海市装配式建筑单体预制率和装配率计算细则》(沪建建材〔2019〕765 号)。

②权重系数法：

$$建筑单体预制率 = \sum[权重系数 \times \sum(构件修正系数 \times 预制构件比例)] \quad (2.7)$$

式(2.7)中相应构件的权重系数如表2.15所示。

表2.15 预制率权重系数

序号	构件类型	结构体系			比例计算方法
		剪力墙	框架(或框架-支撑)	框剪(或框筒)	
1	墙	0.55	0.25	0.20	按墙体中心线长度统计
2	柱/斜撑	—	0.20	0.25	按构件中心线长度统计
3	梁	0.10	0.25	0.25	按构件中心线长度统计
4	板	0.30	0.25	0.25	按水平投影面积统计(板边统计至支承构件边)
5	楼梯	0.05	0.05	0.05	按梯段板水平投影面积统计

注:计算规则参见《上海市装配式建筑单体预制率和装配率计算细则》(沪建建材〔2019〕765号)。

(2)装配率

建筑单体装配率是指建筑单体±0.000以上主体结构、外围护、内装部品(技术)中采用预制部品部件的综合比例。

建筑单体装配率按计算公式如下:

$$建筑单体装配率 = 建筑单体预制率 + 内装权重系数 \times \sum[内装部品(技术)修正系数 \times 内装部品(技术)比例] \quad (2.8)$$

注意:

①内装权重系数取0.5;

②修正系数及计算规则参见《上海市装配式建筑单体预制率和装配率计算细则》(沪建建材〔2019〕765号)。

对于一般项目,指标要求通常为建筑单体预制率不低于40%或单体装配率不低于60%。

2.7.2 拆分设计案例介绍

1)江苏省“三板”项目

(1)工程概况

本项目位于江苏省某市,总用地面积为61 362.35 m^2,总建筑面积为159 398.41 m^2,地上建筑面积为112 561.88 m^2,地下建筑面积为46 836.52 m^2;共16栋住宅单体,其中8栋19层住宅,8栋10层住宅,均为剪力墙结构。本项目需要满足的装配式指标要求为:单体“三板”应用总比例不低于60%。

(2)装配式方案

选取其中一栋单体(地上10层)作为案例,该单体采用的预制部品有预制叠合楼板、预制楼梯、装配式内隔墙板。装配式方案如下:

①预制叠合楼板、预制楼梯平面布置如图2.87所示。

②装配式内隔墙板平面布置如图2.88所示。

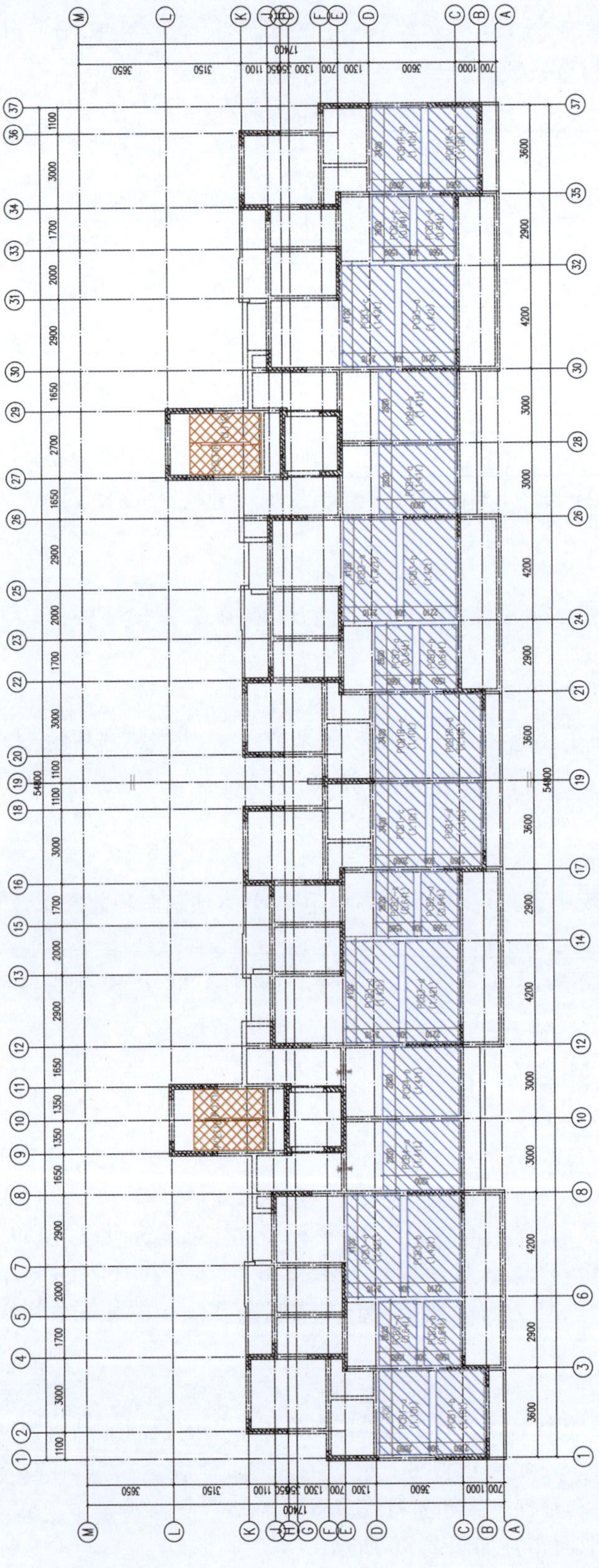

图例说明：表示叠合板　表示预制楼梯板

图2.87　7~10层预制叠合楼板、预制楼梯拆分布置图

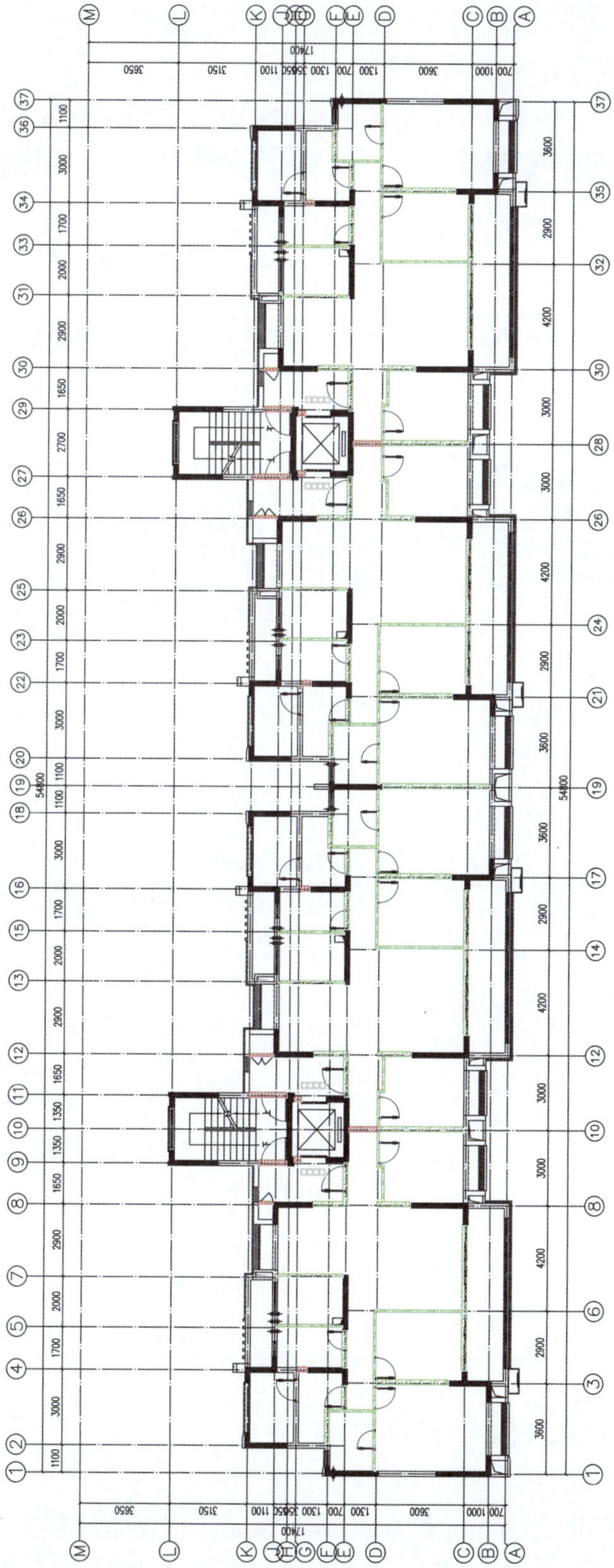

图例说明：

表示装配式内隔墙板

表示非装配式内隔墙

图2.88　标准层装配式内隔墙板布置图

剪力墙边中间支座板端连接构造（B5-9）

(3)预制构件节点

预制构件节点构造如图 2.89 至图 2.92 所示。

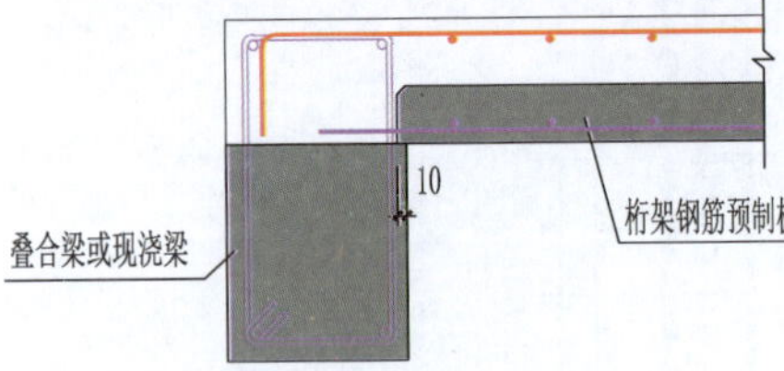

图 2.89　叠合板板端支座构造详图

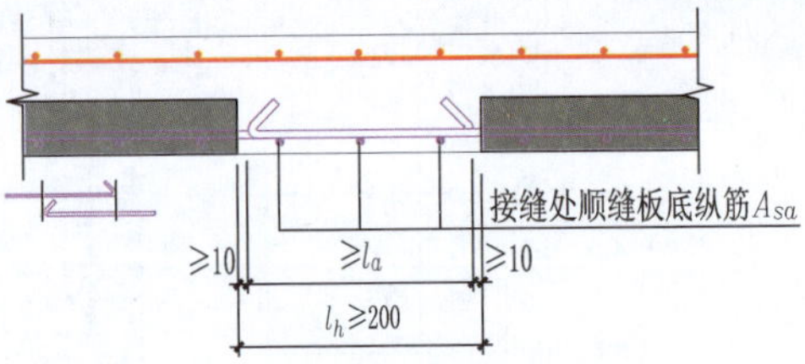

图 2.90　双向叠合板整体式接缝构造详图

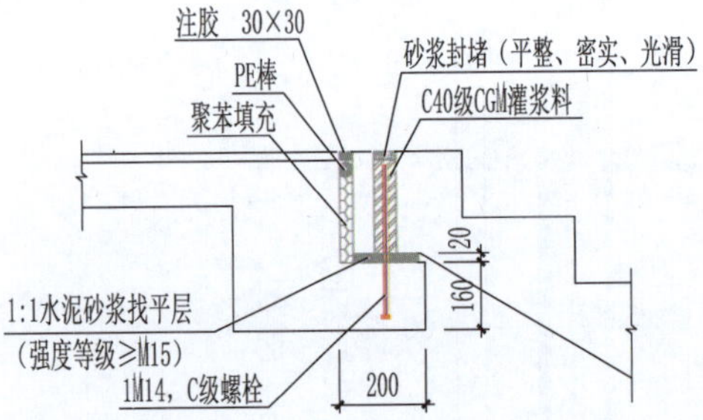

图 2.91　预制楼梯固定铰端安装节点大样

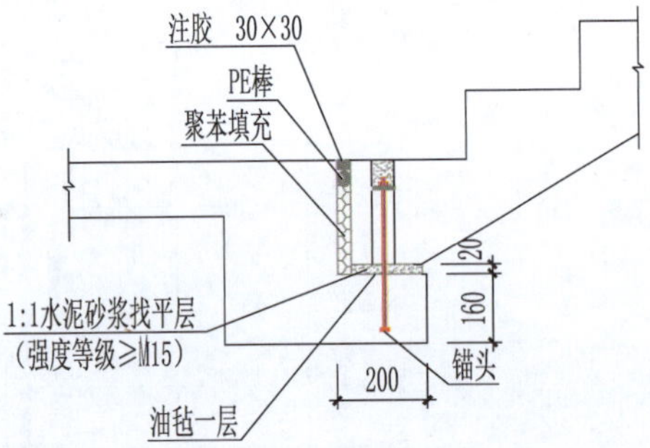

图 2.92　预制楼梯滑动铰端安装节点大样

(4)装配式方案汇总

单体装配式方案汇总如表 2.16 所示。

表 2.16　单体装配式方案汇总

项目情况		备　注
建筑类型	住宅	—
结构体系	剪力墙结构	—
地上楼层数	10 层	—
预制叠合楼板使用楼层	7~10 层	使用区域:客餐厅、卧室等户内区域
预制楼梯板使用楼层	7~9 层	顶层层高与标准层不同,采用现浇,以提高预制楼梯标准化程度
装配式内隔墙板使用楼层	1~10 层	电梯井周边、公区设备管井、户内电箱位置采用非预制,其他内隔墙均采用预制
“三板”应用总比例	60.3%	满足“三板”应用总比例不小于 60% 的要求

2)江苏省预制装配率 35% 项目

(1)工程概况

本项目位于江苏省某市,总建筑面积为 24 201.75 m^2,地上建筑面积为 24 201.75 m^2,地下建筑面积为 39 748.71 m^2,地上 17 层,地下 2 层,为研发楼,框架-核心筒结构。本项目需要满足的装配式指标要求为：单体预制装配率不小于 35%、单体“三板”应用总比例不低于 60%。

(2)装配式方案

采用的预制部品有预制叠合楼板、装配式内隔墙板、干式工法楼地面。装配式方案如下：

①预制叠合楼板平面布置如图 2.93 所示。

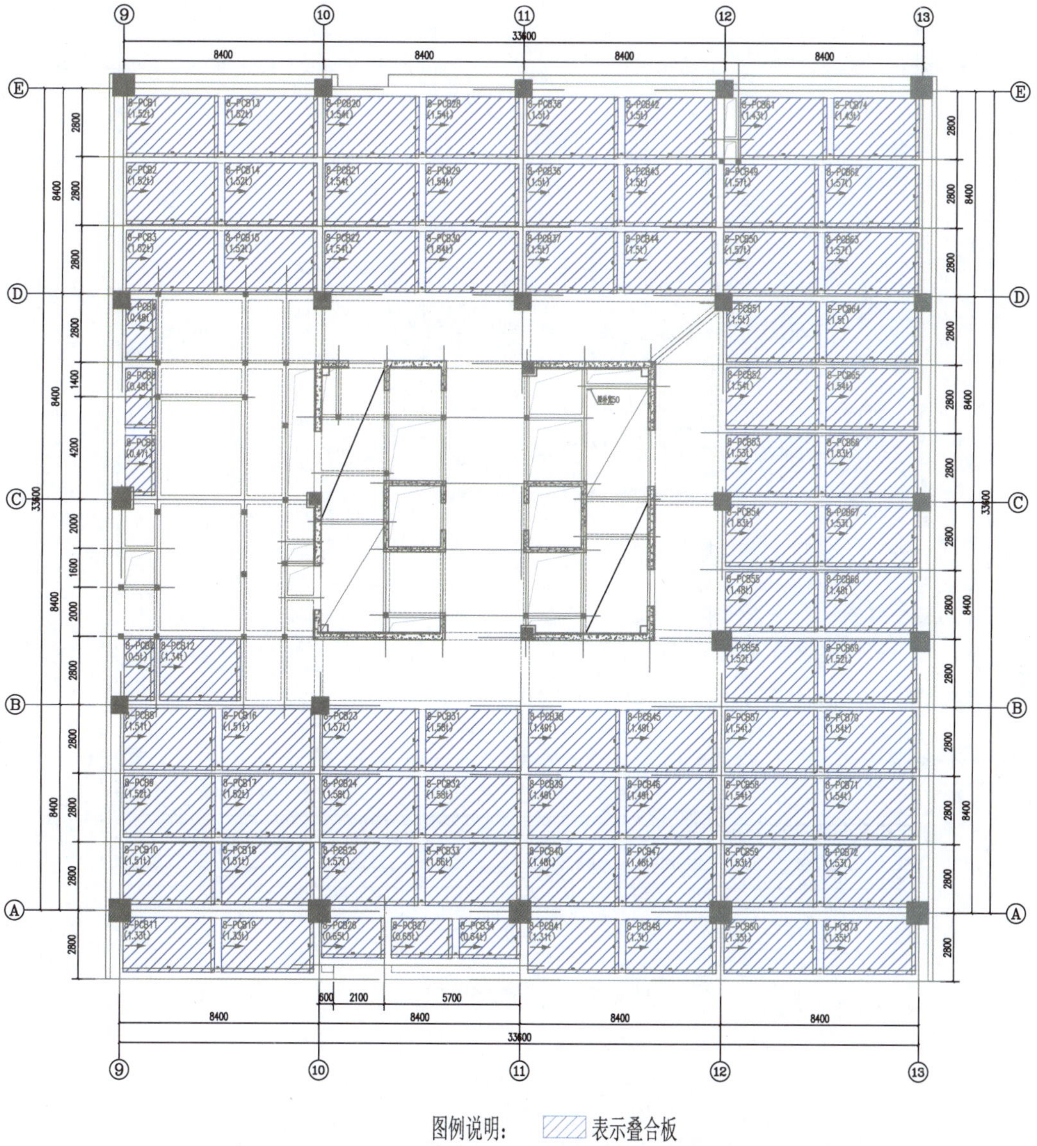

图 2.93　标准层预制叠合楼板布置图

②装配式内隔墙板平面布置如图 2.94 所示。

图例说明：▨▨▨ 表示装配式内隔墙板
　　　　　▨▨▨ 表示非装配式内隔墙

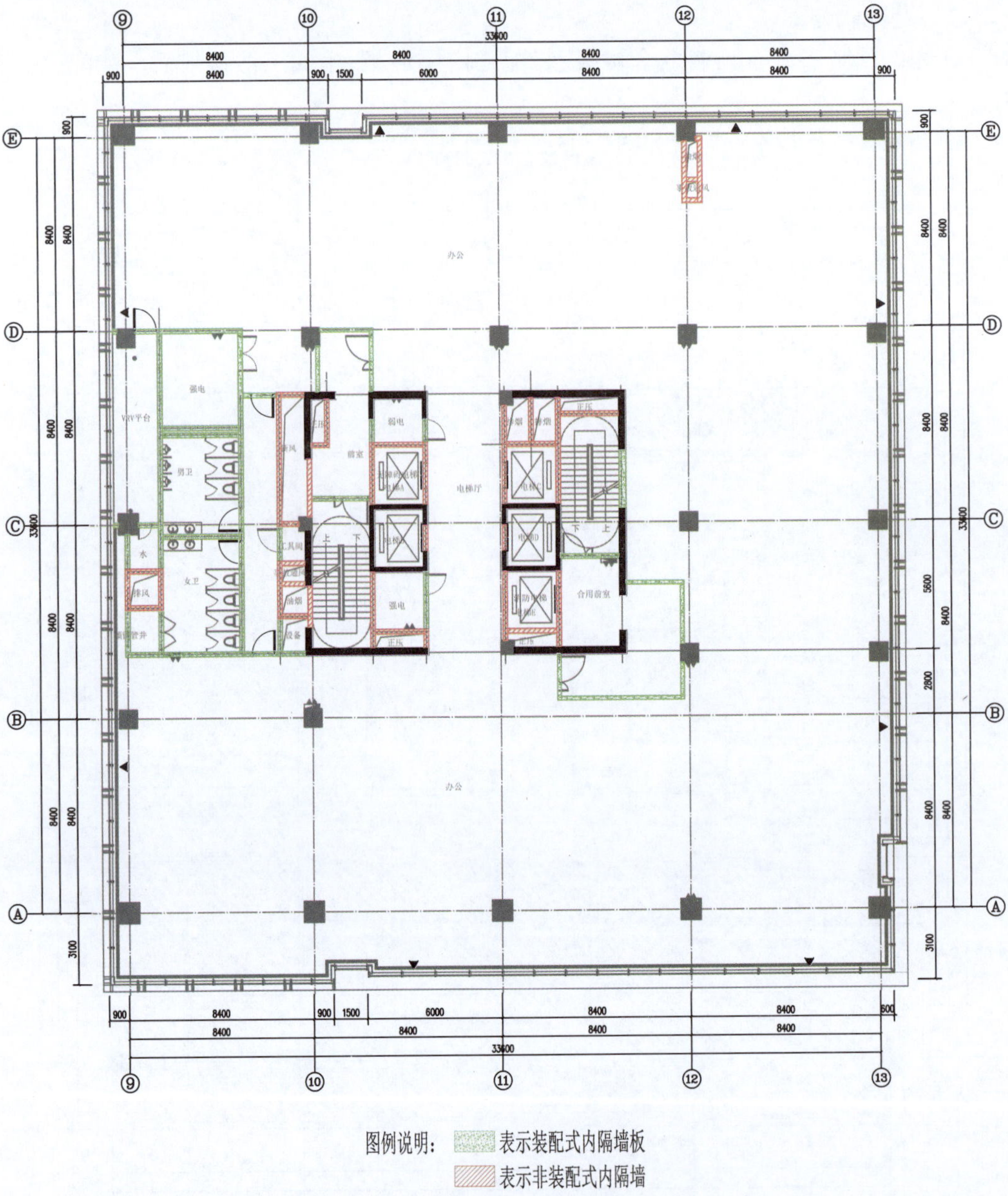

图 2.94　标准层装配式内隔墙板布置图

③干式工法楼地面平面布置如图 2.95 所示。

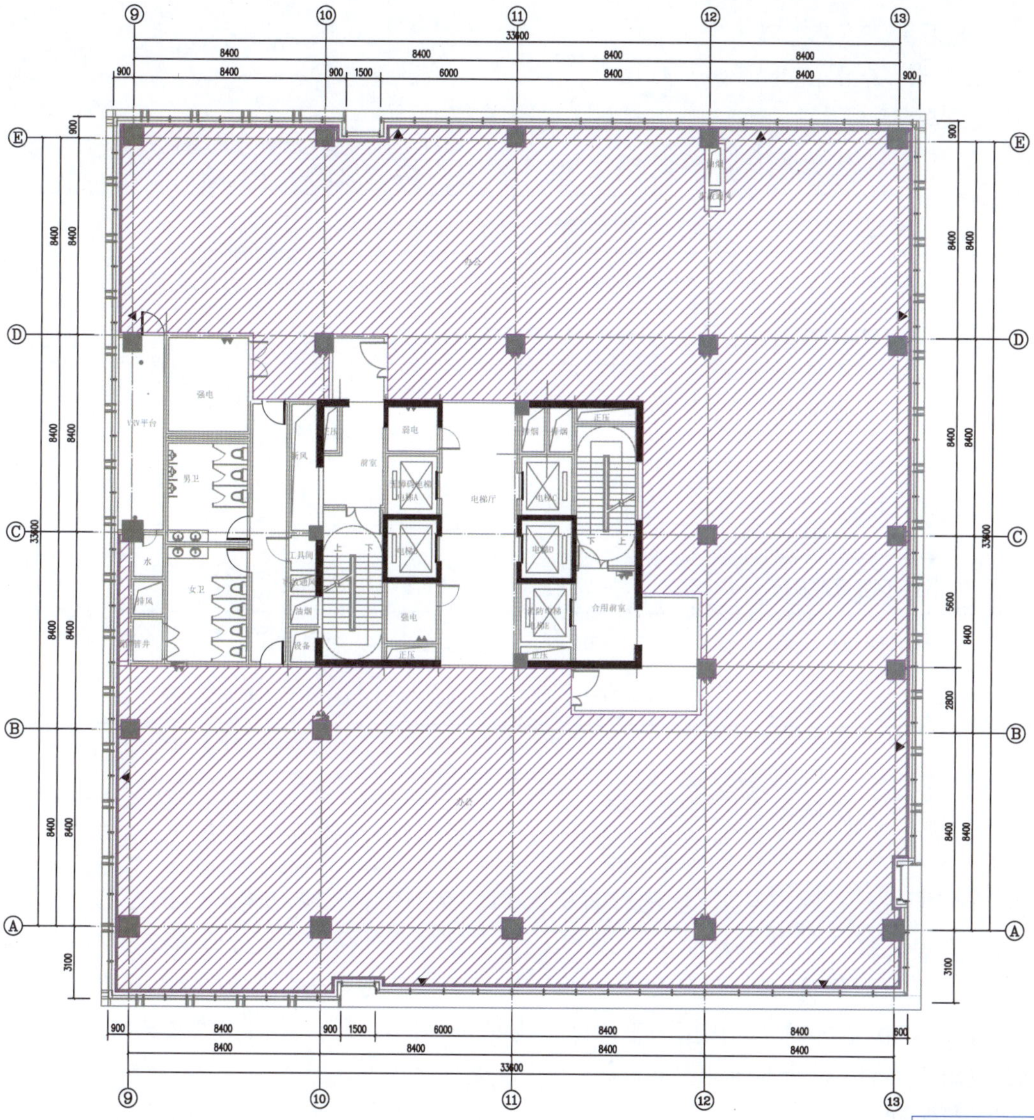

图例说明：▨ 表示干式工法楼地面

图 2.95　标准层干式工法楼地面布置图

剪力墙边中间支座板端连接构造（B5-8）

(3) 预制构件节点

预制构件节点如图 2.96、图 2.97 所示。

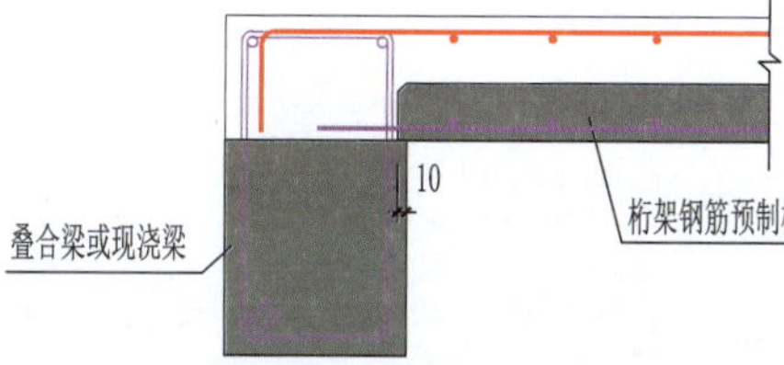

图 2.96　叠合板板端支座构造详图

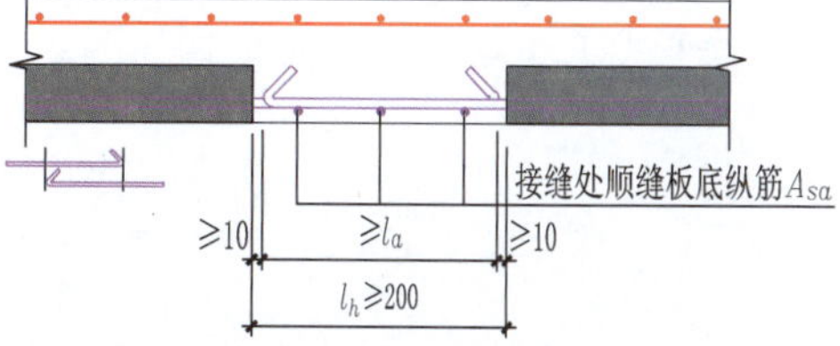

图 2.97　双向叠合板整体式接缝构造详图

(4)装配式方案汇总

装配式方案汇总如表 2.17 所示。

表 2.17 装配式方案汇总

项目情况		备 注
建筑类型	办公楼	—
结构体系	框架核心筒	—
地上楼层数	17 层	—
预制叠合板使用楼层	2~4 层、6~17 层	核心筒范围及核心筒周边区域采用现浇,其他室内区域均采用叠合楼板
装配式内隔墙板使用楼层	1~17 层	电梯井周边、风井周边采用非预制,其他内墙均采用预制
干式工法楼地面	5~17 层	办公区域均采用架空地板
“三板”应用总比例	65.66%	满足“三板”应用总比例不小于 60% 的要求
预制装配率	35.2%	满足预制装配率不小于 35% 的要求

3)江苏省预制装配率 45% 项目

(1)工程概况

本项目位于江苏省某市,总建筑面积为 147 005.05 m^2,地上建筑面积为 113 423.42 m^2,地下建筑面积为 33 581.63 m^2,共 13 栋住宅。本项目需要满足的装配式指标要求为:30% 实施装配式建筑(单体预制装配率不小于 45%),其他单体“三板”应用总比例不低于 60%。其中,6#、7#、8#、12#楼按照单体预制装配率不小于 45%,其他住宅楼栋按照单体“三板”应用总比例不低于 60%。

(2)装配式方案

选取预制装配率不低于 45% 的单体(地上 11 层)作为案例,采用的预制部品有预制叠合楼板、预制楼梯、预制剪力墙、装配式内隔墙板、装配式外围护构件。装配式方案如下:

①预制叠合楼板、预制楼梯板平面布置如图 2.98 所示。

②预制剪力墙平面布置如图 2.99 所示。

③装配式内隔墙板平面布置如图 2.100 所示。

④干式工法楼地面平面布置如图 2.101 所示。

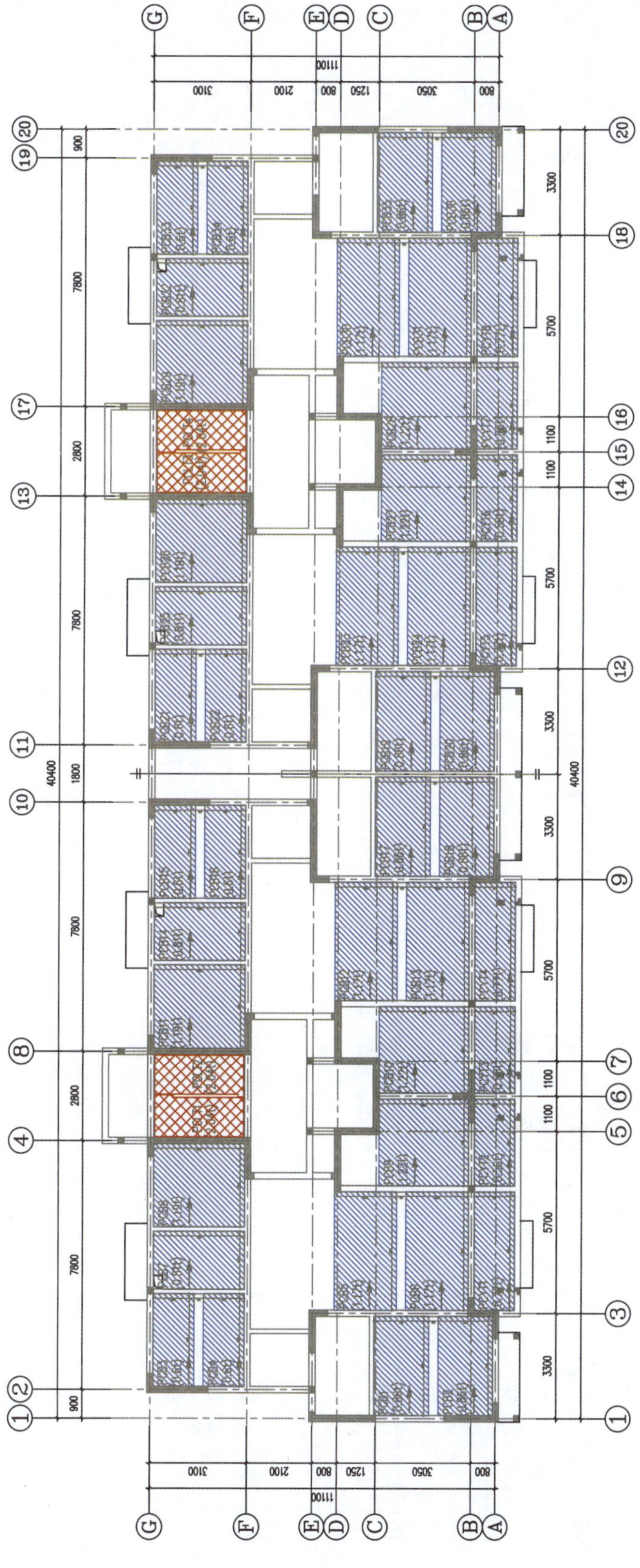

图例说明：表示叠合板 表示预制楼梯板

图2.98 标准层预制叠合楼板、预制楼梯拆分布置图

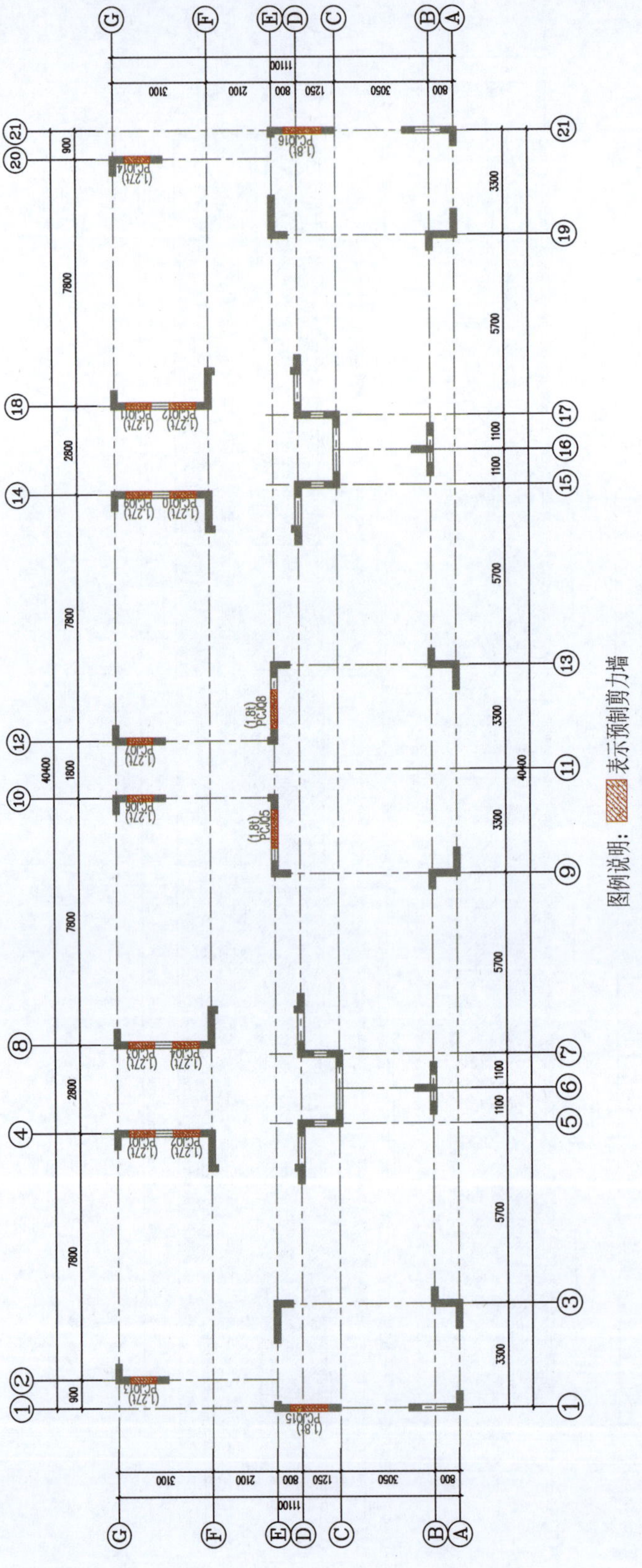

图2.99　标准层预制剪力墙拆分布置图

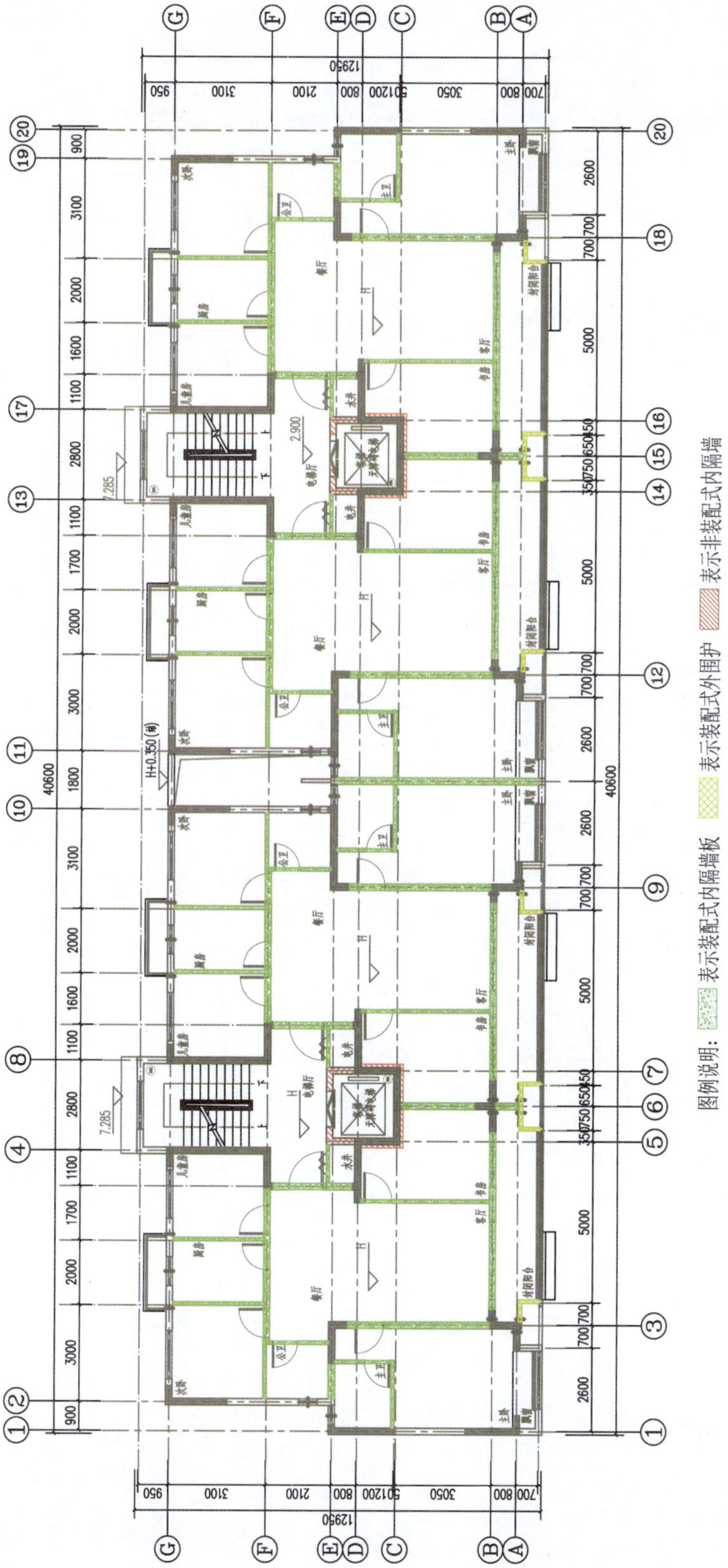

图2.100　标准层装配式内隔墙板布置图

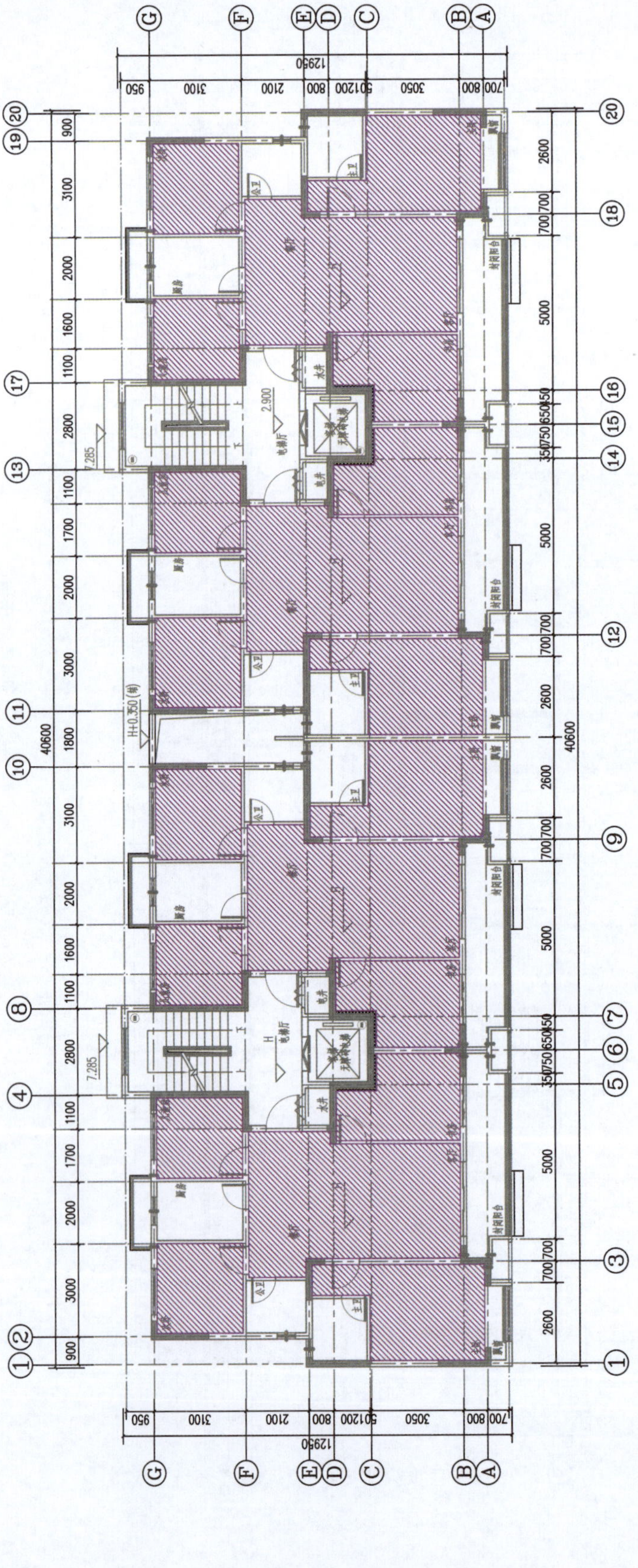

图例说明：▨表示干式工法楼地面

图2.101 标准层干式工法楼地面布置图

(3)预制构件节点

预制构件节点如图 2.102 至图 2.105 所示。

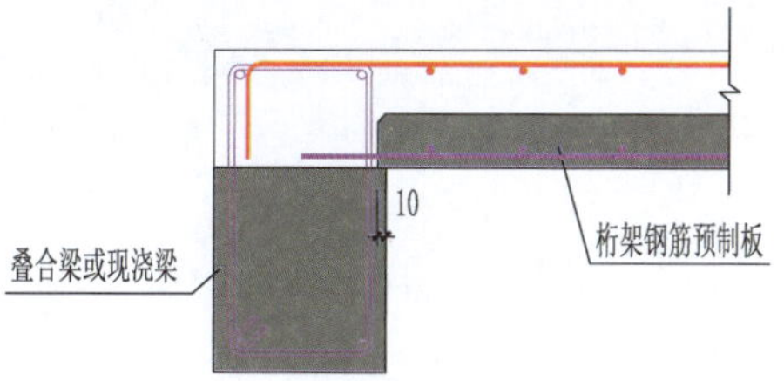

图 2.102　叠合板板端支座构造详图

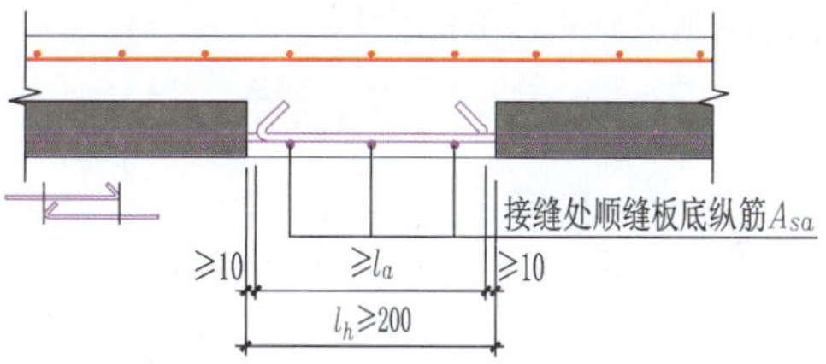

图 2.103　双向叠合板整体式接缝构造详图

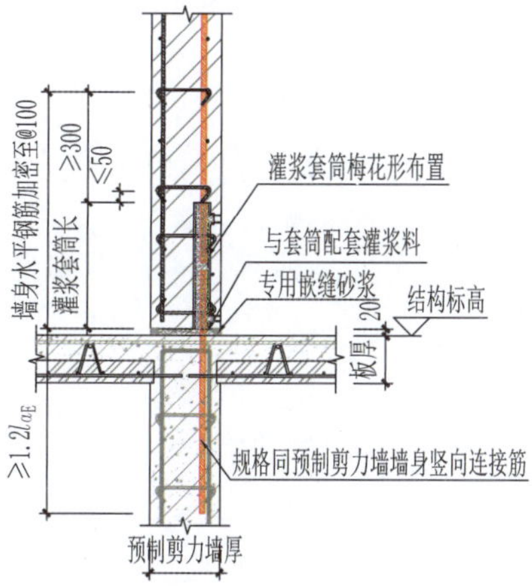

图 2.104　现浇剪力墙转预制剪力墙墙身部位竖向连接大样

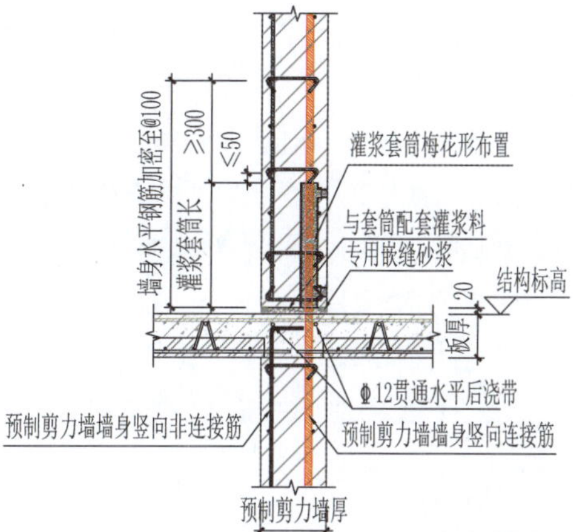

图 2.105　标准层剪力墙墙身部位竖向连接大样

剪力墙边中间支座板端连接构造（B5-4）

(4)装配式方案汇总

装配式方案汇总如表 2.18 所示。

表 2.18　装配式方案汇总

项目情况		备　注
建筑类型	办公楼	—
结构体系	剪力墙	—
地上楼层数	11 层	—
预制剪力墙使用楼层	4～11 层	电梯井周边不采用预制剪力墙
预制叠合楼板使用楼层	2～11 层	卧室、客餐厅、厨房均采用叠合楼板
预制叠合阳台板使用楼层	2～11 层	—
装配式内隔墙板使用楼层	1～11 层	电梯井周边、风井周边、以外区域均采用
干式工法楼地面	1～11 层	户内除卫生间、厨房、阳台以外的区域均采用木地板
“三板”应用总比例	83.37%	满足“三板”应用总比例不小于 60% 的要求
预制装配率	45.2%	满足预制装配率不小于 45% 的要求

对于预制装配率45%的项目，本项目案例仅体现了其中一种设计拆分方案思路，也可以通过选择其他装配式部品的方式来满足指标要求，如采用集成厨卫、管线分离，可以相应减少其他预制部品的使用。

4）江苏省预制装配率50%项目

(1)工程概况

本项目位于江苏省某市，总建筑面积为71 040.89 m^2，计容建筑面积为49 216.50 m^2，地下建筑面积为20 522.45 m^2，共7栋住宅单体。本项目需要满足的装配式指标要求为：30%实施装配式建筑（Z1不小于30%，单体预制装配率不小于50%），其他单体“三板”应用总比例不低于60%。其中，3#、5#、6#、8#楼为装配式楼栋，按照单体预制装配率不低于50%，其他楼栋按照单体“三板”应用总比例不低于60%。

(2)装配式方案

选取预制装配率不低于50%的单体建筑作为案例，采用的预制部品有预制叠合楼板、预制楼梯、预制内剪力墙、装配式内隔墙板、装配式外围护构件。装配式方案如下：

①预制叠合楼板、预制楼梯板平面布置如图2.106所示。

②预制剪力墙平面布置如图2.107所示。

③装配式内隔墙板布置如图2.108所示。

④干式工法楼地面平面布置如图2.109所示。

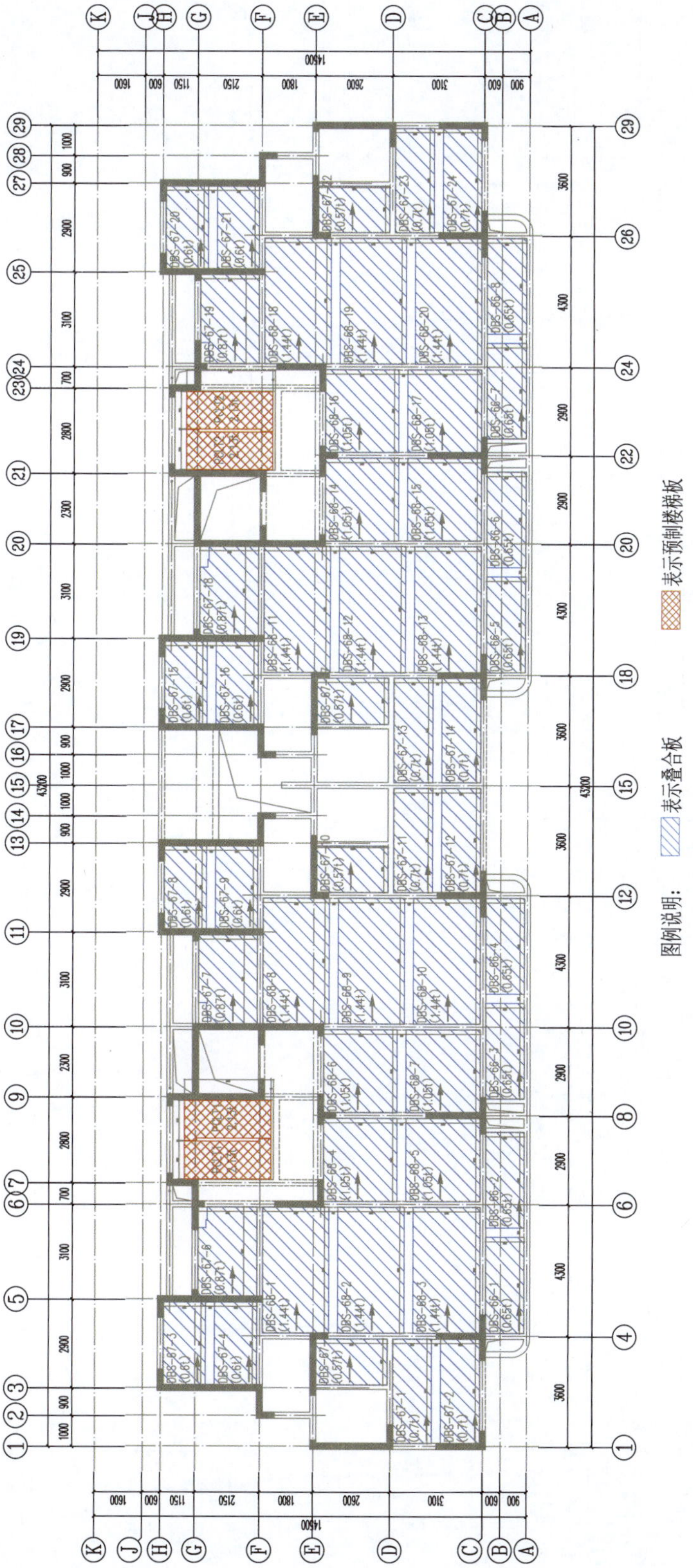

图2.106　7~11层预制叠合楼板、预制楼梯拆分布置图

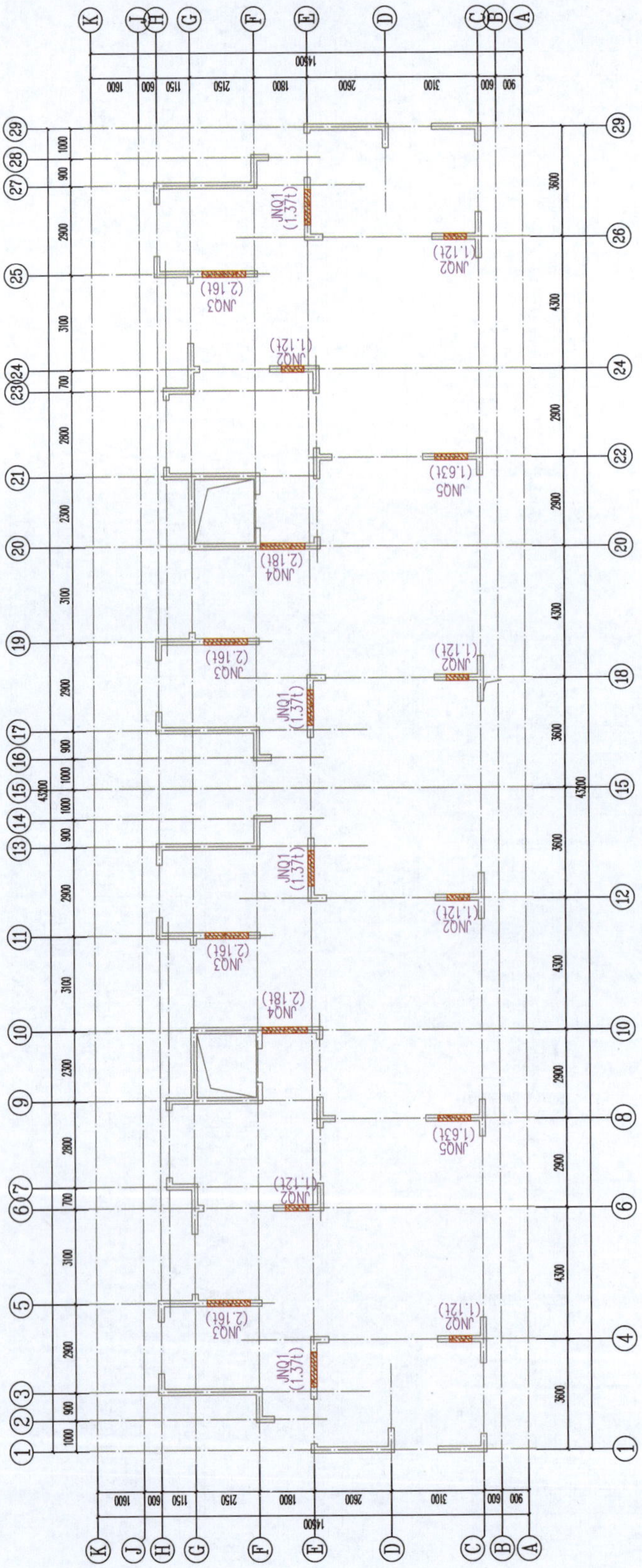

图例说明：表示预制剪力墙

图2.107 标准层预制剪力墙拆分布置图

图例说明：表示装配式内隔墙板　表示装配式外围护

图2.108　标准层装配式内隔墙板布置图

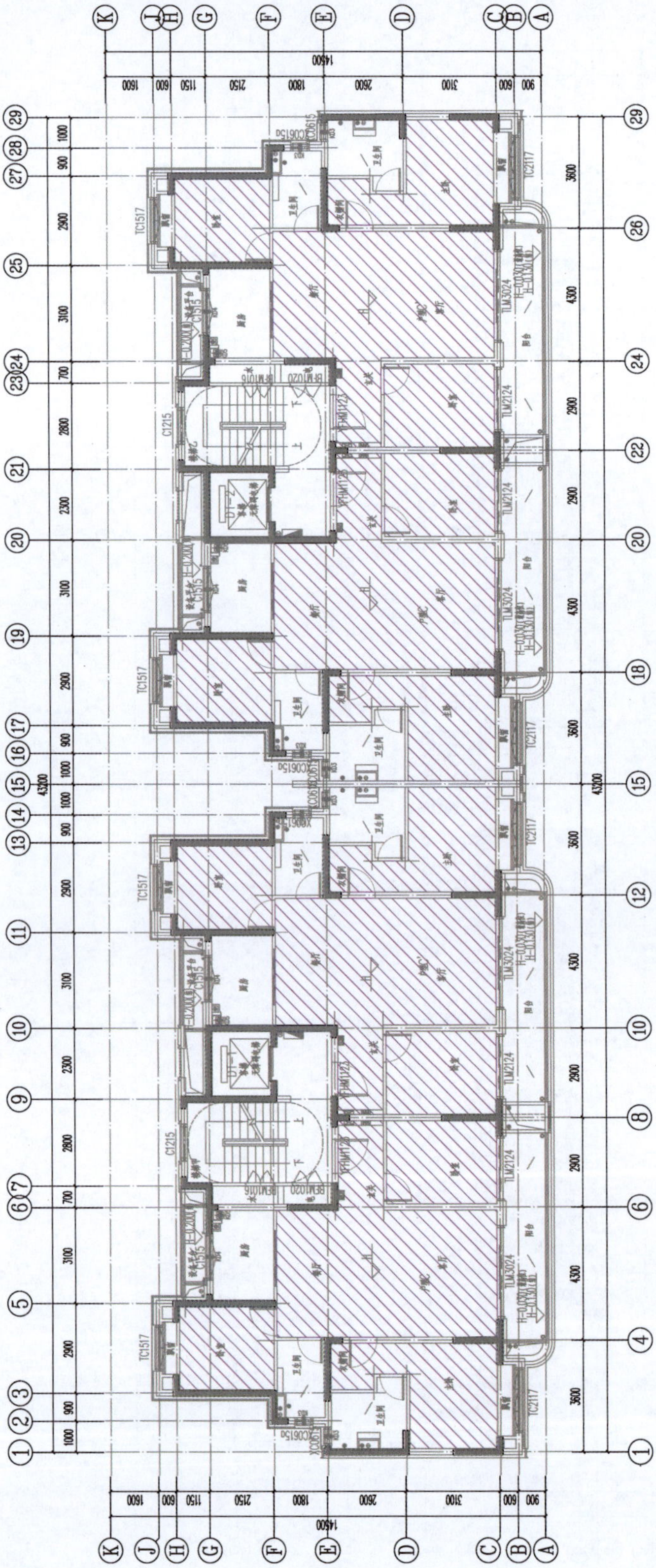

图例说明：表示干式工法楼地面

图2.109 标准层干式工法楼地面布置图

(3)预制构件节点

预制构件节点如图 2.110 至图 2.113 所示。

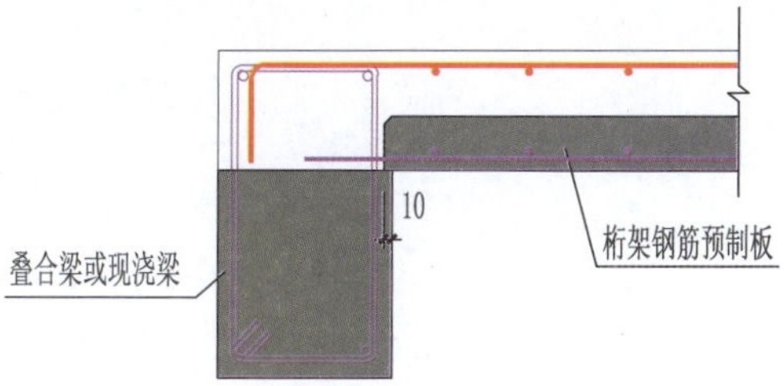

图 2.110　叠合板板端支座构造详图

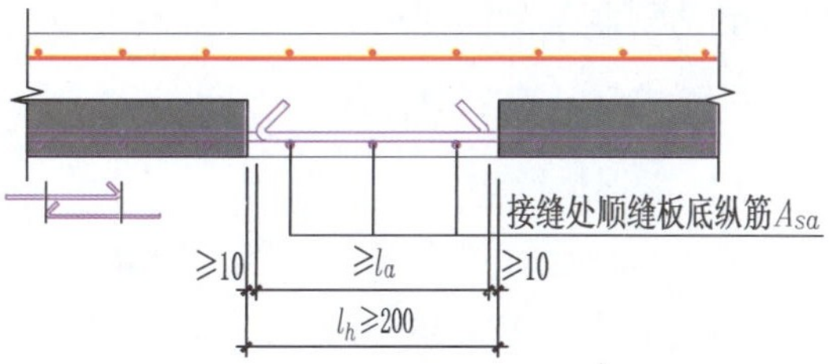

图 2.111　双向叠合板整体式接缝构造详图

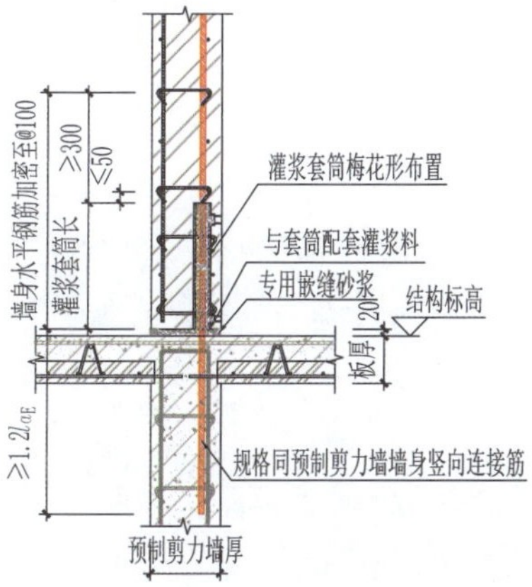

图 2.112　现浇剪力墙转预制剪力墙墙身部位竖向连接大样

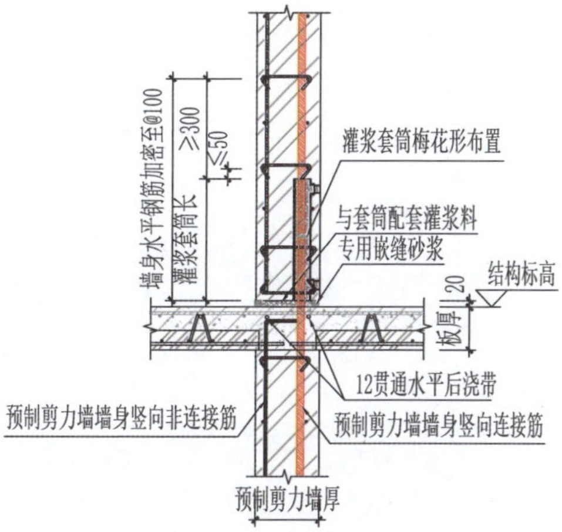

图 2.113　标准层剪力墙墙身部位竖向连接大样

(4)装配式方案汇总

装配式方案汇总如表 2.19 所示。

表 2.19　装配式方案汇总

项目情况		备　注
建筑类型	住宅	—
结构体系	剪力墙	—
地上楼层数	11 层	—
[illegible]	[illegible]	[illegible]
[illegible]	[illegible]	[illegible]
装配式内隔墙板使用楼层	1 ~ 11 层	电梯井周边、风井周边、以外区域均采用
干式工法楼地面	1 ~ 11 层	户内除卫生间、厨房、阳台以外的区域均采用木地板
“三板”应用总比例	83.37%	满足“三板”应用总比例不小于 60% 的要求
预制装配率	50.1%	满足预制装配率不小于 50% 的要求

注:本项目根据《无锡市推进装配式建筑发展实施细则》(锡建建管〔2017〕2 号),预制墙体部分建筑面积不计容,且不计入部分的建筑面积不得超过计容面积的 3%。

对于预制装配率50%的项目，本项目案例仅体现了其中一种设计拆分方案思路，也可以通过选择其他装配式部品的方式来满足指标要求，如采用集成厨卫、管线分离，可以相应减少其他预制部品的使用。

5)江苏省预制率30%项目

(1)工程概况

本项目位于江苏省某市，总建筑面积为24 595.22 m^2，计容建筑面积为14 501.17 m^2，地下建筑面积为10 334.01 m^2，地上6层，地下3层，为框架结构。本项目需要满足的装配式指标要求为：单体预制率不低于30%。

(2)装配式方案

本项目采用的预制混凝土构件有预制柱、预制框架梁、预制次梁、预制叠合楼板。装配式方案如下：

①预制叠合楼板平面布置如图2.114所示。

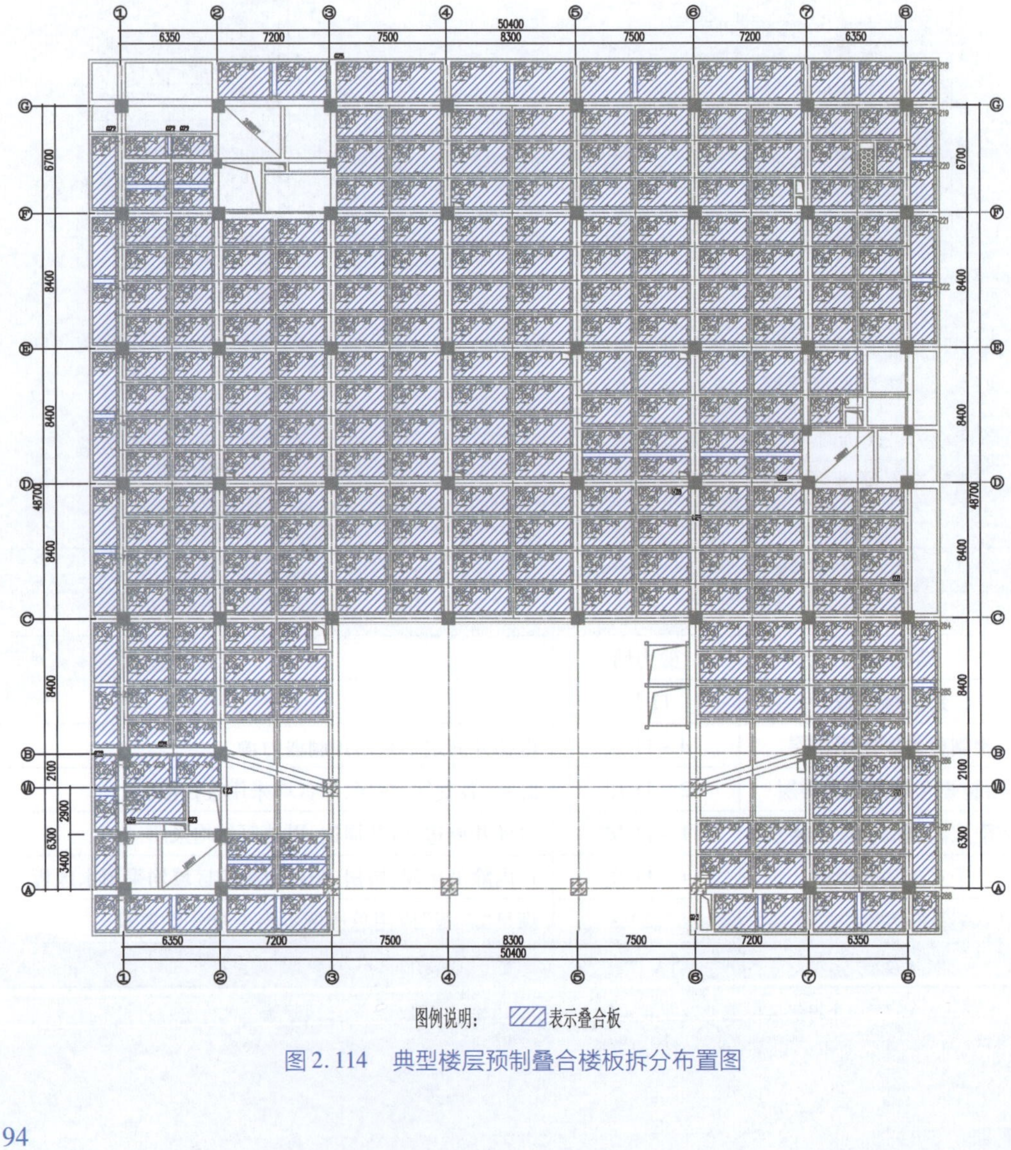

图2.114　典型楼层预制叠合楼板拆分布置图

②预制叠合梁平面布置如图2.115所示。

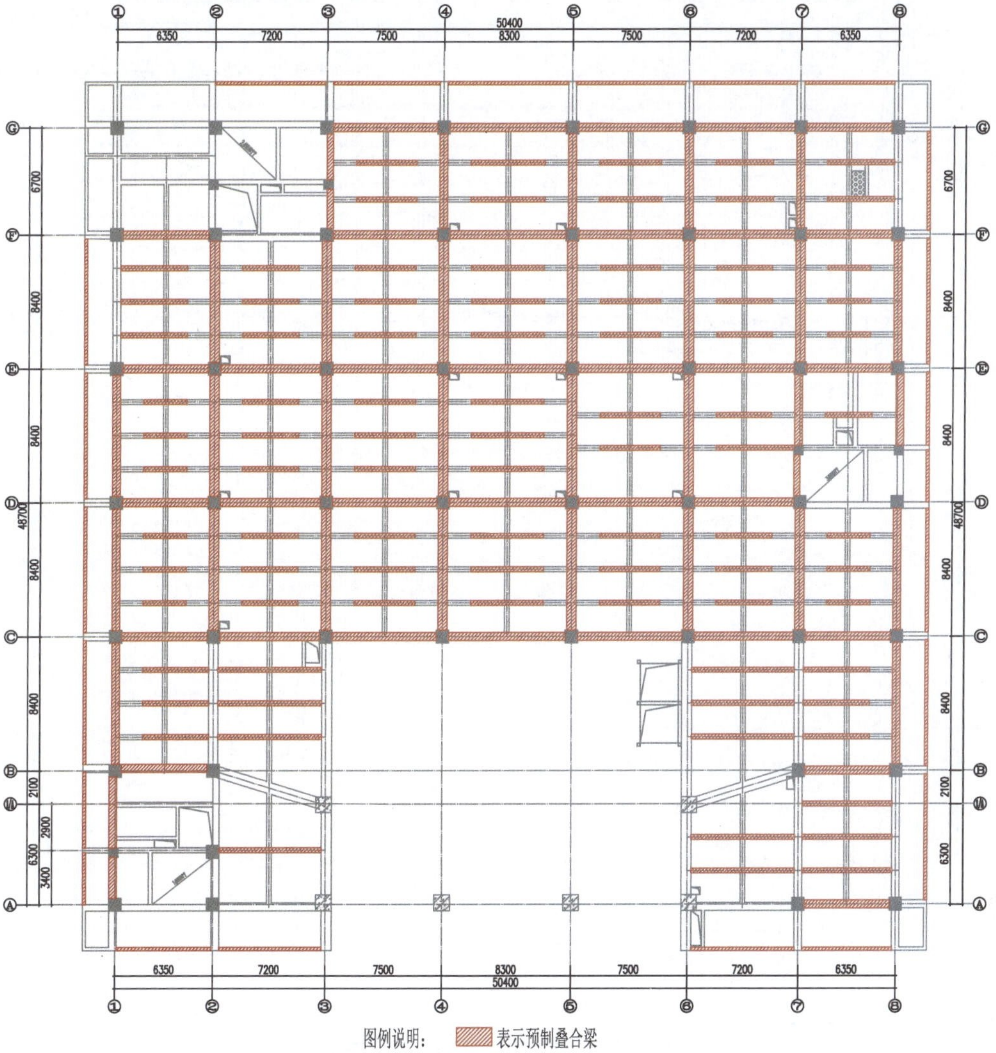

图2.115　典型楼层预制梁拆分布置图

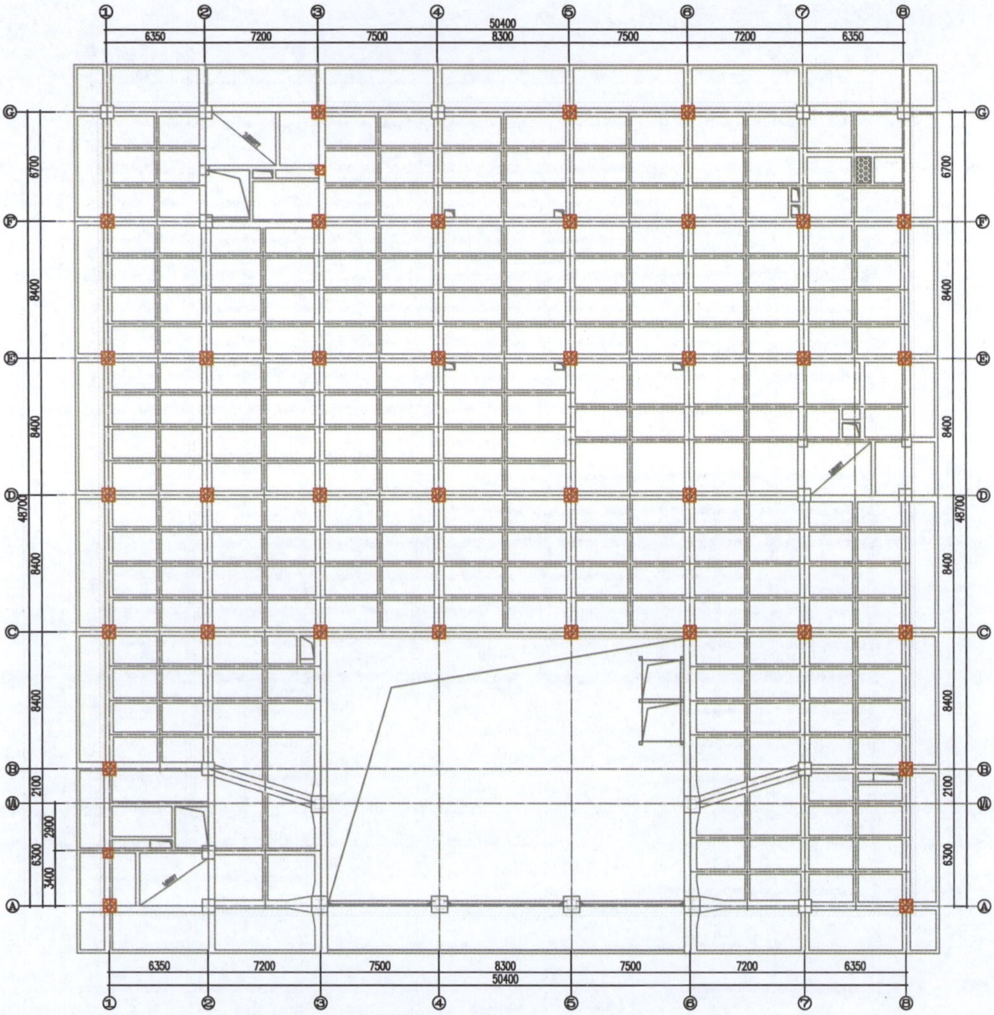

图例说明： 表示预制柱

图 2.116　典型楼层预制柱拆分布置图

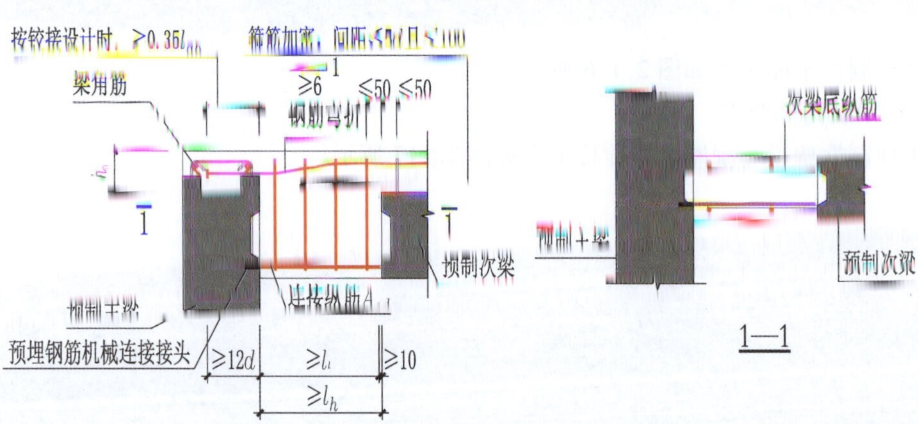

图 2.117　预制框架梁与预制次梁连接节点

②预制柱与预制框架梁连接节点如图 2.118 所示。

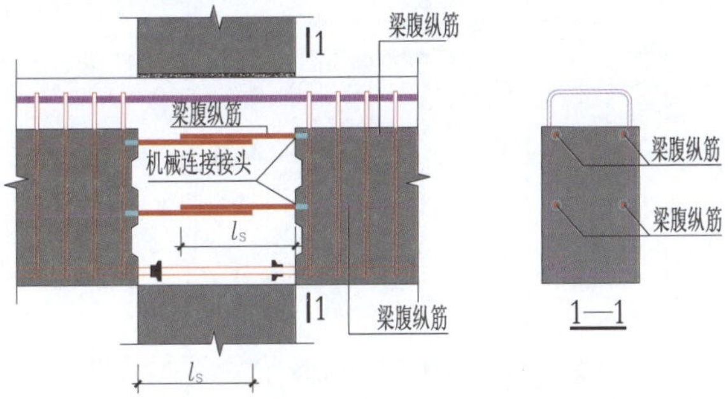

图 2.118　预制柱与预制框架梁连接节点

(4)装配式方案汇总

装配式方案汇总如表 2.20 所示。

表 2.20　装配式方案汇总

项目情况		备　注
建筑类型	档案馆	—
结构体系	框架结构	—
地上楼层数	6 层	—
预制叠合楼板使用楼层	2 ~ 6 层	卫生间、转换区域以外均采用
预制叠合梁使用楼层	2 ~ 6 层	电梯井周边、转换梁、型钢梁以外均采用
预制柱使用楼层	2 ~ 6 层	电梯井周边、型钢柱、跃层柱、离塔吊较远处以外均采用
预制率	30.1%	满足预制率不小于 30% 的要求

6)上海市预制率 40% 项目

(1)工程概况

本项目位于上海市,总建筑面积为 74 702.31 m^2,地上建筑面积为 49 886.83 m^2,地下建筑面积为 24 815.48 m^2,共 14 栋住宅单体,均为剪力墙结构。本项目需要满足的装配式指标要求为:单体预制率不小于 40% 。

(2)装配式方案

选取其中 13 层住宅单体作为案例,采用的预制部品有预制外保温剪力墙、预制外保温外墙、预制叠合楼板、预制内剪力墙、预制外保温飘窗、预制楼梯。装配式方案如下:

①预制叠合楼板、预制楼梯板平面布置如图 2.119 所示。

②预制竖向构件平面布置如图 2.120 所示。

(3)预制构件节点

预制构件节点如图 2.121 至图 2.129 所示。

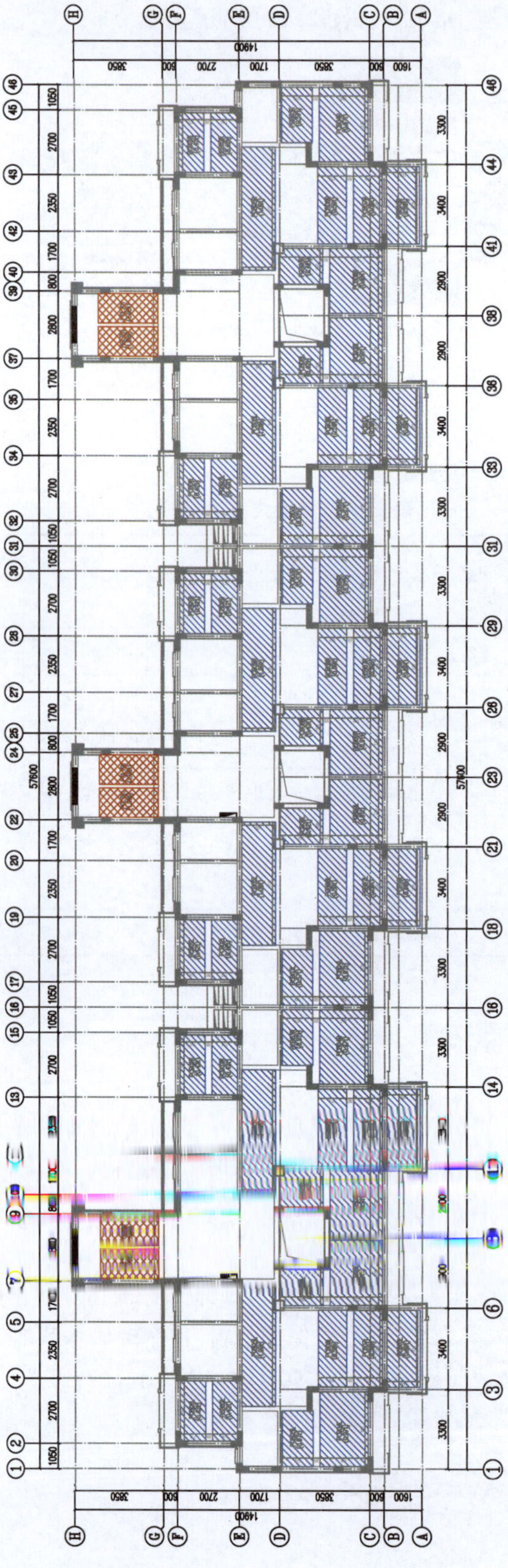

图例说明：表示叠合板 表示预制楼梯板

图2.119 7~10层预制叠合楼板、预制楼梯板拆分布置图

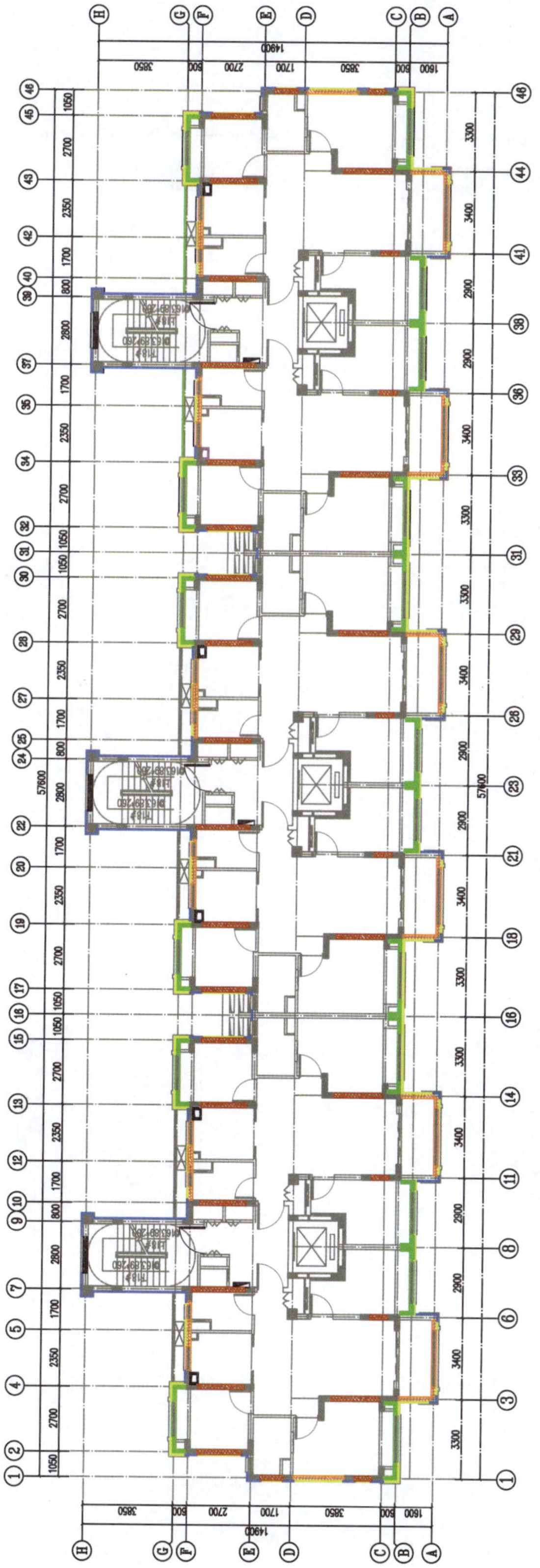

图2.120　标准层竖向构件拆分布置图

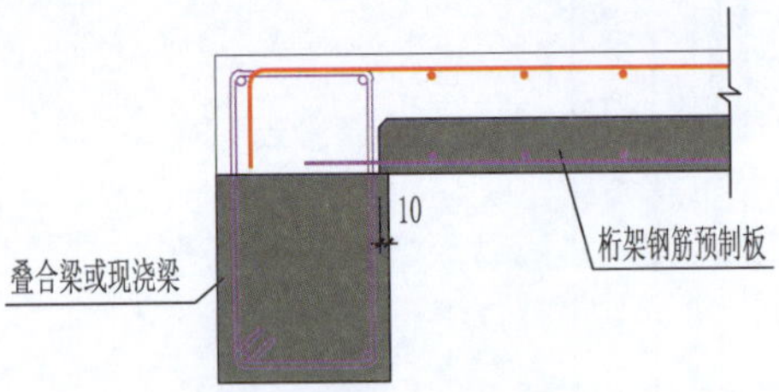

图 2.121　叠合板板端支座构造详图

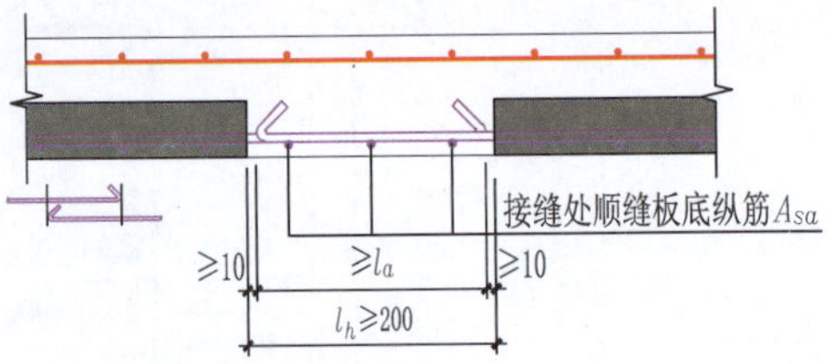

图 2.122　双向叠合板整体式接缝构造详图

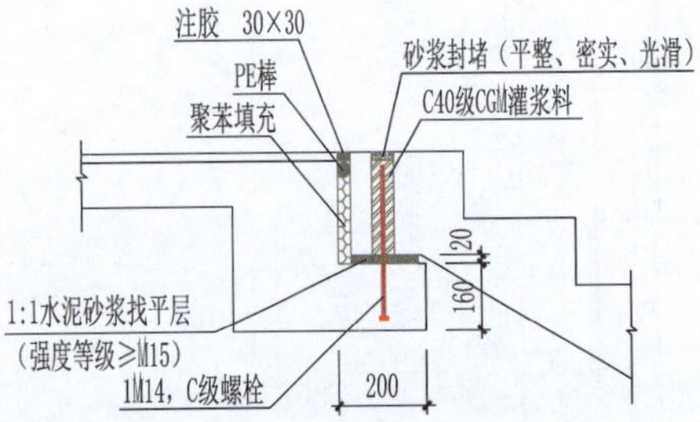

图 2.123　预制楼梯固定铰端安装节点大样

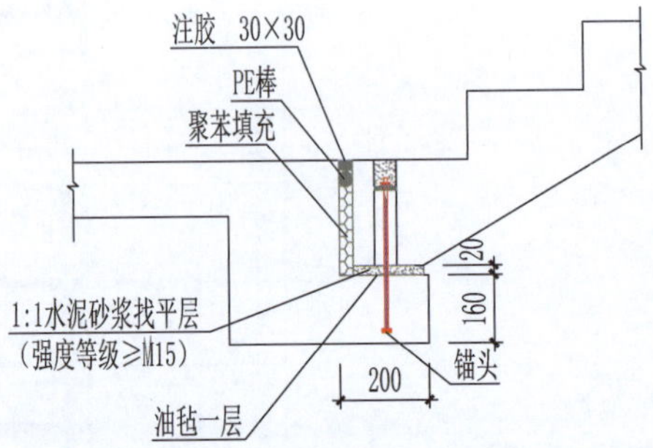

图 2.124　预制楼梯滑动铰端安装节点大样

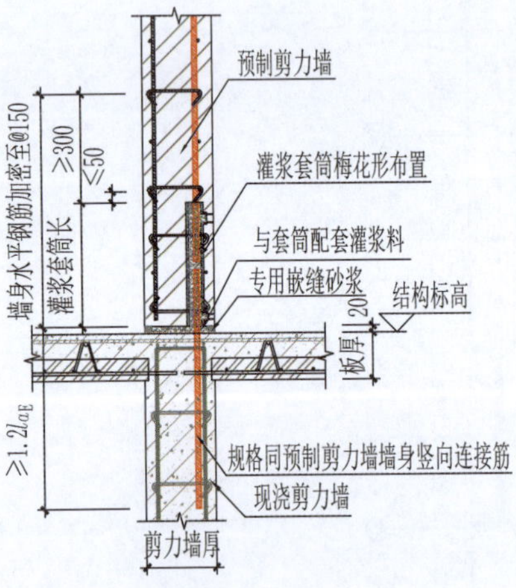

图 2.125　现浇剪力墙转预制剪力墙墙身部位竖向连接大样

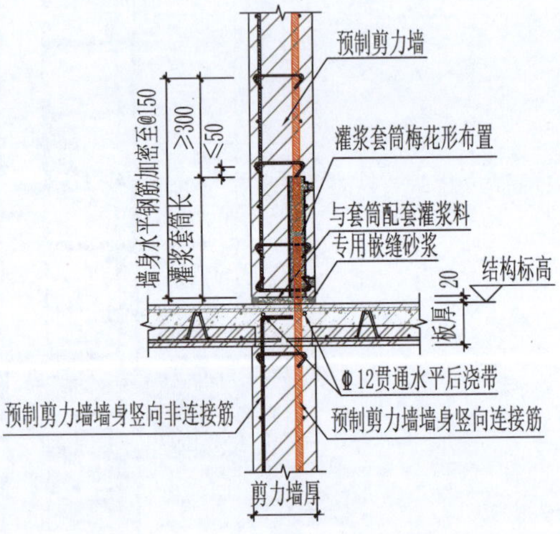

图 2.126　标准层剪力墙墙身部位竖向连接大样

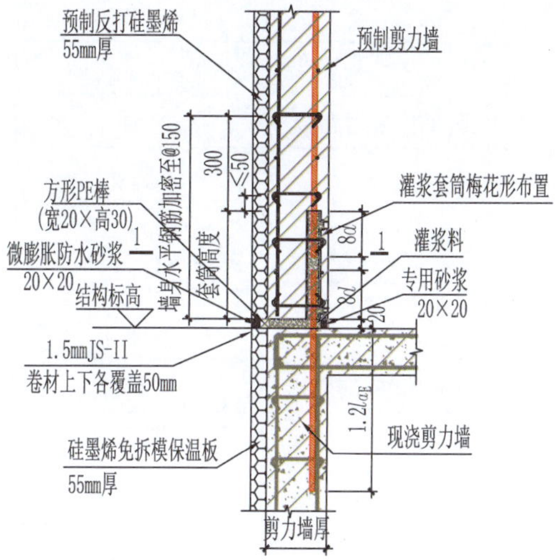

图 2.127　转换层预制外剪力墙竖向连接详图

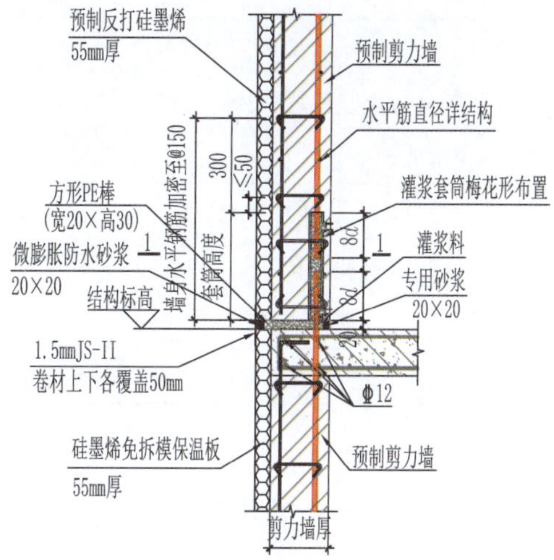

图 2.128　标准层预制外剪力墙竖向连接详图

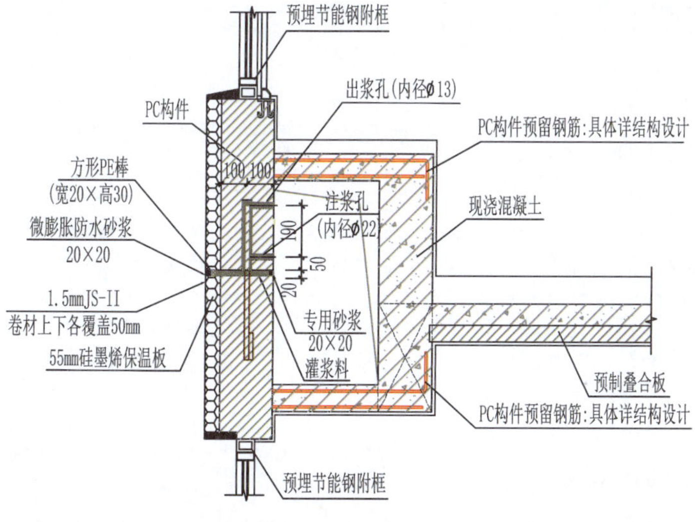

图 2.129　预制飘窗大样

(4)装配式方案汇总

装配式方案汇总如表 2.21 所示。

表 2.21　装配式方案汇总

项目情况		备　注
建筑类型	住宅	—
结构体系	剪力墙	—
地上楼层数	13 层	—
预制剪力墙使用楼层	3 ~ 13 层	电梯井周边不采用预制剪力墙,其他剪力墙基本均采用预制

续表

项目情况		备 注
预制叠合楼板使用楼层	3~13 层	卧室、客餐厅、厨房均采用叠合楼板
预制楼梯板使用楼层	3~13 层	—
预制叠合阳台板使用楼层	3~13 层	—
预制飘窗使用楼层	3~13 层	—
预制填充外墙使用楼层	3~13 层	—
预制率	41.39%	满足预制率不小于 40% 的要求

2.7.3 各典型拆分案例情况汇总

前述 2.4.2 节中各典型装配整体式混凝土结构项目基本情况汇总如表 2.22 所示。

表 2.22 典型装配整体式混凝土结构项目基本情况汇总

区 域	指标要求	结构类型	建筑类型	预制部品使用类型
江苏省	“三板”应用总比例不低于 60%	剪力墙结构	住宅	预制叠合楼板、预制楼梯、预制内隔墙板
	“三板”应用总比例不低于 60%，预制装配率不低于 35%	框架核心筒结构	办公楼	预制叠合楼板、预制内隔墙板、干式工法楼地面
	“三板”应用总比例不低于 60%，预制装配率不低于 45%	剪力墙结构	住宅	预制剪力墙、预制叠合楼板、预制内隔墙板、干式工法楼地面
	“三板”应用总比例不低于 60%，预制装配率不低于 50%	剪力墙结构	住宅	预制内剪力墙、预制叠合楼板、预制外围护构件、预制内隔墙板、干式工法楼地面
	预制率不低于 30%	框架结构	档案馆	预制柱、预制叠合梁、预制叠合楼板
上海市	预制率不低于 40%	剪力墙结构	住宅	预制外剪力墙、预制内剪力墙、预制叠合楼板、预制飘窗、预制外墙板

注：表中各指标要求下提供的单体预制部品使用类型仅为满足指标要求时的一种可行方案。根据不同项目的特点，还可能有其他选择方案。

项目3　装配整体式混凝土结构深化设计

【项目引入】

在装配整体式混凝土结构拆分设计阶段,完成了各类构件的拆分工作;进入深化设计阶段,则需要综合考虑建筑、设备、装修各专业以及生产、运输、安装等各环节对预制构件的要求。具体而言,装配整体式混凝土结构深化设计的重点在于需要以原设计图纸为基础,在满足原设计的前提下,不遗漏预留预埋,充分结合生产、施工环节,将各个细节考虑到位,同时进行节点构造做法的适当优化,以更有利于生产、施工。

【学习目标】

技能目标:能够根据原设计图纸,充分结合生产、施工环节进行深化设计,形成深化详图;能够进行节点构造做法的优化,以便于生产和施工;能够进行预制构件吊点的合理力学计算和加固设计;能够准确处理预制构件的预留预埋问题。

知识目标:掌握不同预制构件的深化设计内容、设计要点;掌握预制构件与现浇部分的连接方式和节点设计要点;熟悉规范和图集中的各种构造做法,能够合理选择最适合项目的构造做法。

素质目标:培养细致入微的工作态度,确保设计和施工的每个细节都被考虑到;培养团队协作能力,与工厂生产和现场施工团队有效沟通;培养创新思维,优化设计方案,提高施工效率和结构安全性。

【学习重、难点】

重点:不同构件深化设计的原则、要点和方法,构件的连接深化设计。

难点:理解和应用规范、图集中对深化设计的要求,结合项目实际情况进行选择和应用。

【学习建议】

1. 深入学习相关的规范和图集,理解各种构造做法的原理和应用场景。
2. 通过案例分析,学习如何将规范要求应用到实际项目中。
3. 参与实际的深化设计项目,通过实践提高设计技能。
4. 深入构件制作流水线、预制构件运输与堆放、装配式吊装现场,与一线工程师和工人交流,了解构件深化的需求和挑战,以优化设计方案。
5. 定期回顾和总结设计过程中遇到的问题和解决方案,不断提高设计质量。

任务3.1 深化设计概述

在装配整体式混凝土结构的拆分设计阶段，根据功能与结构受力的不同，各拆分构件主要可以分为垂直受力构件、水平受力构件、非受力构件。垂直受力构件主要有预制剪力墙、预制柱等；水平受力构件主要有预制梁、预制叠合楼板、预制阳台、预制梯段板、预制设备平台板等；非受力构件有预制混凝土外围护墙板、装饰构件以及其他非承重预制构件。

《装配式混凝土建筑深化设计技术规程》（DBJ/T 15-155—2019）中对深化设计的定义如下：在装配式混凝土建筑的结构施工图基础上，综合考虑建筑、设备、装修各专业以及生产、运输、安装等各环节对预制构件的要求，进行预制构件加工图、装配图、安装图设计以及生产、运输和安装方案编制。

《装配式混凝土结构技术规程》第3.0.6条规定：预制构件深化设计的深度应满足建筑、结构和机电设备等各专业以及构件制作、运输、安装等各环节的综合要求。

装配整体式混凝土结构对预制构件错误的宽容度低，预制构件的尺寸、配筋等需要严格按照结构图纸，预制构件中可能涉及的预埋管线、预留线盒及其他预埋件均需要在工厂生产时预埋到位，且其型号、规格、数量、位置均需按照原设计图纸。一旦深化设计时某个环节没有把握好，就可能发生预制构件尺寸、配筋错误以及预留预埋遗漏、错位等问题。而一旦预制构件生产完之后，就只能采用后开槽、后开洞等方式进行补救，有些问题甚至无法处理，只能将预制构件报废。因此，装配整体式混凝土结构的深化设计要求设计师对全专业都需要了解，包括建筑、结构、水、暖、电、精装、智能化、幕墙及其他涉及预留预埋的相关专业。

在深化设计过程中，需要注意的是深化设计强调的是“深化”，是以原设计施工图为基础，结合规范、图集进行的预制构件的深化，要做到“按图深化”，将土建施工图按照原设计意图反映到深化详图中，从而指导工厂生产预制构件，是作为与工厂、现场之间的连接桥梁。

装配整体式混凝土结构深化设计的重点在于需要以原设计图纸为基础，在满足原设计的前提下，不遗漏预留预埋，充分结合生产、施工环节，将各个细节考虑到位，同时进行节点构造做法的适当优化，以更有利于生产、施工。深化设计时，节点设计尤为重要，在满足设计要求的前提下，需要尽可能地进行优化，以方便生产、施工。例如，框架梁柱节点在深化设计时，应充分考虑预制构件吊装顺序及梁柱节点钢筋的避让问题；对于预制剪力墙与后浇混凝土的连接节点，应充分考虑现场的施工工序等。

深化设计要做到按图、按规范图集去深化。因此，深化设计的一个重要的前提条件是需要非常熟悉规范、图集中的各种构造做法。构造做法在装配式专项设计说明中会有部分提及，但是设计说明中往往无法罗列出全部构造做法，这就需要深化设计人员非常熟悉规范、图集。只有这样，才能够结合项目的实际情况合理选择最适合的构造做法，这样深化出来的构件详图才是最优的。若只停留在对土建施工图的简单翻图上，不结合规范、图集中的构造要求，将难以做到准确的深化设计。这样深化出来的图纸甚至很可能违反规范、图集要求，生产出来的预制构件将存在安全隐患或者现场难以施工，甚至是完全不能使用。

深化设计还要充分结合工厂及施工现场的实际情况，如预制梁较长时，梁内的纵向钢筋可能涉及搭接处理。而搭接区域，根据图集要求，需要有箍筋加密措施，在结构梁平法图甚至是结构设计说明中可能并未体现，仅列出相关的引用图集。这就需要设计人员对规范、图集中的构造做法非常熟悉，才能够结合实际情况进行准确的深化设计。再比如，梁上起柱时，在梁上起柱的一定范围内需要箍筋加密，梁平法中可能并没有表示出箍筋全长加密。在深化过程中，就需要根据图集要求，在该区域对箍筋做局部加密处理。这些基本的构造要求都是建立在对规范、图集非常熟悉的前提下。只有这样，才能真正地做到按图、按规范、按图集要求深化。

深化设计时，还有一个重要的注意事项是预制构件吊点的选择。预制构件的吊装点应进行合理的力学计算，通过计算来决定吊点的位置、数量、型号、规格，有时还需要对预制构件进行适当的加固（如预制框架梁在次梁连接处采用在主梁上预留后浇槽口的方式，槽口处需要做加强，增加辅强构造做法），以保证预制构件具备足够的强度、刚度和稳定性，避免预制构件在起吊时出现断裂、变形等。

深化设计时，还涉及预制构件的预留、预埋。对于预制构件，预留、预埋件需要预先埋置在预制构件中。按照预埋件的用途，主要可以分为以下5类：

①连接用预埋件，如机械连接接头、灌浆套筒、钢筋锚板、金属波纹管等；

②施工用预埋件，用于预制构件的吊装、支撑，如吊钉、吊环、螺栓套筒；

③填充物，减重、保温等作用，如XPS（挤塑泡沫板）、EPS（膨化泡沫板）、岩棉等；

④设备专业预埋件，通水、通气、通电，如预留接线盒、预留PVC线管、电箱、等电位箱等；

⑤其他设计或施工需要使用的预埋件，如幕墙埋件、楼梯栏杆埋件、防水胶条等。

【知识检测】

一、单项选择题

1. 在装配整体式混凝土结构的拆分设计阶段，垂直受力构件主要包括（　　）。

A. 预制梁　　B. 预制柱

C. 预制梯段板　　D. 预制设备平台板

2.《装配式混凝土建筑深化设计技术规程》（DBJ/T 15-155—2019）中对深化设计的定义涉及（　　）。

A. 仅生产预制构件

B. 仅安装预制构件

C. 综合考虑各专业要求及生产、运输、安装等环节

D. 编制施工图设计

3. 根据《装配式混凝土结构技术规程》第3.0.6条，深化设计的深度（　　）。

A. 仅需满足建筑专业要求

B. 仅需满足结构专业要求

C. 满足建筑、结构和机电设备等各专业的要求

D. 不需要满足任何专业要求

4. 在深化设计过程中，“深化”是指（　　）。

A. 根据原设计简化施工图

B. 按图集规范进行预制构件的优化

C. 以原设计施工图为基础，结合规范、图集进行预制构件的深化

D. 完全重新设计预制构件

二、多项选择题

1. 在装配整体式混凝土结构的拆分设计阶段，根据功能与结构受力的不同，可以主要分为(　　　)类型的构件。

A. 垂直受力构件　　B. 水平受力构件

C. 非受力构件　　D. 承重构件

2. 深化设计时，节点设计的重要性体现在(　　　)方面。

A. 充分考虑预制构件吊装顺序　　B. 避让问题

C. 现场的施工工序　　D. 设计要求的满足性

3. 深化设计时，涉及的预留预埋件可以分为(　　　)。

A. 连接用预埋件　　B. 施工用预埋件

C. 设备专业预埋件　　D. 幕墙埋件

三、判断题

1. 装配整体式混凝土结构对预制构件错误的宽容度低。　　(　　)

2. 深化设计不需要考虑生产、运输和安装的要求。　　(　　)

3. 深化设计需要设计师对全专业都有所了解。　　(　　)

4. 深化设计可以只基于土建施工图进行，不需要结合规范、图集。　　(　　)

【想一想】

深化设计的重点是什么？

【做一做】

制作关于装配整体式混凝土结构深化设计的 PPT，内容包括深化设计的定义、重点、注意事项和涉及的预留预埋。

任务 3.2　深化设计内容、设计要点

本任务将以土建施工图为基础，并结合规范、图集内的相关要求，着重介绍在深化图设计过程中需要综合考虑的一些事项。只有结合规范、图集选择合适的构造做法，将土建施工图反映到深化图中去，深化图才能准确无误。

3.2.1　预制叠合板深化设计

1）预制叠合板深化设计内容

预制叠合楼板的深化设计内容主要包含预制叠合板板底纵向钢筋的排布，桁架筋的布置，桁架筋型号、长度的选择，预制叠合板脱模吊装位置的选择，叠合板预制层内预埋线盒、预留施工洞、预留设备专业洞口等，同时还需要考虑钢筋避让预留、预埋的方式，给出相应的节点详图及钢筋放样图，以便工厂按照详图进行准确生产。

图 3.1 所示为典型的预制叠合板深化详图示例。详图图纸中主要包括以下内容：

①预制叠合板的模板图、配筋图、剖面图。

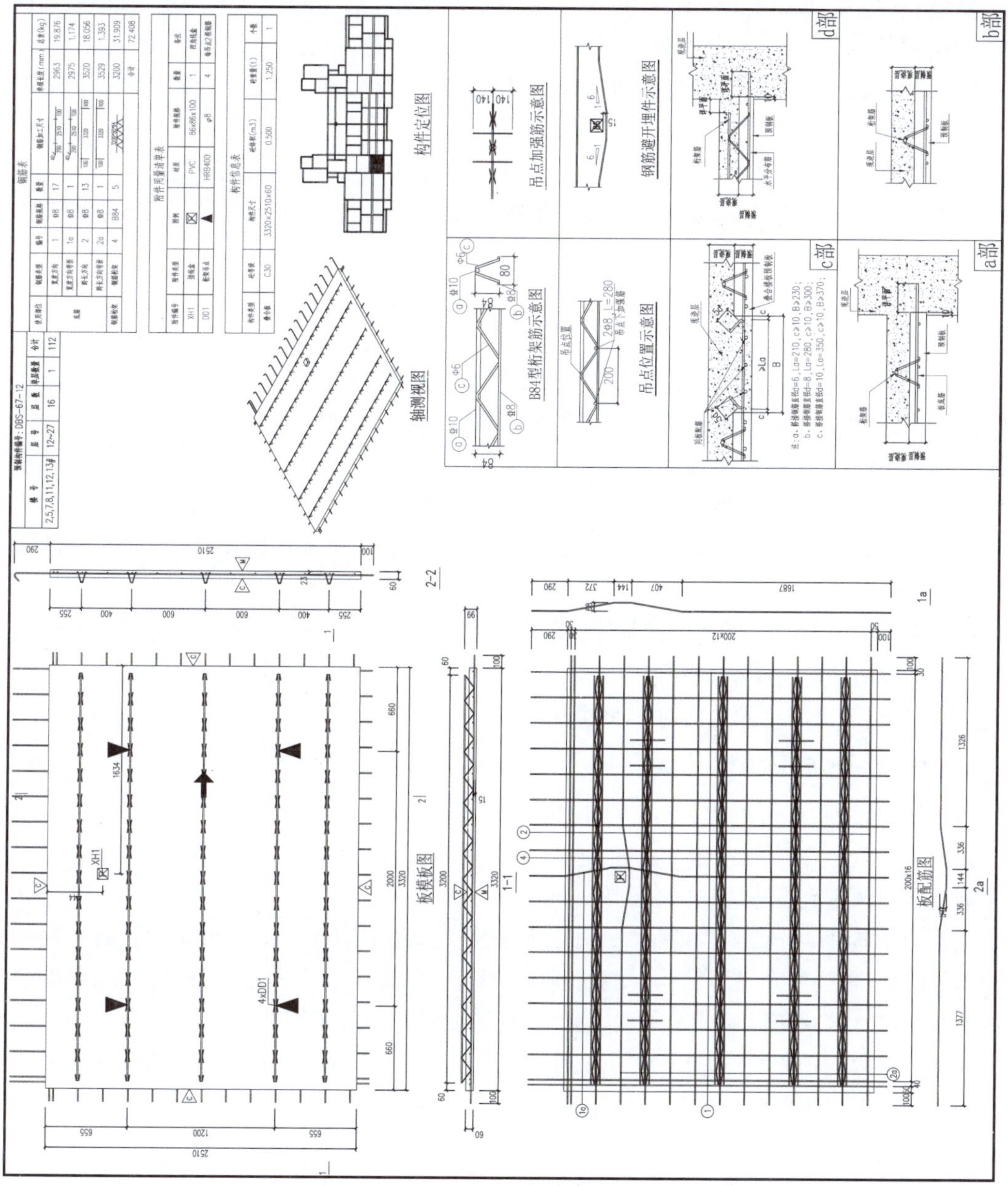

图3.1 典型预制叠合板构件详图

②钢筋的出筋长度、钢筋间距、钢筋型号、纵筋末端的锚固形式。

③桁架筋的长度、平面定位、型号(桁架筋型号包含高度、宽度、上下弦杆及腹杆的型号等信息),以及桁架筋与预制叠合板板底纵向钢筋的上下层位置关系。

④吊点的设置,包括脱模、吊装用的吊点位置、吊装埋件的型号。当采用桁架筋兼作吊点时,还需要绘制出吊点处加强筋的型号、长度、定位及加强筋与板底钢筋的位置关系。

⑤预留线盒。需要在预制底板生产时预留的线盒,需要注意预留线盒的型号(含高度)、材质。

⑥预留施工洞口的尺寸、定位、加强措施,如泵管洞、放线孔、传料孔等。

⑦预制叠合板料表,包含钢筋下料表、混凝土等级、预制板质量等信息,便于构件厂统计、生产。

⑧构件定位图,表示叠合板在拆分布置图中的位置,便于图纸的查看(根据设计单位习惯,可有可无)。

⑨文字说明,包括对详图的进一步解释(如粗糙面的要求),钢筋型号规格的说明,混凝土保护层厚度的要求,混凝土等级,叠合板预制层与现浇层的厚度说明,线盒规格、材质及高度,叠合板吊装方向的说明等。

⑩叠合板与支座、叠合板与叠合板之间的连接大样,此大样也可在通用图中显示。

⑪预留线盒、预留施工洞周边的钢筋避让。当预留施工洞尺寸较大时,应给出洞口周边加强措施详图。

预制叠合板详图中所绘制的预制板剖面图宜将支座节点形式也反映其中,将有利于检查预制叠合板出筋是否正确、有利于核查图面的准确性、保证图面的完整性。在工厂生产时,也将更有利于工厂技术人员对图面的理解。

2)预制叠合板深化设计要点

(1)预制叠合板外形问题

在预制叠合板深化图中,预制叠合板外形尺寸应标注准确,预制叠合板的尺寸标注错误可能会导致预制叠合板无法安装到位。

在框架结构中,框架梁可能存在水平加腋的情况,而结构模板图中可能没有将水平加腋绘出。因此,需要注意结合结构说明或通用详图,在需要设置水平加腋的区域,预制叠合板应留相应尺寸的缺角以避开水平加腋区,否则影响梁在加腋区钢筋的放置。

对于厨房内的预制叠合板,烟道井处要特别注意。当采用成品烟道时,烟道井处的预留洞口的尺寸需要预留至成品烟道的外侧,应注意复核建筑图中烟道预留洞口的尺寸是否满足所选成品烟道的尺寸。

阳台区域若采用预制叠合阳台板,由于阳台上存在地漏、排水立管等预留孔洞,这些孔洞往往离板边很近。当孔洞较密集时,若采用预留圆洞的方式,生产出来的预制叠合板混凝土在此区域很容易破碎。因此,对于这块区域应特别备注并提醒生产厂家注意成品保护。针对前述可能发生的质量问题,也可直接将需要预留圆洞处留出较大范围的后浇区,参见项目4中“6)预制叠合板距预留孔洞边过近”的相关介绍。当然,是否直接预留较大范围的后浇区需要与施工单位沟通后确定,以便更好地施工。对于地漏、排水立管等预留洞,不能离板边过近，需要特别注意考虑外墙外保温层及面层的厚度，保证立管或地漏在安装完成后能够避开保温层及建筑面层的厚度范围。有些水专业图纸可能未考虑此因素，在深化时应特别注意。同时应注意，当不直接预留止水节时，预留洞的尺寸需要比立管的直径稍大，需考虑止水节的尺寸等，至于预留洞的尺寸具体增大为多少应结合现场施工的实际情况决定。

根据《钢筋桁架混凝土叠合板应用技术规程》第 5. 3. 7 条，桁架预制板的密拼式接缝，可采用底面倒角和倾斜面形成连续斜坡、底面设槽口和顶面设倒角、底面和顶面均设倒角等做法，并应符合下列规定：

①当接缝处采用底面倒角和侧面倾斜面形成两道连续斜坡做法时［图 3. 2(a)］，底面倒角尺寸不宜小于 10 mm×10 mm，倾斜面的坡度不宜小于 1 ∶ 8；接缝应采用无机材料嵌填封闭，无机材料宜采用聚合物改性水泥砂浆。聚合物改性水泥砂浆的性能应符合本规程第 3. 0. 6 条规定。

②当接缝处采用底面设槽口和顶面设倒角的做法时［图 3. 2(b)］，底面槽口深度宜取 5 mm、长度宜取 30 mm，顶面倒角尺寸不宜小于 15 mm×15 mm；底面槽口处宜粘贴网格布。

③当接缝处采用底面和顶面均设倒角的做法时［图 3. 2(c)］，底面倒角尺寸不宜小于 10 mm×10 mm，顶面倒角尺寸不宜小于 15 mm×15 mm。

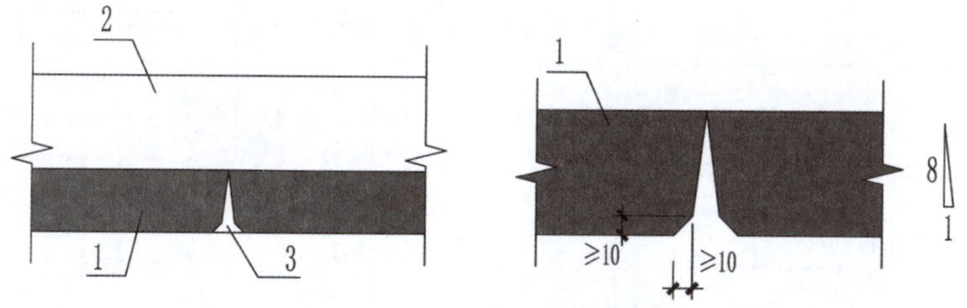

（a）底面倒角和侧面倾斜面做法

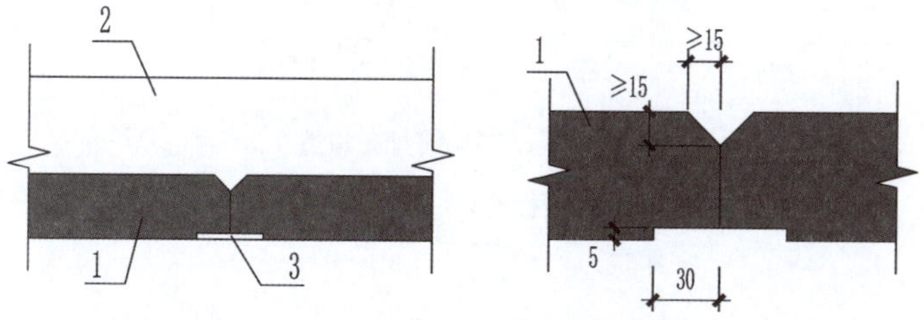

（b）底面槽口和顶面倒角做法

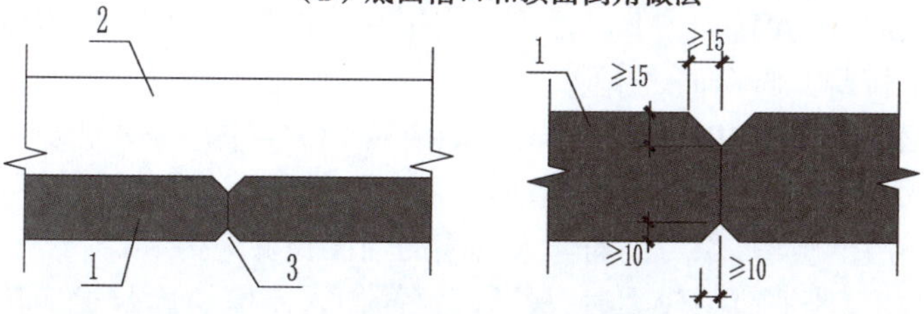

（c）底面和顶面倒角做法

图 3. 2　桁预制板密拼式接缝构造

1—桁架预制板；2—后浇混凝土叠合层；3—密拼式接缝

(2)预制叠合板板底钢筋问题

对预制叠合板进行深化时,首先需要在拆分布置图上对预制叠合板内纵向钢筋、桁架筋进行排布。排布时,需要考虑线盒、预留洞的位置,注意钢筋的避让。当1∶6放坡无法绕过预留预埋位置时,可适当调整板底纵向钢筋出筋的位置(当采用三维软件建模自动出深化图时,应更加注意此细节处理,否则会给生产带来困难);当无法避开时,可考虑将纵向钢筋切断,局部采用加强措施。板底纵向钢筋的排布,当设计无具体说明时,可参照图3.3。

当隔墙下无梁时,结构通常都会在隔墙位置下方布置板底加强筋。加强筋在深化时,要注意加强筋摆放的位置、数量、型号、锚入支座的长度均应根据结构说明进行设置。

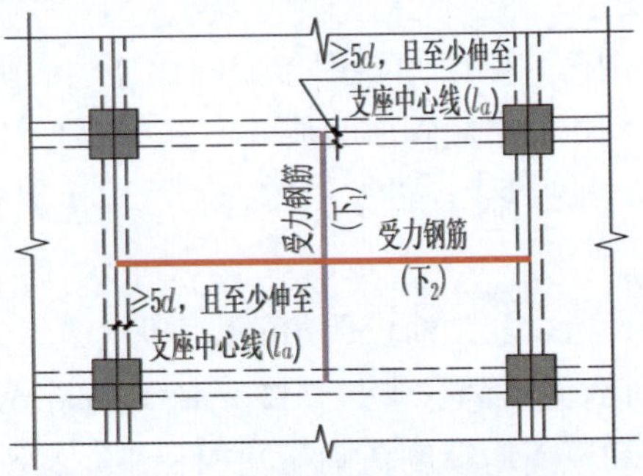

叠合楼板展示
(现浇)

(a)双向板下部钢筋排布构造

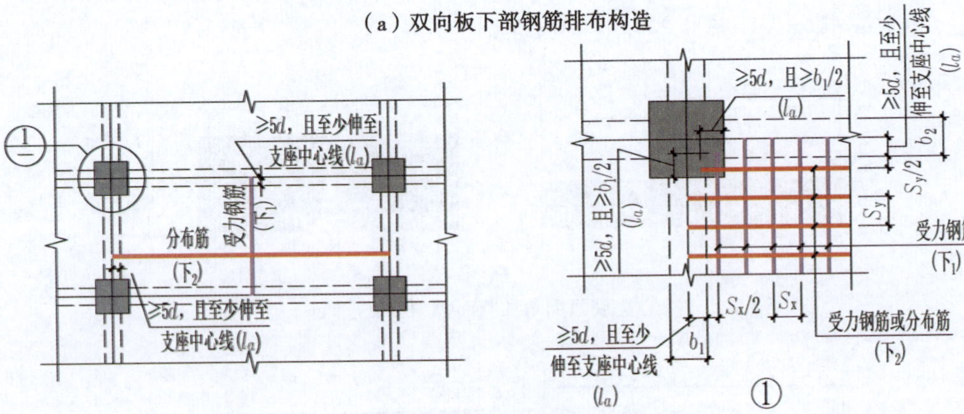

(b)单向板下部钢筋排布构造

图3.3　板底纵向钢筋排布要求

图3.3中:

①图中板支座均按梁绘制,当板支座为混凝土剪力墙时,板下部钢筋排布构造相同。

②双向板下部双向交叉钢筋上、下位置关系应按具体设计说明排布;当设计未说明时,短跨方向钢筋应置于长跨方向钢筋之下。

③当下部受力钢筋采用HPB300级时,其末端应做180°弯钩。

④图中括号内的锚固长度适用于以下情形:

a.在梁板式转换层的板中,受力钢筋伸入支座的锚固长度应为l_{aE}。

b.当连续板内温度、收缩应力较大时,板下部钢筋伸入支座锚固长度应按设计要求;当设计未指定时,取为l_a。

⑤当下部贯通筋兼作抗温度钢筋时,其在支座的锚固由设计指定。

框架结构中,预制叠合板内伸入结构柱的钢筋长度,伸入柱内不小于5d且不小于对应位置梁宽的1/2,如图3.3所示。

根据《混凝土结构工程施工规范》(GB 50666—2011)第5.4.9条,梁及柱中箍筋、墙中水平分布筋及暗柱箍筋、板中钢筋距构件边缘的距离宜为50 mm。结合《钢筋桁架混凝土叠合板应用技术规程》第5.2.4条,桁架预制板板边第一道纵向钢筋中线至板边的距离不宜大于50 mm,如图3.4所示。

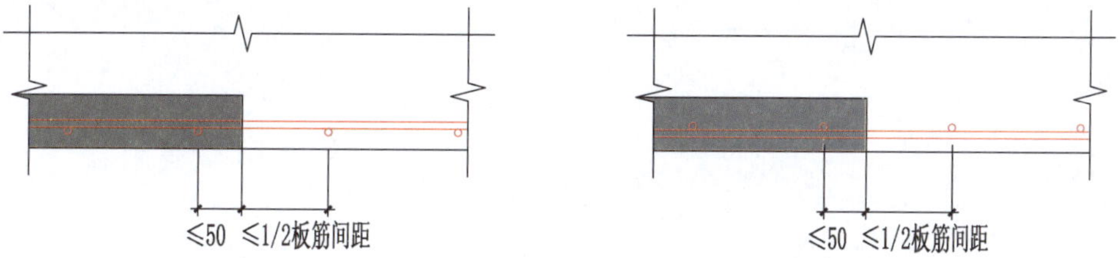

图3.4　预制叠合板板底纵向钢筋排布要求

当板底标高同梁底标高时,若采用预制叠合楼板,应注意预制叠合楼板板底纵向钢筋在支座位置需要弯折并伸入支座,以避开梁底部纵向钢筋,如图3.5所示。

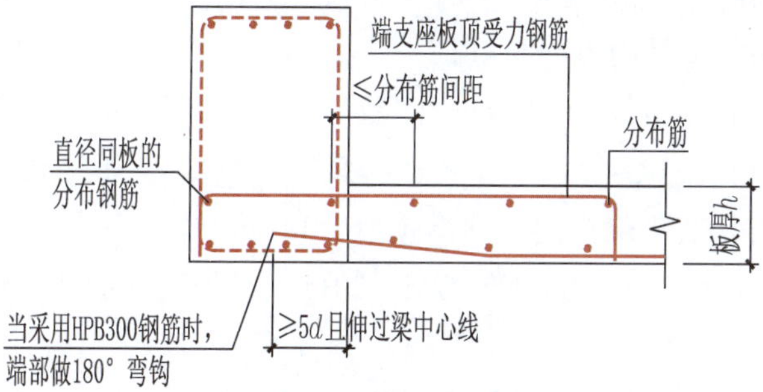

图3.5　板底标高同梁底标高板端支座构造

(3)桁架钢筋问题

桁架钢筋可以提高预制板的整体刚度,同时能保证预制板与现浇层水平界面的抗剪能力,也可以兼作吊点。另外,桁架钢筋的高度选择合适时,可以作为马镫筋。选用桁架钢筋时,应注意以下8点:

①根据《钢筋桁架混凝土叠合板应用技术规程》第4.1.2条,如图3.6所示,钢筋桁架的尺寸应符合下列规定:

a. 钢筋桁架的设计高度 H_1 不宜小于70 mm,不宜大于400 mm,且宜以10 mm为模数;

b. 钢筋桁架的设计宽度 B 不宜小于60 mm,不宜大于110 mm,且宜以10 mm为模数;

c. 腹杆钢筋与上、下弦钢筋相邻焊点的中心间距 P_s 宜取为200 mm,且不宜大于200 mm。

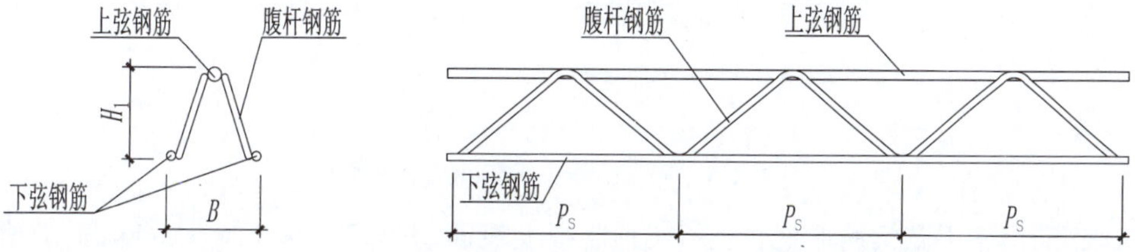

图3.6　钢筋桁架示意图

根据《钢筋桁架混凝土叠合板应用技术规程》第 4.1.3 条，腹杆钢筋在上、下弦钢筋焊点处的弯弧内直径 D 不应小于 $4d_3$（d_3 为腹杆钢筋直径），如图 3.7 所示。

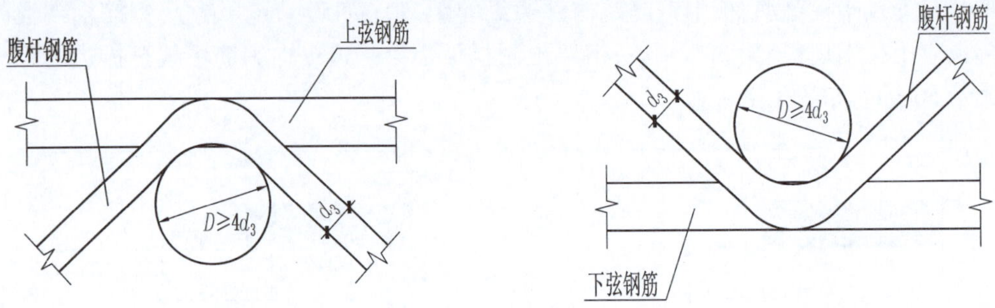

（a）上弦钢筋焊点　　（b）下弦钢筋焊点

图 3.7　腹杆钢筋弯弧示意图

②根据《装配式混凝土结构技术规程》第 6.6.7 条，桁架钢筋混凝土叠合板应满足下列要求：

a. 桁架钢筋应沿主要受力方向布置；

b. 桁架钢筋距板边不应大于 300 mm，间距不宜大于 600 mm；

c. 桁架钢筋弦杆钢筋直径不宜小于 8 mm，腹杆钢筋直径不应小于 4 mm；

d. 桁架钢筋弦杆混凝土保护层厚度不应小于 15 mm。

根据《钢筋桁架混凝土叠合板》（苏 G25—2015），桁架钢筋端部离预制板边距离不大于 100 mm。

根据《钢筋桁架混凝土叠合板应用技术规程》第 5.2.5 条：

a. 钢筋桁架宜沿桁架预制板的长边方向布置；

b. 钢筋桁架上弦钢筋至桁架预制板板边的水平距离不宜大于 300 mm，相邻钢筋桁架上弦钢筋的间距不宜大于 600 mm，如图 3.8 所示；

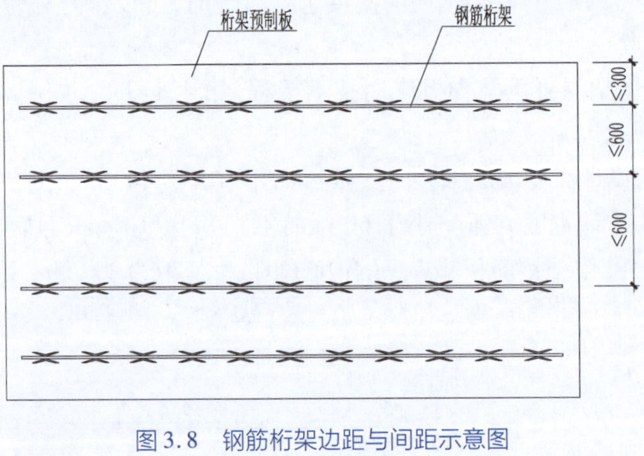

图 3.8　钢筋桁架边距与间距示意图

c. 钢筋桁架下弦钢筋下表面至桁架预制板上表面的距离不应小于 35 mm，钢筋桁架上弦钢筋上表面至桁架预制板上表面的距离不应小于 35 mm，如图 3.9 所示。

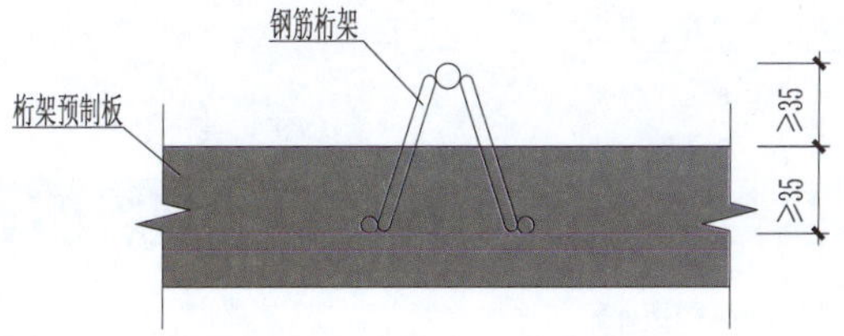

图 3.9　钢筋桁架埋深示意图

桁架钢筋下弦钢筋埋入桁架预制板的深度不宜过小(主要是考虑受力因素),桁架钢筋上弦钢筋露出桁架预制板的高度应尽量大(主要是考虑吊装、施工等因素),以满足现场穿管的要求,如图 3.9 所示。

③根据《钢筋桁架混凝土叠合板应用技术规程》第 5.2.6 条,当桁架叠合板开洞时,桁架预制板中钢筋桁架宜避开楼板开洞位置,如图 3.10 所示。

根据该条条文说明,当因无法避开而被截断时,应在平行于钢筋桁架布置方向的洞边两侧 50 mm 处设置补强钢筋桁架。补强钢筋桁架端部与被切断钢筋桁架端部距离不小于相邻焊点中心距 P_s。

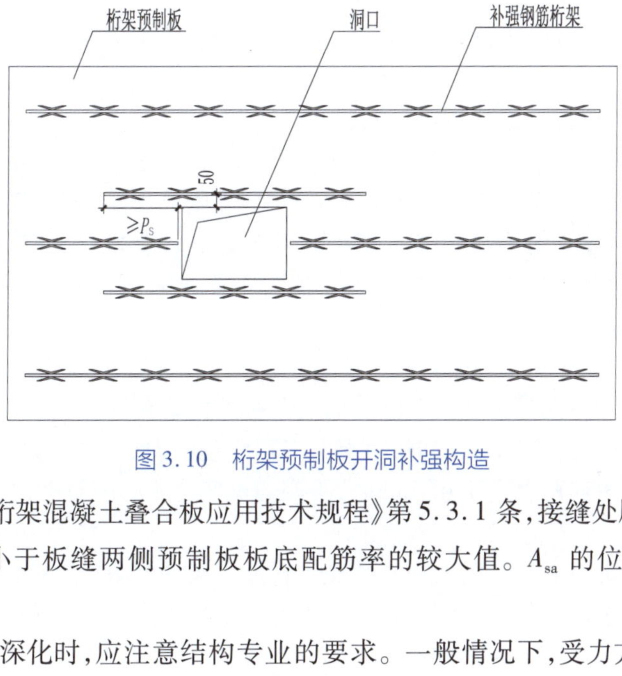

图 3.10　桁架预制板开洞补强构造

④根据《钢筋桁架混凝土叠合板应用技术规程》第 5.3.1 条,接缝处顺缝板底纵向钢筋 A_{sa} 的配筋率不应小于板缝两侧预制板板底配筋率的较大值。A_{sa} 的位置如图 2.14 至图 2.16 所示。

⑤预制叠合板深化时,应注意结构专业的要求。一般情况下,受力方向的钢筋放在外侧,预制叠合板预制层内桁架钢筋下弦钢筋可能在第一层,也可能在第二层,应给出相应的剖面示意图,以便提醒工厂生产、现场施工时,考虑钢筋摆放在哪一层。

在选择桁架钢筋型号时,第一步应按照结构设计要求确定板底双向纵筋的上下层关系,然后根据桁架钢筋布置的方向,确定桁架钢筋下弦钢筋与板底双向钢筋之间的关系。桁架钢筋与板底钢筋的关系基本有两种情况,如图 3.11 所示。同时,桁架钢筋的高度要考虑现浇层的厚度、预埋管线的尺寸及管线交叉情况。

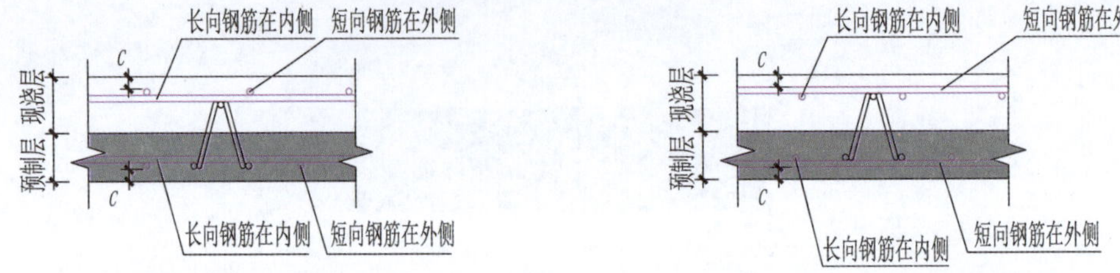

（a）板底钢筋穿过桁架筋　　　　（b）桁架钢筋搁置于板底筋上

图 3.11　桁架钢筋与板内钢筋位置

⑥根据《装配式混凝土结构技术规程》第 6.6.2 条，钢筋桁架的下弦钢筋可视情况作为楼板下部的受力钢筋使用。

⑦钢筋桁架的上弦钢筋参与截面受弯承载力计算时，应满足《钢筋桁架混凝土叠合板应用技术规程》第 5.4.4 条的要求，应在上弦钢筋设置支座处桁架上弦筋搭接钢筋，并应伸入板端支座。搭接钢筋应按与同向板面纵向钢筋受拉承载力相等的原则布置，且搭接钢筋与钢筋桁架上弦钢筋在叠合层中搭接长度不应小于受拉钢筋的搭接长度 l_l。受拉钢筋的搭接长度 l_l 应符合《混凝土结构设计标准》的有关规定。搭接钢筋在支座内的构造应符合本规程第 5.4.3 条的规定。

⑧根据《装配式混凝土建筑技术标准》第 5.5.2 条，当顶层楼板采用叠合楼板时，应设置桁架钢筋。

（4）预制叠合板不设置桁架钢筋的问题

根据《装配式混凝土结构技术规程》第 6.6.7—6.6.9 条，在预制叠合板跨度较大、有相邻悬挑板的上部钢筋锚入等情况下，叠合面在外力、温度等作用下，截面上会产生较大的水平剪力，需配置界面抗剪构造钢筋来保证水平界面的抗剪能力。当有桁架钢筋时，可不单独配置抗剪钢筋；当没有桁架钢筋时，配置的抗剪钢筋可采用马镫形状，钢筋直径、间距及锚固长度应满足叠合面抗剪的需求。

根据《装配式混凝土结构技术规程》第 6.6.8 条，当未设置桁架钢筋时，在下列情况下，叠合板的预制板与后浇混凝土叠合层之间应设置抗剪构造钢筋：

①单向叠合板跨度大于 4.0 m 时，距支座 1/4 跨范围内；

②双向叠合板短向跨度大于 4.0 m 时，距四边支座 1/4 短跨范围内；

③悬挑叠合板；

④悬挑板的上部纵向受力钢筋在相邻叠合板的后浇混凝土锚固范围内。

根据《装配式混凝土结构技术规程》第 6.6.9 条，叠合板的预制板与后浇混凝土叠合层之间设置抗剪构造钢筋应符合下列规定：

①抗剪构造钢筋宜采用马镫形状，间距不宜大于 400 mm，钢筋直径不应小于 6 mm；

②马镫钢筋宜伸到叠合板上、下部纵向钢筋处，预埋在预制板内的总长度不应小于 $15d$（d 为钢筋直径），水平段长度不应小于 50 mm。

（5）吊点的问题

预制叠合板可单独设置起吊点预埋件（图 3.12），也可使用桁架钢筋兼作吊点。当采用桁架钢筋兼作吊点时，预制叠合板的吊点应设置于桁架钢筋波峰处。吊点加强筋可以按照相关图集或本项目 3.3.11 节的相关介绍进行设置，并给出相应的复核计算。根据《装配式混凝土结构技术规程》第6.4.4条,用于固定连接件的预埋件与预埋吊件、临时支撑用预埋件不宜兼用;当兼用时,应同时满足各种设计工况要求。

图3.12 预制叠合板单独设置吊点

吊点的计算一般按照起吊时混凝土不开裂进行考虑。根据《钢筋桁架混凝土叠合板应用技术规程》第5.2.8条,桁架预制板的吊点数量及布置应根据桁架预制板尺寸、质量及起吊方式通过计算确定,吊点宜对称布置且不应少于4个。

(6)预制叠合板预留预埋的问题

①预制叠合板可能涉及需要预留线盒的设备主要包括吸顶灯、筒灯、LED灯带、空调室内机、红外幕帘、烟感报警器、消防广播、电动窗帘、电动晾衣架、新风内机等。在预留线盒时,须结合精装图和电气图进行,以防遗漏线盒,同时要注意线盒的材质应严格按照电气图中的相关要求进行设置。

叠合楼板展示(线盒)

位于吊顶内的灯具,有些是采用明敷方式(不需要在叠合板内预埋线盒)。当设备专业图纸中未明确标注敷设方式时,应与设计单位确认管线的敷设方式。另外,线盒高度需要随着预制层厚度的不同进行调整,以便现场施工时顺利穿管。当预制层高度较厚、线盒高度选择不当时,线盒侧面穿线管位置局部会处于预制板面以下,现场无法正常穿管。

一些长方形灯具的预留线盒位置需要根据安装的要求预留,如学校的顶部日光灯,可能是居中预留,也可能是靠某一边预留。预留的原则需根据灯具的选型提前确认好。

穿线管穿过结构缝时,结构缝两侧需要预留过路线盒,以便现场施工。

对于预制叠合板范围内有桥架布置时,特别是公建类项目,应注意充分结合现场施工的要求。例如,主线在桥架内敷设,支线为暗敷,在支线与桥架相交的地方,应预留过路线盒,过路线盒的数量及型号应根据支线的数量、型号确定。若预制叠合板上不预留此过路线盒,则需要现场后开洞或现场需要绕到现浇区将支线引至桥架,造成不必要的材料浪费。

②预制叠合板范围内可能涉及施工洞的预留,施工洞的位置及尺寸应按照施工单位的提供。当施工洞尺寸较大时,预制叠合板应有相应的局部加强措施。

另外,设备间、阳台、空调板、厨房等区域采用预制叠合板时,会涉及预留洞,如排水立管、地漏、厨房烟道等。特别是水专业立管的预留洞,一般均离板边较近。当预留洞较大时,板边的混凝土较少,脱模、运输时可能会损坏,可以考虑采用板边预留后浇区的形式,采用局部混凝土现场后浇筑的方式。

③预制叠合板范围内存在墙下无梁的情况时,应注意预制叠合板正下方的内隔墙内是否有管线需要穿过顶部的叠合板。如此处内隔墙上有灯具开关面板、空调控制开关等面板,应在开关所在墙体处正上方的叠合板上预留洞口。此洞口主要用于开关连线穿管,预

留洞的数量应根据穿管的数量决定。当此处内隔墙上有电箱时，需要结合电箱内管线的型号、数量，确定顶部叠合板上预留洞的尺寸。

④学校内一般都会有专用教室，如化学实验室、物理实验室等。这些教室内的设施一般都会有专门的深化图，预制构件上的水电预留预埋要根据专门的深化图预留到位。

⑤预制叠合板上预留线盒、预留洞的位置应严格按照土建施工图、精装图纸进行预留预埋，不能随便移动。如有移动，应在得到精装、设备专业的同意后方可移动。但对于吊顶内的线盒，在不影响安装的情况下，根据需要，一般可以适当微调。

3.2.2 预制梁深化设计

1）预制梁深化设计内容

在做预制梁的深化工作之前，首先应了解装配整体式混凝土框架结构的施工工艺流程。常用的施工工艺流程如图 3.13 所示。

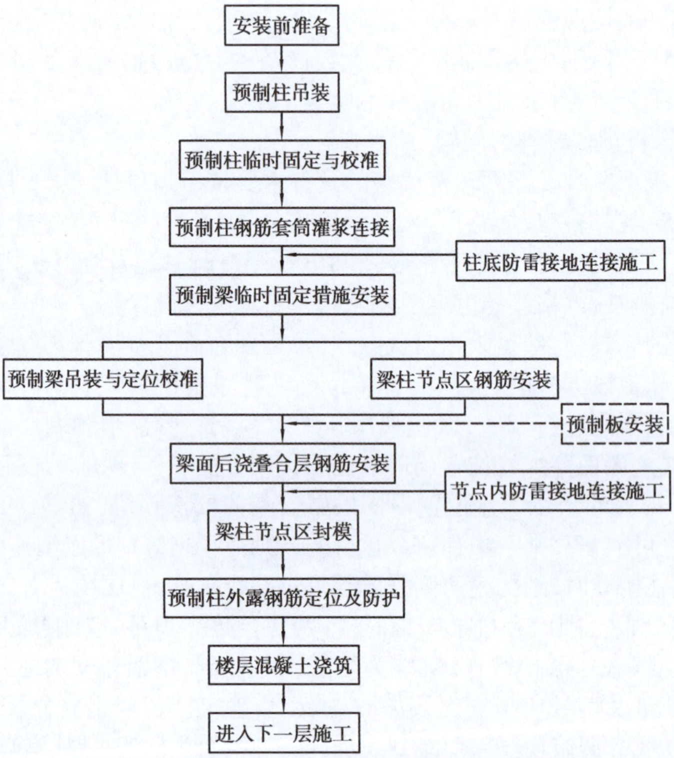

图 3.13　装配式框架结构施工关键工艺流程示意图

装配整体式混凝土框架结构预制梁深化设计的重点在于梁柱节点区钢筋的避让。节点区钢筋的避让需要综合考虑吊装顺序、锚固形式、与现浇区施工顺序等。

对于预制梁，首先需要确定预制梁吊装顺序，并结合梁柱节点区钢筋的数量确定预制梁在梁柱节点区内钢筋的避让方式，然后确定预制梁内纵向钢筋、横向钢筋、附加构造钢筋的排布，确定预制梁上预留钢筋（墙身节点中需要预留的插筋等）、预留埋件（吊点、幕墙埋件等）的布置，确定预制梁上预留洞口（设备穿管等）的布置，确定预制梁梁端抗剪键槽的布置等。

图 3.14 所示为典型的预制叠合梁的构件深化图，详图图纸中主要包括以下内容：

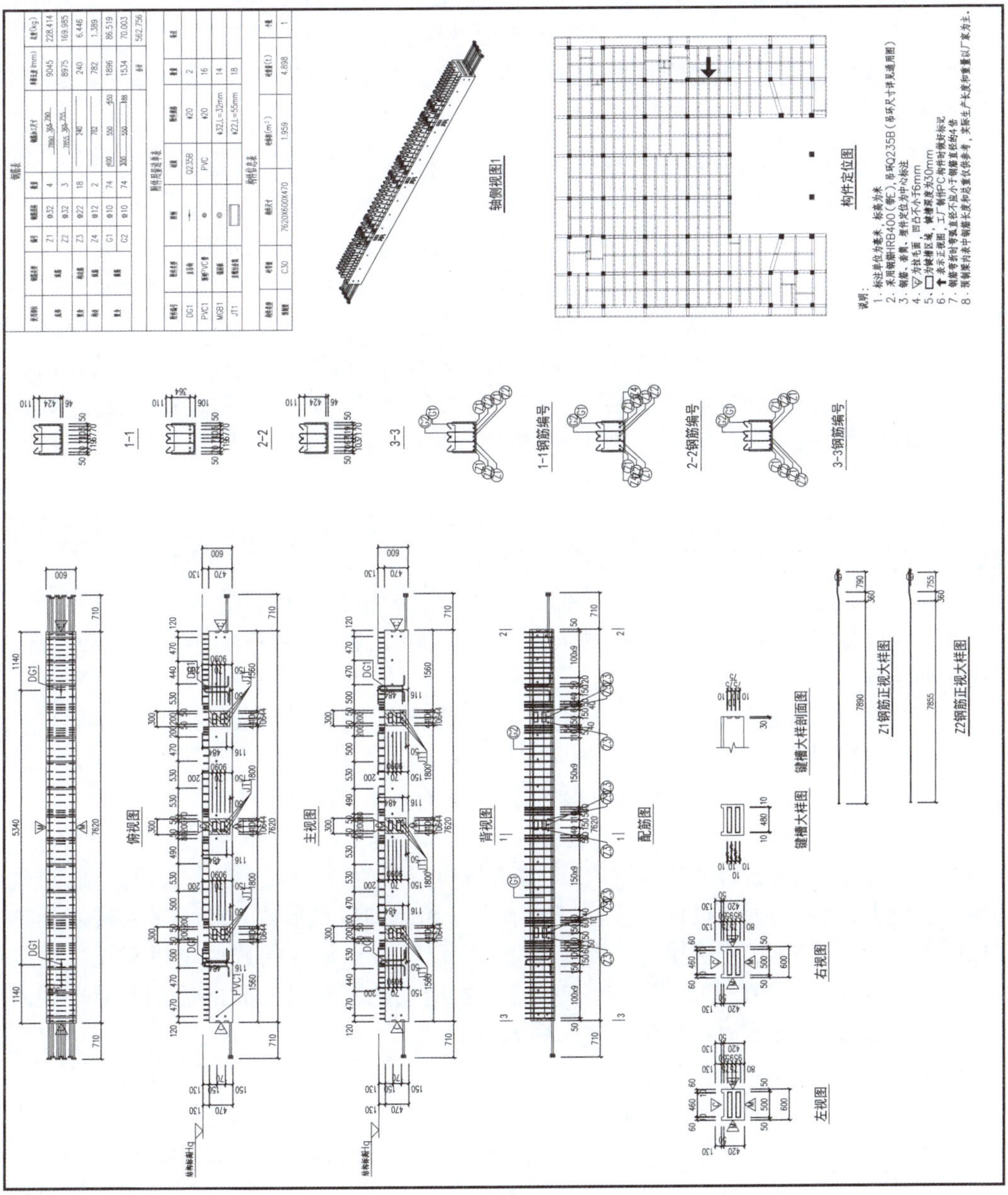

图3.14　典型预制叠合梁构件深化详图

①预制梁的尺寸,标出预制梁的长、宽、高;

②正视图、俯视图、背视图、左视图、右视图,用于表示各视图上埋件、键槽、粗糙面等信息;

③配筋图、断面图,用于表达梁内钢筋的定位、长度、局部弯折示意等;

④料表,用于统计钢筋及其他预埋件,指导厂家进行钢筋放样;

⑤构件定位图,用于表示预制梁所在的平面位置;

⑥其他必要的说明,如钢筋是否为抗震钢筋,预埋件的材质、要求,粗糙面的要求,预留穿管的材质、型号等。

2)预制梁深化设计要点

(1)预制梁吊装顺序的问题

在对预制梁进行深化前,首先应根据梁高度、梁标高、梁底纵向钢筋的排布来确定合理的吊装顺序,一般预制梁的吊装应遵循先主梁后次梁、先低后高的原则。预制梁吊装顺序确认后,在梁柱节点区内,当采用梁底纵向钢筋上下避让的方式时,先吊装的预制梁梁底纵向钢筋应在下方,后吊装的预制梁梁底纵向钢筋应在先吊装的预制梁的梁底纵向钢筋上方,避免与先吊装的梁底纵向钢筋碰撞。同方向的预制梁梁底纵向钢筋数量较少时,也可采用梁底纵向钢筋在节点区内水平避让的方式。当梁底纵向钢筋采用端部锚固板形式时,钢筋相互避让时应同时考虑避开锚固板。

预制梁吊装顺序应尽量有规律,可以按照轴线来划分,这样可以方便工厂分区域供货。现场吊装时,也更容易找到吊装规律,减少吊装错误。对于预制主梁,在同一楼层内当吊装顺序采用分区设置时,可能存在不同区的预制梁吊装顺序编号相同的情况,宜在图纸中吊装顺序编号前增加分区编号,避免出现同层内不同的预制梁吊装顺序编号相同的情况,引起现场的误解。

在深化完成后,应再次检查、核对拆分平面布置图中预制梁吊装顺序是否正确。吊装顺序要考虑深化时纵向钢筋上下层的关系,勿随意标注吊装顺序,以免现场出现返工甚至无法吊装的情况。宜通过 BIM 技术模拟吊装过程,检查吊装顺序是否正确。

(2)梁柱节点、主次梁节点形式的选择

梁柱连接节点、主次梁连接节点形式的选择决定了生产、吊装、施工的便利性,对施工进度影响较大,在前期拆分设计阶段就需要确定好相应的节点形式。节点区钢筋避让的方式根据不同的梁柱节点、主次梁节点都有各自的特点,节点形式的选取可以参见项目 2 中 2.2.2 节的相关介绍。在深化设计阶段,节点形式应按照拆分设计时的通用节点图。若需要更改节点形式,应征得原设计单位同意后方可更改。

(3)梁柱节点区钢筋的问题

在梁柱节点区域,预制梁、预制柱的钢筋型号、规格、数量应严格按照结构施工图进行深化。若发现钢筋较密,不方便施工时,可以考虑采用等面积替换,采用大直径钢筋,减少钢筋的数量,便于在预制构件深化时梁柱节点区钢筋的相互避让,但钢筋的等面积替换应征得原设计单位同意后方可进行,不可随意替换。

梁边与柱边平齐时,应注意与柱平齐一侧的梁底纵向受力钢筋及梁腹纵向钢筋要避开柱内角部纵向主筋,避让方式如图 3.15(a)、(c)所示。钢筋相互避开时,应适当考虑带肋钢筋肋高的影响,同时应适当考虑生产、施工误差,不能仅仅按照钢筋公称直径去考虑避让的问题,否则可能出现安装困难或难以安装到位的情况。

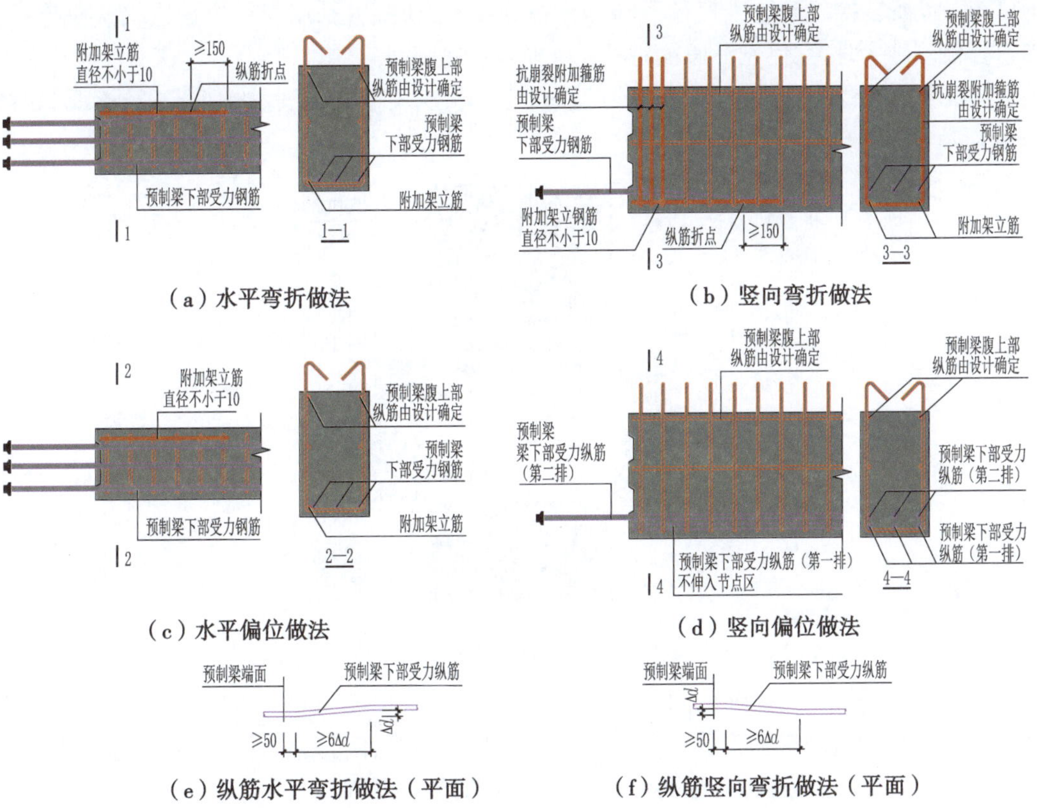

图3.15 预制梁端下部受力纵向钢筋弯折或偏位构造

梁柱节点区预制梁底部纵向钢筋相互避让时，若预制梁梁底纵向钢筋采用底部纵向钢筋向上弯折互相避让的方式，需要注意增加附加架立钢筋。附加架立钢筋的增设原则如图3.15(b)所示，附加架立钢筋的直径不小于10 mm，与梁下部纵向受力钢筋的搭接长度，从纵筋弯折点起算不小于150 mm；同时，预制梁端部可考虑设置抗崩裂附加箍筋，其型号、数量及间距由设计确定，形式如图3.15(b)所示。

预制梁与柱在梁柱节点区的钢筋避让问题，不仅要考虑预制梁与下层柱纵向钢筋的避让，当上层柱内纵向钢筋与下层柱内纵向钢筋不同时，特别是上层柱纵向钢筋多于下层柱内纵向钢筋时，上层柱纵向钢筋须延伸至下层柱内，因此应同时考虑梁内钢筋与上层柱纵向钢筋的相互避让。

另外，需要注意的是，当首层柱现浇、二层柱预制、二层楼面标高处存在梁预制时，在深化设计阶段，二层的预制梁底部纵向钢筋在梁柱节点区的相互避让应考虑避开下层现浇柱内的纵向钢筋。考虑施工的便利性，宜将下层现浇柱内钢筋的定位图给出，以便现场按照此定位图固定下层现浇柱内纵向钢筋，从而有效避开预制梁的底部纵向钢筋，以便于后期预制梁的顺利吊装。若不给出下层现浇柱内纵向钢筋的定位，现场一般会将柱纵向钢筋均分布置。后期吊装施工时，很大可能会发生预制梁纵向钢筋与柱内纵向钢筋相互碰撞的问题。同时，应充分考虑下层现浇柱内的纵向钢筋与上层预制柱内纵向钢筋数量、直径是否匹配。当数量或直径不同时，深化时应考虑到钢筋的转换，转换位置应严格按照图集要求，不可随意设置转换位置。当直径不同且相差等级不大时,可采用变径机械连接接头连接;当直径相差过大时,宜优先考虑优化上下层柱内纵向钢筋。

梁柱节点区最下一道箍筋(或多道箍筋)应在预制梁吊装前安放到位,不可遗漏,如图3.16所示。

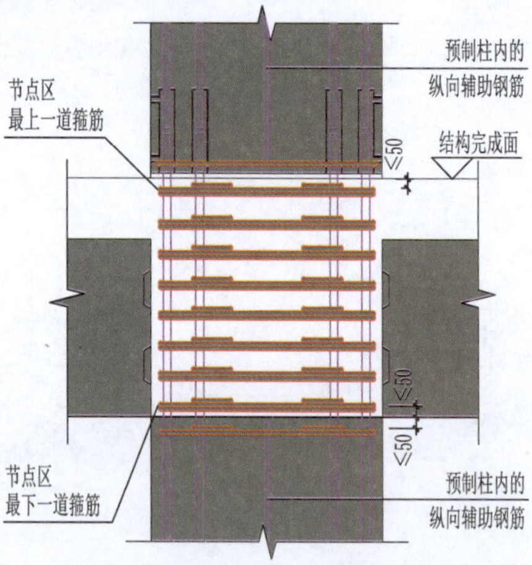

图3.16　梁柱节点区箍筋示意图

(4)预制梁箍筋、拉结筋的问题

预制叠合梁内的箍筋形式一般有组合封闭箍、整体封闭箍,两种方式对现浇层内钢筋的绑扎有较大影响。根据《装配式混凝土建筑技术标准》第5.6.2条,规定如下:

①抗震等级为一、二级的叠合框架梁的梁端箍筋加密区宜采用整体封闭箍筋;当叠合梁受扭时,宜采用整体封闭箍筋,且整体封闭箍筋的搭接部分宜设置在预制部分,如图3.17(a)所示。

②当采用组合封闭箍筋时,开口箍筋上方两端应做成135°弯钩,框架梁弯钩平直段长度不应小于10d(d为箍筋直径),次梁弯钩平直段长度不应小于5d,如图3.17(b)所示。现场应采用箍筋帽封闭开口箍,箍筋帽宜两端做成135°弯钩,也可做成一端135°弯钩、另一端90°弯钩,但135°弯钩和90°弯钩应沿纵向受力钢筋方向交错设置。框架梁弯钩平直段长度不应小于10d(d为箍筋直径),次梁135°弯钩平直段长度不应小于5d,90°弯钩平直段长度不应小于10d。

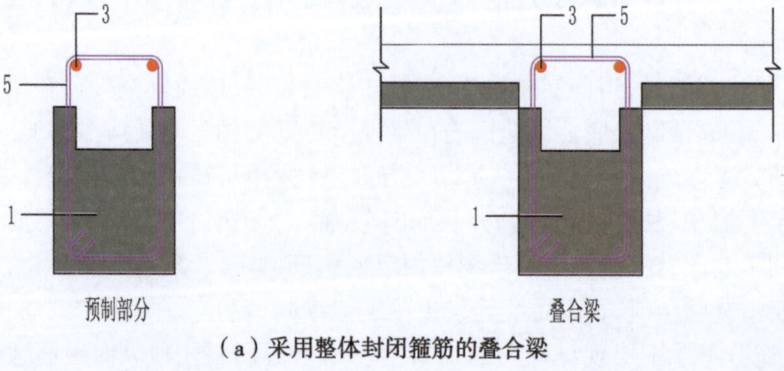

(a)采用整体封闭箍筋的叠合梁

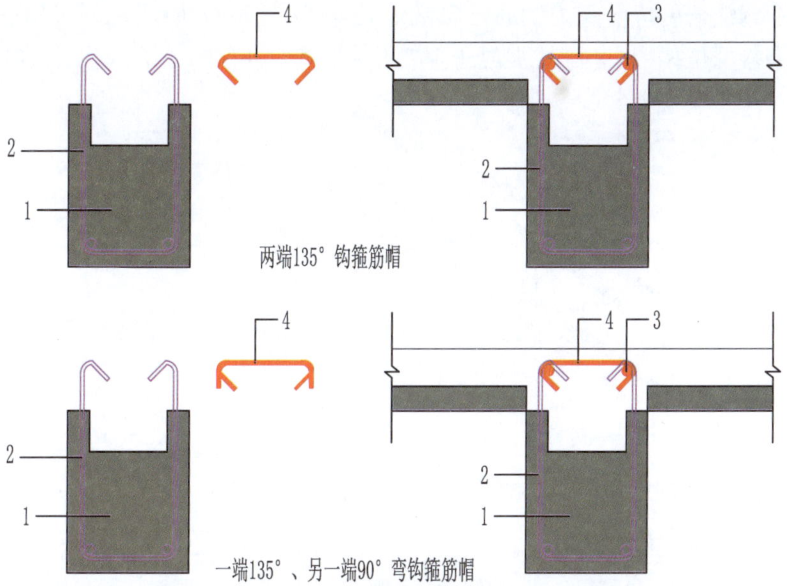

（b）采用组合封闭箍筋的叠合梁

图 3.17　叠合梁箍筋构造

1—预制梁;2—开口箍筋;3—上部纵向钢筋;4—箍筋帽;5—封闭箍筋

③框架梁箍筋加密区长度内的箍筋肢距:对于一级抗震等级,不宜大于 200 mm 和 20 倍箍筋直径的较大值,且不应大于 300 mm;对于二、三级抗震等级,不宜大于 250 mm 和 20 倍箍筋直径的较大值,且不应大于 350 mm;对于四级抗震等级,不宜大于 300 mm,且不应大于 400 mm。

根据《装配整体式混凝土框架结构技术规程》(DGJ32/TJ 219—2017)第 5.1.2 条,梁的钢筋配置应符合下列要求:

①抗震等级为一、二级的框架梁端部加密区宜采用封闭箍筋。

②承受扭矩的叠合梁应采用封闭箍筋。

③当梁箍筋采用组合封闭箍时,开口箍筋及封闭箍筋端部弯钩端头平直段长度不应小于箍筋直径的 10 倍。无楼板一侧梁顶的封闭箍筋端部应带 135°弯钩。

④不承受扭矩的梁,其预制梁的腰筋可不伸入梁柱节点内。

⑤梁的钢筋配置还应符合《建筑抗震设计标准》《混凝土结构设计标准》的相关规定。

应注意叠合梁的整体封闭箍弯钩的位置与现浇结构中有些区别。在现浇结构中,封闭箍筋弯钩位置如下:当梁顶部有现浇板时,弯钩位置设置在梁顶;当梁底部有现浇板时,弯钩位置设置在梁底;当梁顶部或底部均无现浇板时,封闭箍筋弯钩应沿纵向受力钢筋方向错开布置。相邻两组复合箍筋平面及弯钩位置沿梁纵向对称排布。当梁采用焊接封闭箍时,焊接点应布置在受力较小边的中部,沿构件长度方向上下交错设置。

箍筋的弯钩和焊点都是受力相对薄弱的部位,交错布置是为了避免引起局部薄弱而在受力时首先破坏。交错布置时,尽量分散相同位置的不利状态,原则是上、下、左、右分别错开。

梁箍筋弯钩叠合处应沿受力钢筋方向错开放置，如图 3.18 所示。当采用叠合梁时，整体封闭箍的搭接部位按照《装配式混凝土建筑技术标准》第 5.6.2 条，宜设置在预制段内。

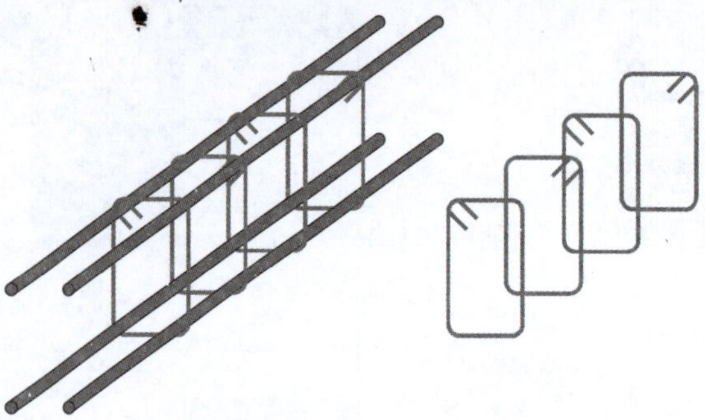

图 3.18　箍筋弯钩叠合处错开放置示意图（全现浇结构，板位于梁上部）

若采用组合封闭箍，应注意组合封闭箍的构造做法，如图 3.19 至图 3.21 所示。

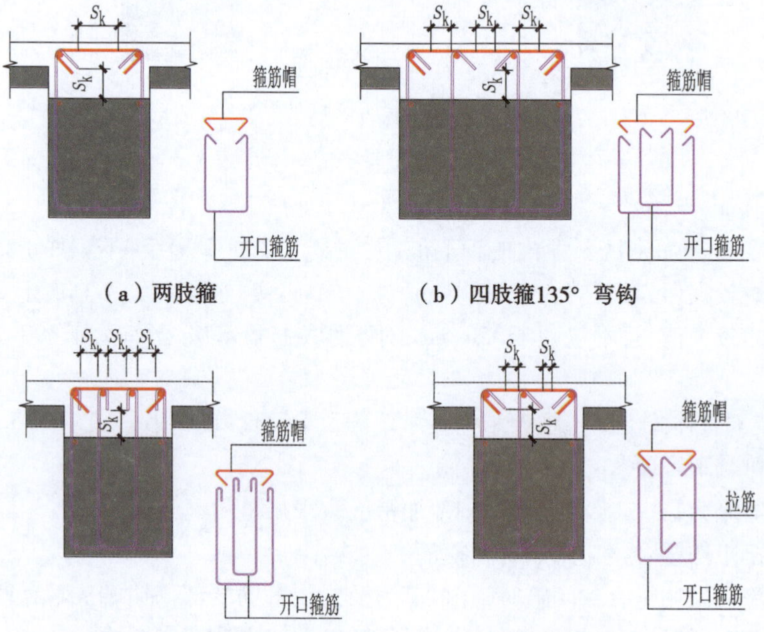

（a）两肢箍　（b）四肢箍135° 弯钩

（c）四肢箍180° 弯钩（箍筋）肢距较小　（d）三肢箍135° 弯钩

图 3.19　叠合梁中组合封闭箍构造

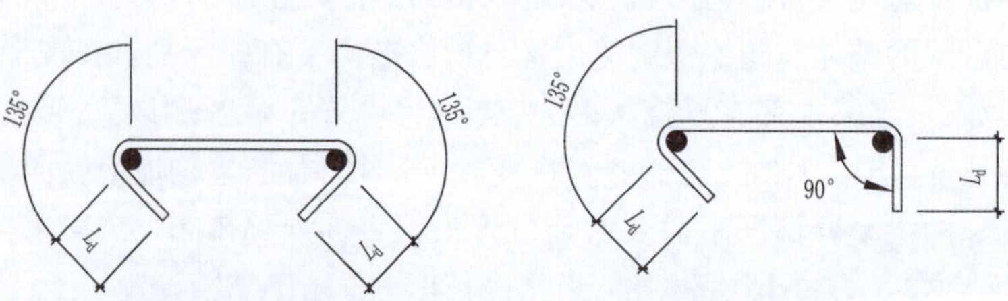

（a）箍筋帽弯钩做法一　（b）箍筋帽弯钩做法二

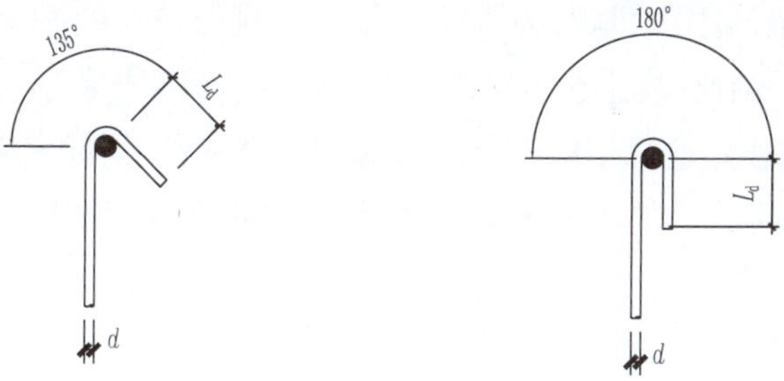

（c）开口箍筋弯钩做法一　　　　（d）开口箍筋弯钩做法二

图 3.20　箍筋帽和开口箍筋弯钩构造

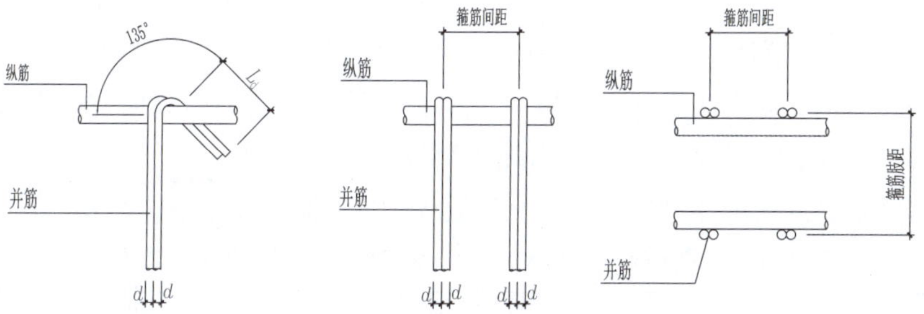

图 3.21　箍筋并筋构造

①图 3.19 中，S_k 为梁上部受力纵向钢筋的安装间隙，指箍筋端点到预制构件顶面的净距或相邻箍筋的净距。S_k 不宜小于梁上部受力纵向钢筋直径加 10 mm。

②当采用组合封闭箍筋时，开口箍筋的外露末端应做成 135°弯钩（或 180°弯钩）。现场施工应采用箍筋帽封闭开口箍，箍筋帽宜两端做成 135°弯钩，也可做成一端 135°弯钩、另一端 90°弯钩，但 135°弯钩和 90°弯钩应沿纵向受力钢筋方向交错设置。

③L_d 为箍筋弯钩的弯后直线段长度，L_d 不应小于 $10d$（d 为箍筋直径）和 75 mm 的较大值；对于非框架梁以及不考虑地震作用的悬挑梁的 135°弯钩平直段，L_d 可为 $5d$（d 为箍筋直径）。

④箍筋并筋是由相同直径或相近直径、相同种类和相同强度等级的 2 根箍筋并靠成的钢筋束。

⑤采用箍筋并筋时，箍筋肢距可按单根箍筋直径确认。

根据《装配式混凝土结构连接节点构造（框架）》（20G310—3）中相关文字说明：当叠合梁受扭时，应采用整体封闭箍，此要求与《装配整体式混凝土框架结构技术规程》（DGJ32/TJ 219—2017）中相当，比《装配式混凝土建筑技术标准》的相关规定更加严格。

根据《装配式混凝土建筑技术标准》第 5.6.2 条，采用叠合梁时，在施工条件允许的情况下，箍筋宜采用整体封闭箍。当采用整体封闭箍筋无法安装上部纵向钢筋时，可采用组合封闭箍筋，即开口箍加箍筋帽的形式。根据中国建筑科学研究院、同济大学等单位的研究，当箍筋帽两端均做成 135°弯钩时，叠合梁的性能与采用封闭箍筋的叠合梁一致。当箍筋帽做成一端 135°弯钩、另一端 90°弯钩，但 135°弯钩与 90°弯钩交错放置时，在静力弯、剪及复合作用下，叠合梁的刚度、承载力等性能与采用封闭箍筋的叠合梁一致，在扭矩作用下，承载力略有降低。因此，规定在受扭的叠合梁中不宜采用此种形式。

对于受往复荷载作用且采用组合封闭箍筋的叠合梁，当构件发生破坏时，箍筋对混凝土及纵筋的约束作用略弱于整体封闭箍筋。因此，在叠合框架梁梁端加密区中，不建议采用组合封闭箍。

其他构造做法相关的注意事项可参见《装配式混凝土结构连接节点构造（框架）》（20G310—3）的相关介绍。

按照图集《混凝土结构施工钢筋排布规则与构造详图（现浇混凝土框架、剪力墙、梁、板）》（18G901—1）第2-1页、第2-3页，梁顶部纵向钢筋采用搭接时，搭接区位于梁跨中1/3范围内，搭接区箍筋应加密。因此，在预制叠合梁深化时，应提前了解现场实际施工情况，注意梁上部纵向钢筋的搭接形式及位置。当预制梁顶部后浇层内纵向钢筋采用搭接方式连接时，预制构件深化设计应注意预留加密的箍筋。

主梁箍筋加密区长度，应按照《建筑抗震设计标准》确定，如表3.1所示。

表3.1　梁端箍筋加密区的长度、箍筋的最大间距和最小直径

抗震等级	加密区长度（采用较大值）（mm）	箍筋最大间距（采用最小值）（mm）	箍筋最小直径（mm）
一级	$2h_b$，500	$h_b/4$，6d，100	10
二级	$1.5h_b$，500	$h_b/4$，8d，100	8
三级	$1.5h_b$，500	$h_b/4$，8d，150	8
四级	$1.5h_b$，500	$h_b/4$，8d，150	6

注：①d为纵向钢筋直径，h_b为梁截面高度；

②箍筋直径大于12 mm，数量不少于4肢且肢距不大于150 mm时，一、二级的最大间距应允许适当放宽，但不得大于150 mm。

关于梁箍筋的设置，不只是要看结构梁平法图，同时还要考虑施工现场的实际情况，满足相应的构造要求。具体要求如下：

①在不同配置要求的箍筋区域分界处，应设置一道分界箍筋，分界箍筋应按相邻区域配置要求较高的箍筋配置。

②梁端第一道箍筋距柱支座边缘为50 mm。

③梁两侧腰筋用拉筋连系。拉筋既可同时钩住外圈封闭箍筋和腰筋，也可紧靠箍筋并钩住腰筋，如图3.22所示。梁宽度不大于350 mm时，拉筋直径为6 mm；梁宽度大于350 mm时，拉筋直径为8 mm。拉筋间距为非加密区箍筋间距的2倍，且不大于400 mm。拉筋做法如图3.23、图3.24所示。

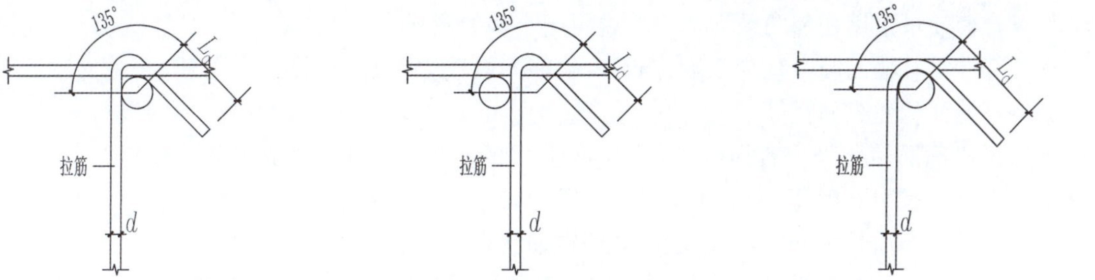

（a）拉筋同时勾住纵筋和箍筋　　（b）拉筋紧靠纵筋并勾住箍筋　　（c）拉筋紧靠箍筋并勾住纵筋

图 3.22　封闭箍筋及拉筋弯钩做法示意

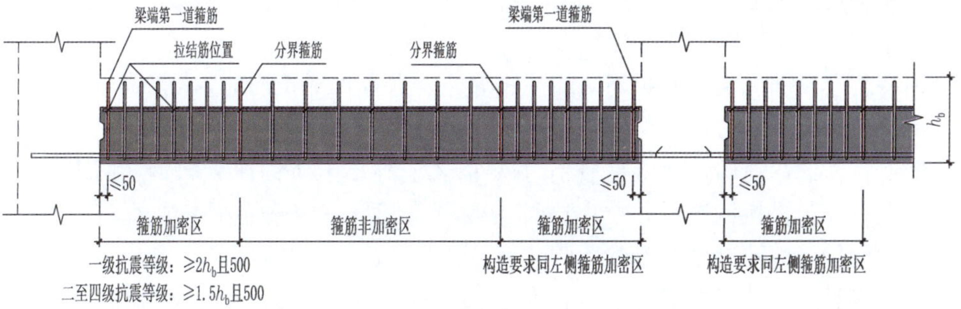

图 3.23　叠合梁箍筋和拉筋排布

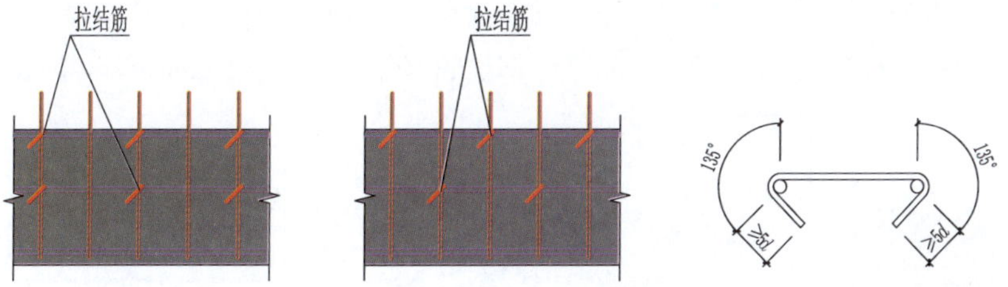

（a）做法一　　（b）做法二　　（c）拉结筋构造

图 3.24　拉筋多于一排时做法

④弧形梁箍筋加密区范围按梁宽度中心线展开计算，箍筋间距按凸面测量。

⑤搭接区内的箍筋直径不应小于 $d/4$（d 为搭接钢筋的最大直径），间距不应大于 100 mm 及 $5d$（d 为钢筋的最小直径）。当框架梁原有箍筋不满足此要求时，需在搭接区补充箍筋。

⑥在具体工程中，梁箍筋加密区的设置、纵向钢筋搭接区箍筋的配置应以设计要求为准。当设计未给出箍筋加密区范围时，可按图集相关要求设置。

⑦纵筋搭接区范围内的补充箍筋可采用开口箍或封闭箍。封闭箍的弯钩设置同框架梁箍筋，开口箍的开口方向不应设在纵筋的搭接位置处。

梁箍筋为双肢箍时，梁上部纵向钢筋、下部纵向钢筋及箍筋的排布无关联，各自独立排布；当梁箍筋为复合箍时，梁上部纵向钢筋、下部纵向钢筋及箍筋的排布有关联，钢筋排布应按以下规则综合考虑：

①梁上部纵向钢筋、下部纵向钢筋及复合箍筋排布时，应遵循对称均匀原则。

②梁复合箍筋应采用截面周边外封闭大箍加内封闭小箍的组合方式（大箍套小箍），内

部复合箍筋可采用相邻两肢形成一个内封闭小箍的形式。

③梁符合箍筋肢数宜为双数，当符合箍筋的肢数为单数时，设一个单肢箍，单支箍筋宜紧靠箍筋并钩住纵向钢筋。

④梁箍筋转角处应有纵向钢筋，当箍筋上部转角处的纵向钢筋未能贯通全跨时，在跨中上部可设置架立钢筋（架立钢筋的直径按设计标注，与梁纵向钢筋搭接长度为 150 mm）。

⑤梁上部通长钢筋应对称设置，通长钢筋宜设置于箍筋转角处。

⑥梁同一跨内各组箍筋的复合方式完全相同。当同一组内复合箍筋各肢位置不能满足对称要求时，此跨内每相邻两组箍筋各肢的安装绑扎位置应沿梁纵向交错对称排布。

⑦梁横截面纵向钢筋与箍筋排布时，除考虑本跨内钢筋排布关联因素外，还应综合考虑相邻跨之间的关联影响。

⑧内部复合箍筋应紧靠外封闭箍筋一侧绑扎。当有水平拉筋时，拉筋应在外封闭箍筋的另一侧绑扎。

箍筋弯折处的弯弧内径除满足最小内径外，还应不小于所钩住纵向钢筋的直径。箍筋弯折处纵向钢筋为搭接钢筋时，应按照钢筋实际排布情况确定箍筋弯弧内径。

柱同方向的两侧预制叠合梁配置四肢箍时，箍筋肢距应按照能满足梁上部纵向钢筋贯通要求进行设计。可通过在梁底设置附加构造纵向钢筋的方式，以保证箍筋肢距和位置，如图 3.25 所示。按照《装配式混凝土结构连接节点构造（框架）》（20G310—3）的要求，附加构造纵向钢筋的直径不小于 10 mm。按照《装配整体式混凝土框架结构技术规程》（DGJ32/TJ 219—2017）第 5.2.4 条，辅助纵向钢筋直径不宜小于 12 mm，可不伸入梁柱节点。

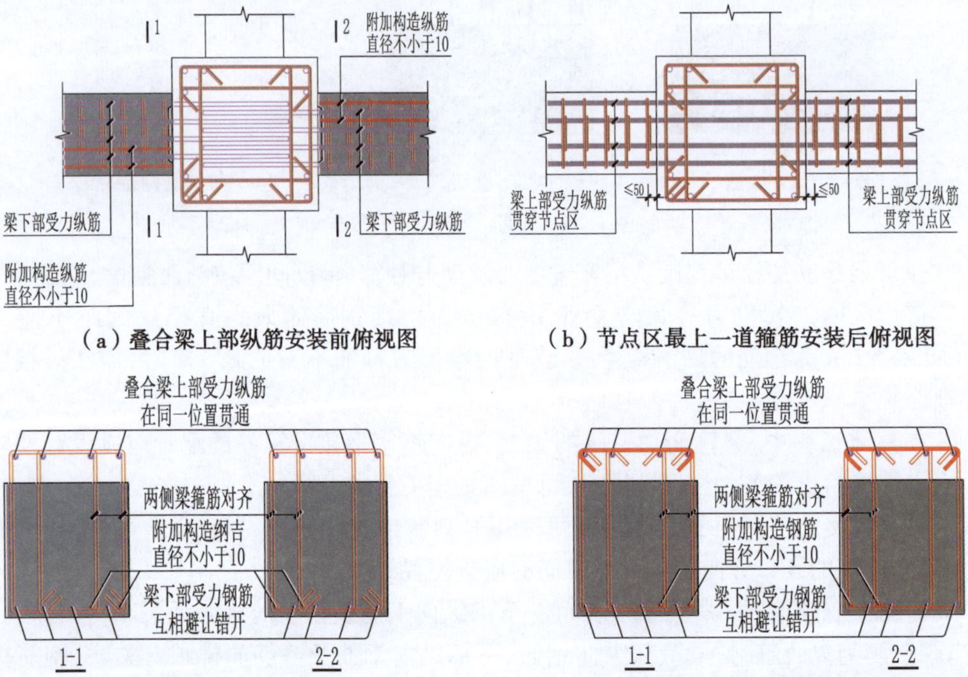

（a）叠合梁上部纵筋安装前俯视图

（b）节点区最上一道箍筋安装后俯视图

（c）整体封闭箍筋做法

（d）组合封闭箍筋做法

图 3.25　叠合梁配置四肢箍时配筋构造

对于四肢箍或者箍筋肢数更多时，深化时应充分考虑预制梁顶部纵向钢筋的合理排布，特别是内部箍筋水平段的宽度，需要结合梁底、梁顶纵向钢筋综合考虑。在深化设计时，很多设计师不考虑梁顶纵向钢筋排布，导致现场施工时出现梁顶纵向钢筋排不下的情况。因此，在拆分阶段，就需要对梁内纵向钢筋数量进行适当调整，以免后期深化时出现钢筋无法排布的情况。

主次梁搭接时，主梁内次梁两侧的附加箍筋排布构造如图3.26所示。应特别注意控制附加箍筋离次梁边的距离，在一些三维软件中指定附加箍筋时，附加箍筋的位置与图3.26不符，须人为调整到位。

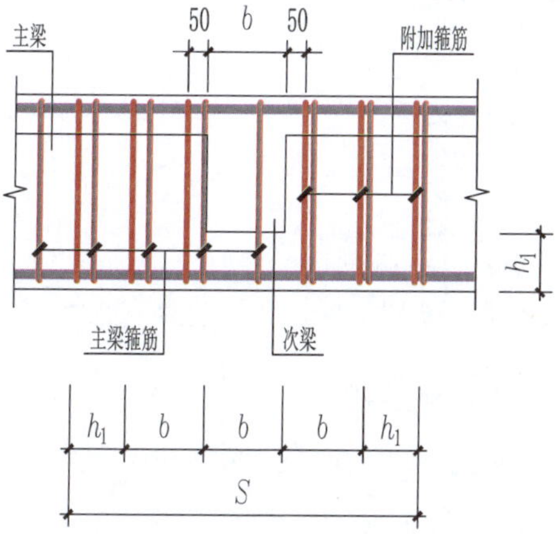

图3.26　附加箍筋排布构造详图

(5)预制梁纵筋的问题

当预制梁梁底纵向钢筋直锚长度不够时，一般采用加端板或贴焊锚筋的方式，贴焊钢筋如图3.27所示。锚固长度(投影长度)可取为基本锚固长度的60%。截面角部的弯钩和一侧贴焊钢筋的布筋方式宜向截面内侧偏置，受压钢筋不应采用末端弯钩和一侧贴焊的锚固形式。

在预制梁的深化过程中，梁底部纵向钢筋采用端部加锚固板的锚固方式时，按照《钢筋锚固板应用技术规程》(JGJ 256—2011)第4.1.1条，应符合下列规定：

①一类环境中，设计使用年限为50年的结构，锚固板侧面或端面的混凝土保护层厚度不应小于15 mm；采用更长使用年限结构或位于其他环境类别时，宜按照《混凝土结构设计标准》的相关规定增加保护层厚度，也可对锚固板进行防腐处理。

②钢筋的保护层厚度应符合《混凝土结构设计标准》的规定，锚固长度范围内钢筋的混凝土保护层厚度不宜小于$1.5d$；锚固长度范围内应配置不少于3根箍筋，其直径不应小于纵向钢筋直径的1/4，间距不应大于$5d$，且不应大于100 mm，第1根箍筋与锚固板承压面的距离应小于d；锚固长度范围内钢筋的混凝土保护层厚度大于$5d$时，可不设横向箍筋。

③钢筋净间距不宜小于$1.5d$。

④锚固长度l_{ab}不宜小于$0.4l_{ab}$(或$0.4l_{abE}$)；对于500 MPa、400 MPa、335 MPa级钢筋，锚固区混凝土强度等级分别不宜低于C35、C30、C25。

⑤纵向钢筋不承受反复拉、压力，且满足下列条件时，锚固长度l_{ah}可减少至$0.3l_{ab}$：

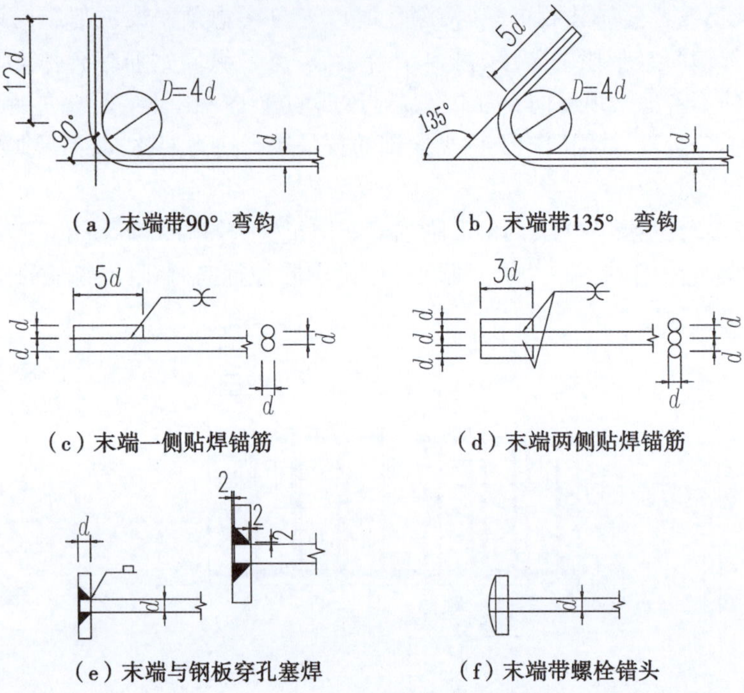

图 3.27 钢筋末端锚固形式示意

a. 锚固长度范围内钢筋的混凝土保护层厚度不小于 $2d$；

b. 对于 500 MPa、400 MPa、335 MPa 级钢筋，锚固区混凝土强度等级分别不宜低于 C40、C35、C30。

⑥梁、柱或拉杆等构件的纵向受拉主筋采用锚固板集中锚固于与其正交或斜交的边柱、顶板、底板等边缘构件时(图 3.28)，锚固长度 l_{ah} 除应符合本条第④款或第⑤款的规定外，宜将钢筋锚固板延伸至正交或斜交边缘构件对侧纵向主筋内边。

另外，当梁底纵筋端部采用加锚固板的形式时，锚固长度不应小于 $0.4l_{abE}$，且锚固板端部离纵向钢筋内侧不大于 50 mm，如图 3.29 所示。

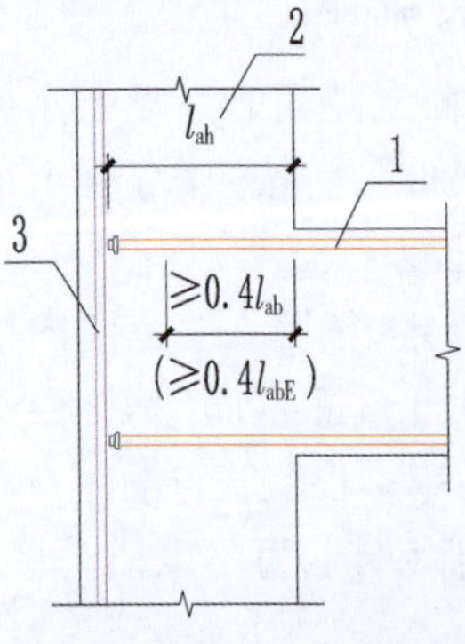

图 3.28 钢筋锚固板在边缘构件中的锚固示意

1—构件纵向受拉主筋；2—边缘构件；

3—边缘构件对侧纵向主筋

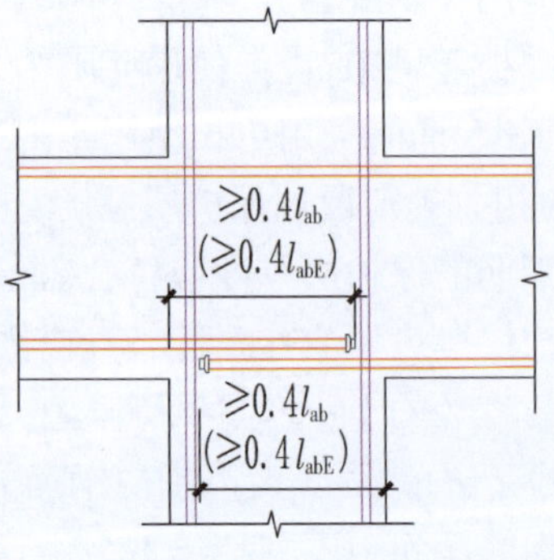

图 3.29 梁纵向钢筋在中间层节点的锚固示意

非框架梁梁底纵向钢筋伸入支座的构造应满足《混凝土结构施工图平面整体表示方法制图规则和构造详图(现浇混凝土框架、剪力墙、梁、板)》(22G101—1)的相关要求。如设计无特殊说明,带肋钢筋应伸入支座 $12d$;当直锚长度不能满足要求时,可按照图 3.30 进行处理。抗扭时,底部纵向钢筋伸入支座 l_a。当支座宽度不满足下部纵向钢筋直锚长度 l_a 时,宜在保证计算的前提下对下部纵向钢筋直径进行调整。如无法调整纵向钢筋直径,可按照图 3.31 进行处理。需要注意的是,当端支座为中间层剪力墙时,图 3.31 中的 $0.6l_{ab}$ 调整为 $0.4l_{ab}$。

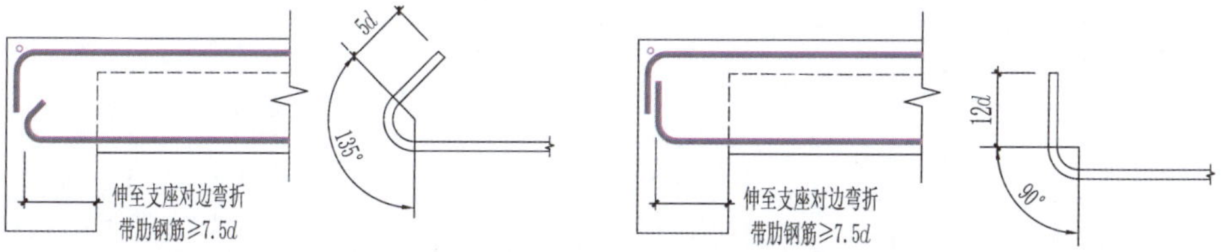

图 3.30　端支座非框架梁下部纵向钢筋弯锚构造

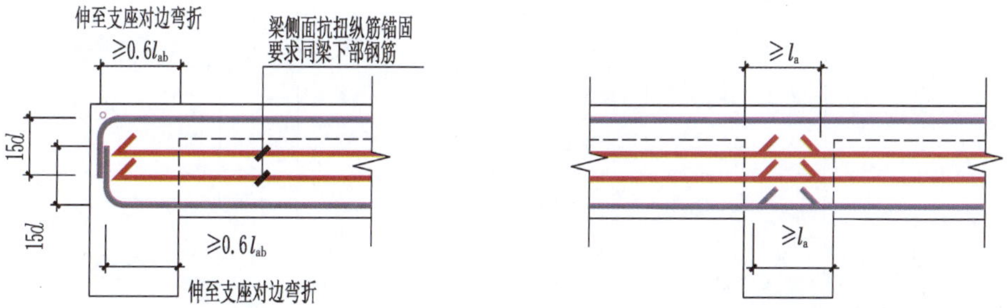

(a) 端支座　　(b) 中间支座

图 3.31　受扭非框架梁纵筋构造

根据《混凝土结构设计标准》第 9.2.1 条,梁下部钢筋水平方向的净距不应小于 25 mm 和 d,多于两层时,两层以上钢筋水平方向的中距应比下面两层的中距增大一倍;各钢筋之间的净距不应小于 25 mm 和 d(d 为钢筋的最大直径)。在梁的配筋密集区域宜采用并筋的配筋形式。

预制梁在深化时,应注意梁底纵向钢筋净距不仅要满足上述要求,同时还要注意梁底纵向钢筋间隙内有柱纵向钢筋穿过,并考虑钢筋的肋高及工厂生产误差、施工误差,适当地加大梁底部纵向钢筋的净距。梁与柱边平齐时,也应注意梁外侧底筋避开柱角筋时,预留的空间应考虑钢筋肋高的尺寸,同时应适当考虑生产误差、施工误差,适当地多留一些空间,以便顺利吊装就位。

带肋钢筋的螺纹尺寸应符合《钢筋混凝土用钢　第 2 部分:热轧带肋钢筋》(GB/T 1499.2—2018)第 6.3 条的规定,如表 3.2 所示。

表 3.2　热轧带肋钢筋螺纹尺寸

单位:mm

<table>
<tr><th rowspan="2">公称直径</th><th colspan="2">内径 d_1</th><th colspan="2">横肋高 h</th><th rowspan="2">纵肋高 h_1</th><th rowspan="2">横肋宽 b</th><th rowspan="2">纵肋宽 a</th><th colspan="2">间距 l</th><th rowspan="2">横肋末端最大间隙（公称周长的 10% 弦长）</th></tr>
<tr><th>公称尺寸</th><th>允许偏差</th><th>公称尺寸</th><th>允许偏差</th><th>公称尺寸</th><th>允许偏差</th></tr>
<tr><td>6</td><td>5.8</td><td>±0.3</td><td>0.6</td><td>±0.3</td><td>0.8</td><td>0.4</td><td>1.0</td><td>4.0</td><td rowspan="6">±0.5</td><td>1.8</td></tr>
<tr><td>8</td><td>7.7</td><td rowspan="6">±0.4</td><td>0.8</td><td>+0.4
−0.3</td><td>1.1</td><td>0.5</td><td>1.5</td><td>5.5</td><td>2.5</td></tr>
<tr><td>10</td><td>9.6</td><td>1.0</td><td>±0.4</td><td>1.3</td><td>0.6</td><td>1.5</td><td>7.0</td><td>3.1</td></tr>
<tr><td>12</td><td>11.5</td><td>1.2</td><td rowspan="3">+0.4
−0.5</td><td>1.6</td><td>0.7</td><td>1.5</td><td>8.0</td><td>3.7</td></tr>
<tr><td>14</td><td>13.4</td><td>1.4</td><td>1.8</td><td>0.8</td><td>1.8</td><td>9.0</td><td>4.3</td></tr>
<tr><td>16</td><td>15.4</td><td>1.5</td><td>1.9</td><td>0.9</td><td>1.8</td><td>10.0</td><td>5.0</td></tr>
<tr><td>18</td><td>17.3</td><td>1.6</td><td rowspan="3">±0.5</td><td>2.0</td><td>1.0</td><td>2.0</td><td>10.0</td><td rowspan="5">±0.8</td><td>5.6</td></tr>
<tr><td>20</td><td>19.3</td><td rowspan="3">±0.5</td><td>1.7</td><td>2.1</td><td>1.2</td><td>2.0</td><td>10.0</td><td>6.2</td></tr>
<tr><td>22</td><td>21.3</td><td>1.9</td><td>2.4</td><td>1.3</td><td>2.5</td><td>10.5</td><td>6.8</td></tr>
<tr><td>25</td><td>24.2</td><td>2.1</td><td rowspan="2">±0.6</td><td>2.6</td><td>1.5</td><td>2.5</td><td>12.5</td><td>7.7</td></tr>
<tr><td>28</td><td>27.2</td><td rowspan="3">±0.6</td><td>2.2</td><td>2.7</td><td>1.7</td><td>3.0</td><td>12.5</td><td>8.6</td></tr>
<tr><td>32</td><td>31.0</td><td>2.4</td><td>+0.8
−0.7</td><td>3.0</td><td>1.9</td><td>3.0</td><td>14.0</td><td rowspan="4">±1.0</td><td>9.9</td></tr>
<tr><td>36</td><td>35.0</td><td>2.6</td><td>+1.0
−0.8</td><td>3.2</td><td>2.1</td><td>3.5</td><td>15.0</td><td>11.1</td></tr>
<tr><td>40</td><td>38.7</td><td>±0.7</td><td>2.9</td><td>±1.1</td><td>3.5</td><td>2.2</td><td>3.5</td><td>15.0</td><td>12.4</td></tr>
<tr><td>50</td><td>48.5</td><td>±0.8</td><td>3.2</td><td>±1.2</td><td>3.8</td><td>2.5</td><td>4.0</td><td>16.0</td><td>15.5</td></tr>
</table>

注:①纵肋斜角 θ 为 0°～30°。

②表中 a、b、d_1、h、l 为参考数据，如图 3.32 所示。

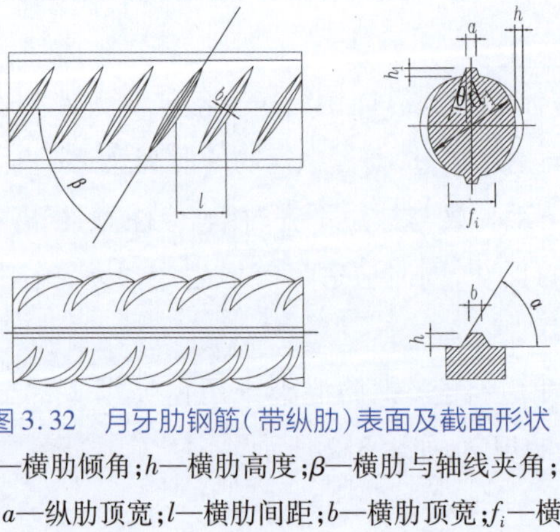

图 3.32　月牙肋钢筋(带纵肋)表面及截面形状

d_1—钢筋内径;α—横肋倾角;h—横肋高度;β—横肋与轴线夹角;h_1—纵肋高度;θ—纵肋倾角;a—纵肋顶宽;l—横肋间距;b—横肋顶宽;f_i—横肋末端间隙

次梁与框架梁相交时，若框架梁在次梁相交位置处采用在框架梁侧面预留机械连接接头的形式，对于边框梁，次梁顶部纵向钢筋可能无法弯折向下锚固（由于框架梁后浇层厚度较小），非框架梁顶部纵向钢筋可采用部分锚固板的形式，如图 2.24、图 2.26 所示。设计按照铰接时，直锚长度不小于 $0.35l_{ab}$，伸至主梁外边纵向钢筋内侧（主梁钢筋为一排时，可伸至主梁箍筋内侧）。按充分利用钢筋抗拉强度时，直锚长度不小于 $0.6l_{ab}$，伸至主梁外边纵向钢筋内侧（主梁钢筋为一排时，可伸至主梁箍筋内侧）。此问题属于现浇区内的问题，应提醒施工单位注意，以免发生施工现场下料之后安装不上的情况。

当预制梁底部纵向钢筋数量较多，纵向钢筋端部锚固板出现碰撞时，可以采用锚固板错位布置的方式，但应至少保证不少于 50% 的纵向钢筋伸至柱对边纵向钢筋内侧，如图 3.33、图 3.34 所示。当有可靠经验时，也可采用其他保证锚固板群锚受力性能的措施。

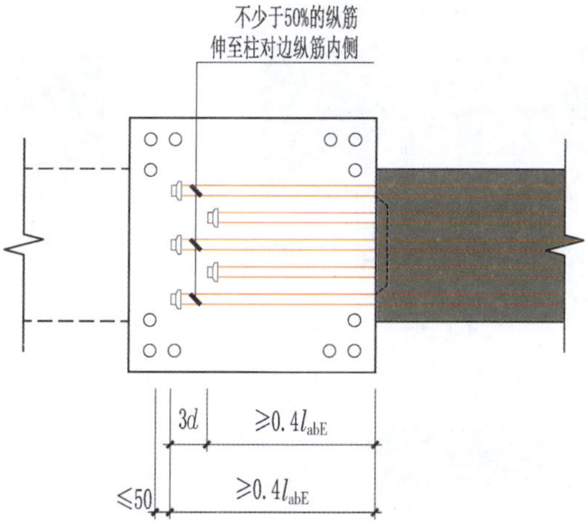

图 3.33 梁纵筋锚固板错位构造示意

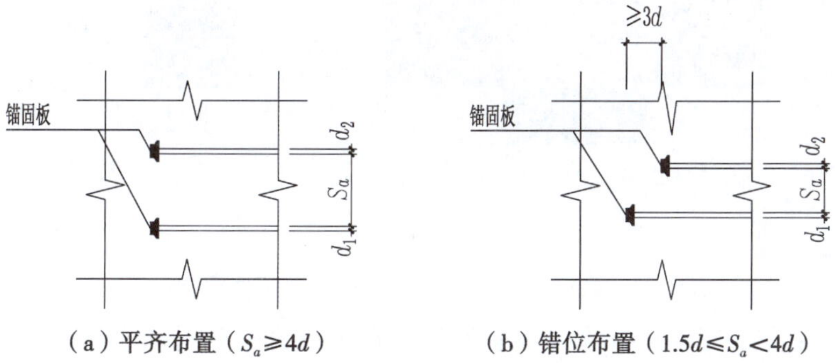

图 3.34 钢筋锚固板布置构造

当梁底纵向钢筋采用锚固板时，钢筋净距不宜小于 $4d$，且不应小于 $1.5d$。当钢筋净距小于 $4d$ 时，应考虑群锚效应的不利影响。

对于抗扭的梁腹纵向钢筋，可采用图 3.35 中做法一。其中 L_s 的取值，采用直锚时，不应小于 L_{aE}；采用锚固板锚固时，不应小于 $0.4L_{abE}$。

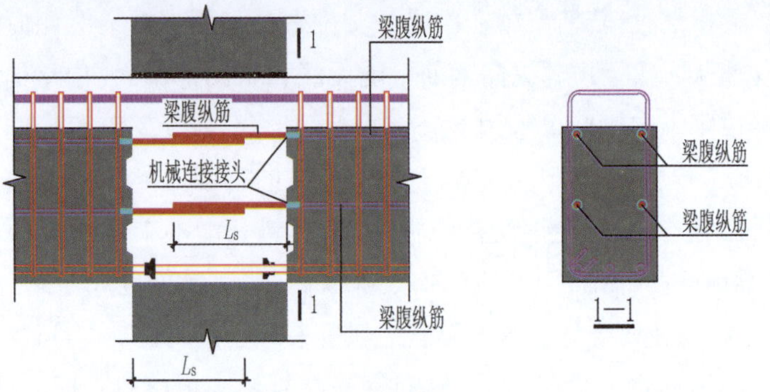

（a）做法一

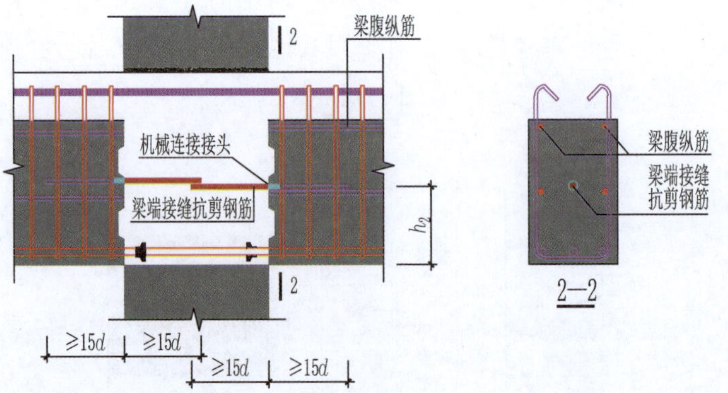

（b）做法二

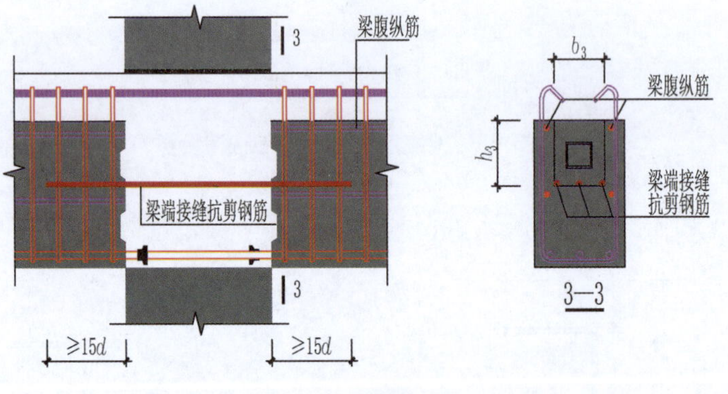

（c）做法三

图 3.35　叠合梁梁腹纵向钢筋伸入框架节点锚固构造

梁腹纵向钢筋为梁端接缝抗剪纵向钢筋时，可采用图 3.35 中的做法一至做法三，其中 L_s 不应小于 15d；采用做法二时，h_2 由设计确定；当采用做法三时，h_3 和 b_3 由设计确定，且槽口构造应满足图 3.36 的要求；若节点宽度较大，两侧抗剪钢筋可分别伸入节点锚固，锚固长度不小于 15d。

图 3.35 中做法一、二中，所有钢筋机械连接接头等级不应低于Ⅱ级。

采用带槽口的预制梁时，需要注意以下事项：

①预制梁端键槽的具体形式、数量、尺寸及布置由设计确定；

②预制梁顶面与槽口底面应设置粗糙面，粗糙面的面积不小于结合面的80%；

③图3.36中 w_1 为后浇键槽根部宽度，w_2 为预制键槽根部宽度，t 为键槽深度，α 为键槽侧边倾斜角度，键槽尺寸满足：$3t \leqslant w_1 \leqslant 10t$，$3t \leqslant w_2 \leqslant 10t$，且 w_1 宜等于 w_2。

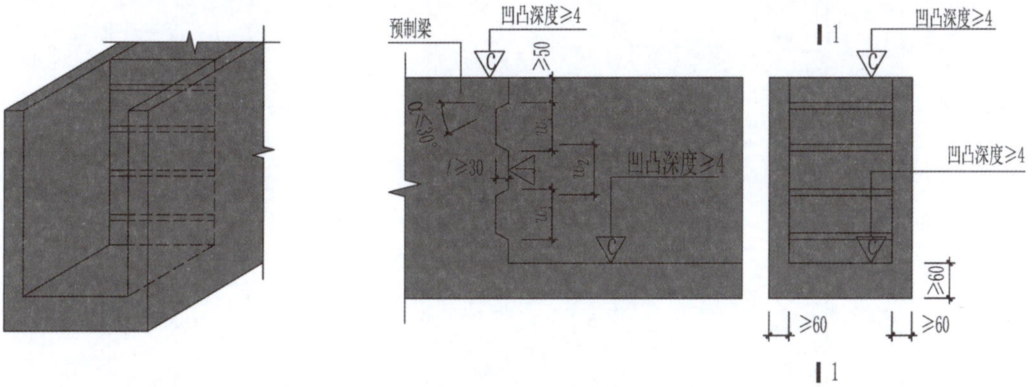

图3.36　带槽口端预制梁示意

当次梁预制、主梁现浇时，应充分考虑现场的施工顺序。现场施工可能是先将现浇主梁的钢筋笼放好，然后吊装次梁。若次梁预制段端部紧贴主梁，则次梁的梁底纵向钢筋应不伸出预制次梁端面，采用在端部预留机械连接接头的方式，如图2.31所示。待预制次梁吊装就位后，次梁底部纵向钢筋的连接纵向钢筋 A_{sd} 采用后拧入的方式伸入主梁内。

（6）预制梁梁腹纵向钢筋设置的问题

在进行预制梁深化设计时，不能遗漏梁腹纵向钢筋。当梁平法配筋图中未标注梁腹纵向钢筋的数量及型号时，应在总说明中寻找相应的通用说明或通用图，以防深化过程中将梁腹纵向钢筋遗漏。

《G101系列图集常见问题答疑图解》（17G101—11）第4.12条对于梁腹纵向构造钢筋的配置解释如下：当梁的高度较大时，有可能在梁侧面产生垂直于梁轴线的收缩裂缝，为此应在梁的两侧沿梁长度方向布置纵向构造钢筋。

当梁的腹板高度 $h_w \geqslant 450$ mm时，需要在梁的两个侧面沿梁高度范围内配置纵向构造钢筋。

①梁的腹板高度和梁有效高度按如下规定计算：

a. 梁腹板高度 h_w：对于矩形截面，取有效高度 h_0；对于T形截面，取有效高度 h_0 减去翼缘高度 h_f；对于I形截面取腹板净高，如图3.37所示。

b. 梁有效高度 h_0：为梁上边缘至梁下部纵向受拉钢筋的合力中心的距离，即 $h_0 = h - S$，如图3.37所示；当梁下部配置单层纵向钢筋时，S 为下部纵向钢筋中心至梁底距离；当梁下部配置两层纵向钢筋时，S 可取70 mm。

②梁腹板配筋率：纵向构造钢筋的截面积 A_s 被腹板截面积除后的百分率不应小于0.1%，即 $A_s/bh_w \geqslant 0.1\%$。梁宽较大时，可适当放宽。

③梁侧面纵向构造钢筋的搭接与锚固长度可取15d。当在跨内采用搭接时，在该搭接长度范围内不需要配置加密箍筋。

④拉结钢筋的要求见本项目3.2.2节“2）预制梁深化设计要点”第4条相关内容。

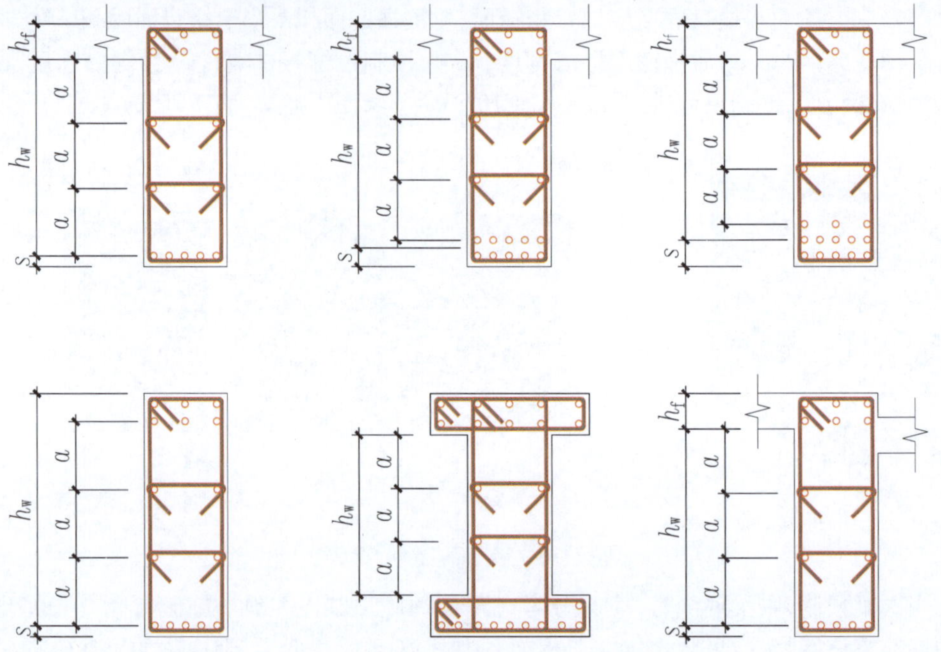

图3.37　梁侧面纵向构造钢筋构造（$a \leqslant 200$ mm）

根据《装配式混凝土建筑技术标准》第5.6.5条，框架梁预制部分的腰筋不承受扭矩时，可不伸入梁柱节点核心区。从第5.6.5条中可以看出，叠合梁预制部分的腰筋用于控制梁的收缩裂缝，有时用于受扭。当主要用于控制收缩裂缝时，由于预制构件在安装时已经基本完成，因此，腰筋不用锚入节点，可简化安装。但腰筋受扭时，应按照受拉钢筋的要求锚入后浇节点区。

当预制梁的梁侧面纵向钢筋用于受扭时，应伸入梁柱后浇节点区。若采用直接伸入柱内的方式，则将导致后吊装的预制梁在吊装就位时碰到已经吊装就位的预制梁的梁腹纵向钢筋，且吊装完之后，由于梁腹纵向钢筋均伸出，将会发生无法安装节点核心区柱箍筋的情况。因此，当梁腹纵向钢筋用于受扭时，可采用在梁端预留机械连接接头的形式，将伸入柱内的抗扭腰筋采用后拧入的方式，如图3.35所示。这样既便于吊装，也便于梁柱节点区箍筋的绑扎，同时也满足规范要求的抗扭筋要伸入柱内的要求。

（7）主次梁相交处节点选择的问题

主次梁搭接处的节点常用的有两种：一种是在主梁上预留后浇槽口，另一种是在次梁端预留后浇段，详见本项目2.2.2节"2）预制梁拆分设计要点"相关介绍。

当采用主梁预留后浇槽口的方式时，槽口的宽度可比次梁宽20 mm，每边各多10 mm。主梁梁腹纵向钢筋为构造钢筋时，梁腹纵向钢筋在主梁缺口处可断开，预制次梁的纵向钢筋可以直接伸入支座（即直接伸入主梁预留槽口内），次梁吊装时也无影响。当主梁梁腹纵向钢筋为抗扭纵筋时，抗扭纵筋在缺口处应贯通。若抗扭纵筋在主梁后浇槽口处贯通设置，次梁的纵向钢筋不能直接伸入支座（主梁预留槽口），否则预制次梁在吊装时，预制次梁底筋与主梁梁腹抗扭纵向钢筋碰撞，导致预制次梁无法安装到位。预制次梁底筋可采用在梁端预留机械连接接头的方式，梁底部纵向钢筋的连接钢筋 A_{sd} 后拧入支座，其设置的位置应考虑施工操作空间的要求；或可将主梁预留槽口宽度扩大，将抗扭纵向钢筋在次梁宽度范围外断开（预制次梁底筋采用直接伸入支座的方式也不影响预制次梁的吊装），主梁梁腹抗扭纵向钢筋采用焊接连接方式，具体介绍详见第2章2.2.2节“2）预制梁拆分设计要点”相关介绍。焊接搭接长度应满足《钢筋焊接及验收规程》（JGJ 18—2012）的规定，单面焊搭接长度为10d，双面焊搭接长度为5d（d为钢筋直径）。

深化设计时，当采用机械连接接头时，机械连接接头的尺寸应按照厂家提供的参数（直径、长度等）进行放样，考虑其与钢筋之间的位置关系及相互之间的影响。采用在主梁上预留后浇槽口的方式时，预留槽口处需要设置辅助加强框，同时应根据计算选择相应型号的辅助加强框及预留埋件。

主梁预留后浇槽口时，在预留槽口内，框架梁的箍筋在槽口内应正常设置，不能缺失。

当采用次梁梁端预留后浇段的方式时，此时需要注意，若次梁存在梁腹抗扭纵向钢筋，梁腹抗扭纵向钢筋应伸至主梁内锚固，梁腹构造纵向钢筋也应伸至主梁内锚固，只是锚固长度不同（次梁侧面抗扭纵向钢筋锚固长度为l_a，次梁侧面构造纵筋锚固长度为15d）。当在次梁端存在后浇混凝土且次梁高度超过设置梁腹构造纵筋的限值时，次梁端部后浇混凝土有可能在梁侧面产生垂直于梁轴线的收缩裂缝。因此，次梁梁腹构造纵向钢筋应伸至主梁内。次梁后浇段内的箍筋应加密布置，间距不大于5d且不大于100 mm（d为连接纵筋的最小直径），如图2.24所示。

应注意在主次梁相交处，主梁每侧附加@50的箍筋，规格同主梁，附加箍筋的数量详见结构专业图纸，附加箍筋范围内主梁正常箍筋或加密区箍筋应照设。第一道附加箍筋距次梁边50 mm。

在一些项目中，有些主次梁相交处存在吊筋，附加吊筋的数量及型号详见结构专业图纸，构造要求如图3.38所示。

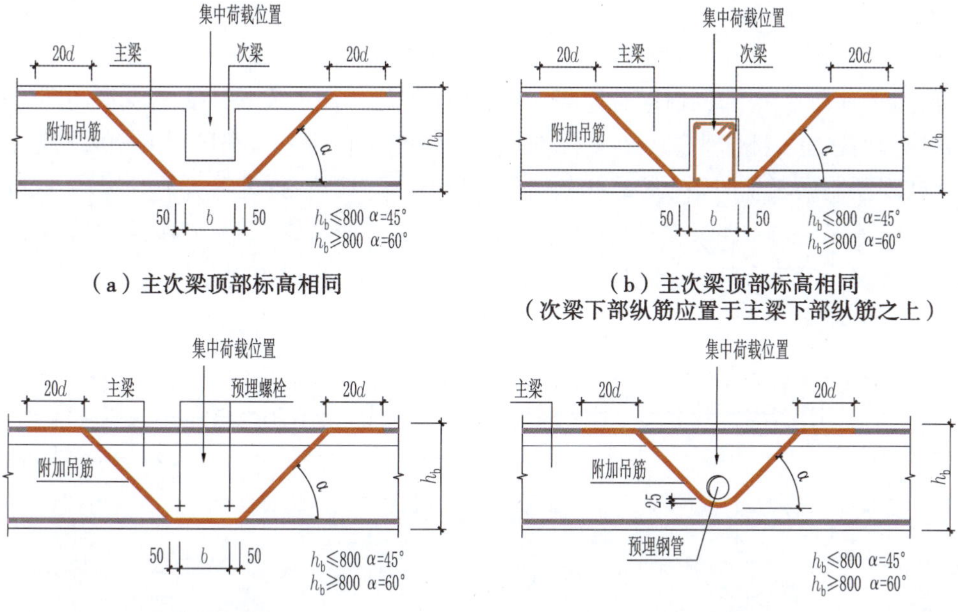

（a）主次梁顶部标高相同

（b）主次梁顶部标高相同（次梁下部纵筋位置于主梁下部纵筋之上）

（c）预埋螺栓

（d）预埋钢管

图3.38　附加吊筋排布构造详图

当主次梁相交处采用预留后浇槽口的方式时，需要注意吊筋的位置会影响开模，吊筋的位置如图 3.38 所示。应注意，附加吊筋的上部（或下部）平直段可置于主梁上部（或下部）第一排或第二排纵向钢筋位置。吊筋下部平直段必须置于次梁下部纵向钢筋之下。同时，须注意吊筋水平段与梁底筋间距，以免影响混凝土的浇筑。从工厂生产便利性的角度来看，在结构设计时宜尽量避免设置吊筋。

（8）梁上柱的问题及梁柱处梁箍筋的要求

梁上柱梁柱纵筋构造要求如图 3.39 所示，梁上柱的柱纵向受力钢筋须伸入梁底，且直锚长度不小于 $0.6l_{abE}$（且 $\geqslant 20d$），弯折水平段长度为 $15d$。

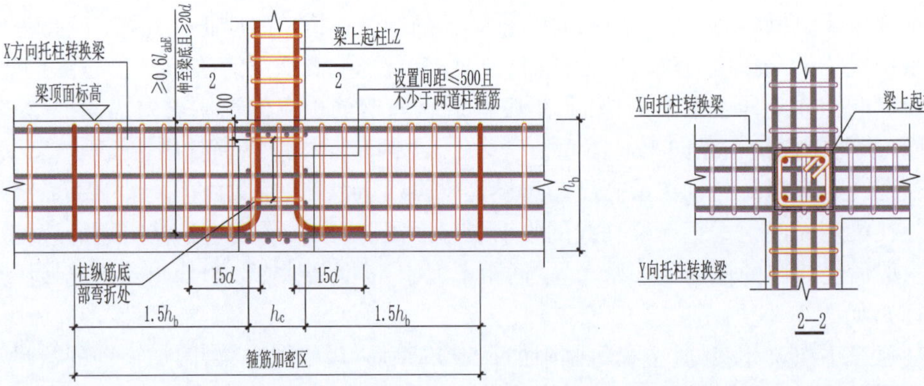

图 3.39　梁上起柱梁柱钢筋排布构造详图（柱宽不大于梁宽时）

同时，对于转换梁内的箍筋设置，其箍筋加密区长度为 h_c+3h_b。双向交叉的托柱转换梁，一个方向箍筋（含水平加腋复合箍筋）通长布置，另一方向在节点区内不布置。

（9）框架梁加腋的问题

在结构平面布置图中，可能没有反映出梁的加腋情况，需要结合结构总说明。若有加腋大样，应结合加腋详图，同时结合图集《混凝土结构施工图平面整体表示方法制图规则和构造详图（现浇混凝土框架、剪力墙、梁、板）》（22G101—1）中关于加腋梁的相关构造，将加腋区反映到预制梁深化图中（图 3.40）。图 3.40 中，C_3 取值：抗震等级为一级：$\geqslant 2.0h_b$ 且 $\geqslant 500$；抗震等级为二～四级：$\geqslant 1.5h_b$ 且 $\geqslant 500$。当梁有加腋钢筋时，应注意相邻梁加腋钢筋要相互避开。对于有竖向加腋的梁，从生产便利性考虑，宜采用现浇。

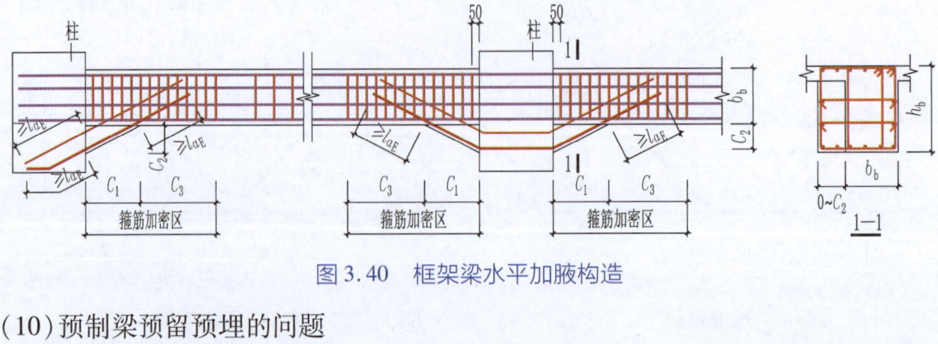

图 3.40　框架梁水平加腋构造

（10）预制梁预留预埋的问题

预制梁上可能涉及的预留洞：一种是水平方向的穿管，另一种是竖向穿管。通常采用预留洞口或预埋套管的形式，在结合设备专业图纸进行深化的同时，应与施工单位提前沟通确认。

预制梁侧面的斜撑埋件、通长设置的对拉螺栓孔等是否有必要预留，需要结合施工单位的施工方案确定。

预制梁在深化时，需要注意结合墙身大样，如边框梁可能有幕墙预埋件、混凝土翻边的预留插筋、混凝土挑耳的预留插筋，屋顶层的边梁有女儿墙的翻边预留插筋等。这些预留预埋都需要结合墙身详图、外装详图在深化设计时进行预留。

当楼梯间的梁采用预制时，需要预留梯柱钢筋。楼梯间的梯柱可参考梁上柱的相关处理措施，相应位置的钢筋设置可参见图 3.39。

预制女儿墙与叠合板连接构造展示

电梯井周边会设置构造柱，构造柱需要结合结构总说明。若电梯井周边的梁采用预制，则应注意预留构造柱插筋。

预制梁起吊时，可预留螺栓套筒或吊环，均应通过计算确认预埋件的型号，具体计算要求详见本项目 3.3.11 节。

预制梁吊点的设置应尽量避开箍筋加密区，以便提高现场吊装吊具操作的便利性。

当预制梁上有翻边，需要预留 U 形插筋时，应注意插筋伸入预制部分的深度不可过小，否则在生产、运输过程中很容易移位或脱落。

(11)粗糙面设置的问题

根据《装配式混凝土结构技术规程》第 6.5.5 条，预制梁与后浇混凝土叠合层之间的结合面应设置粗糙面；预制梁端面应设置键槽且宜设置粗糙面，如图 3.41 所示。键槽的尺寸和数量应按本规程第 7.2.2 条规定计算确定，键槽的深度 t 不宜小于 30 mm，宽度 w 不宜小于深度的 3 倍且不宜大于深度的 10 倍；键槽可贯通截面，当不贯通时，槽口距离截面边缘不宜小于 50 mm；键槽间距宜等于键槽宽度；键槽端部斜面倾角不宜大于 30°。

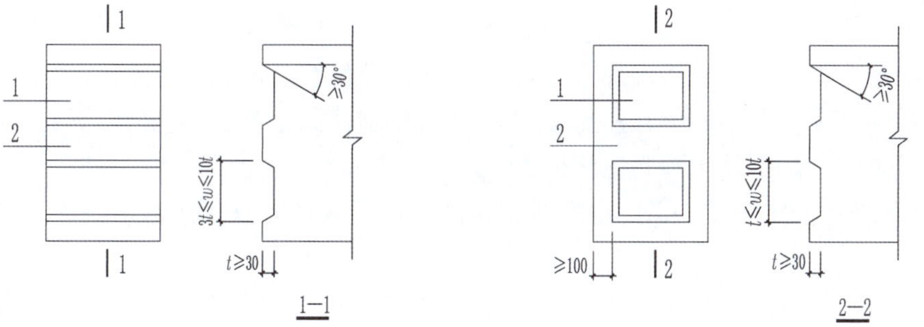

图 3.41 梁端键槽构造示意

1—键槽；2—梁端面

关于键槽是否采用贯通的形式，应结合实际情况。贯通时，对端部抗剪计算更有利；不贯通时，键槽不用避开梁腹抗扭纵向钢筋，梁腹抗扭纵向钢筋的位置布置更加灵活、合理。

预制梁端部计算抗剪键槽受剪承载力时，按现浇键槽和预制键槽根部剪切面分别计算，并取两者的较小值。因此，在深化设计时，应尽量使现浇键槽和预制键槽根部剪切面面积相等且满足相应的构造要求。

(12)其他注意事项

详图中的预制构件质量应标注准确,以便施工单位塔吊的选型更加准确,避免发生质量标注偏小,导致现场发生塔吊无法正常起吊的情况。

预制叠合梁两侧楼板板底标高不一致时,应考虑预制梁两侧采用高低口的方式,以便于现场施工,如图3.42所示;避免采用统一按照较低标高预留叠合梁后浇层进行深化,如图3.43所示。当采用图3.43所示做法时,由于侧面较难封堵,容易出现漏浆情况。

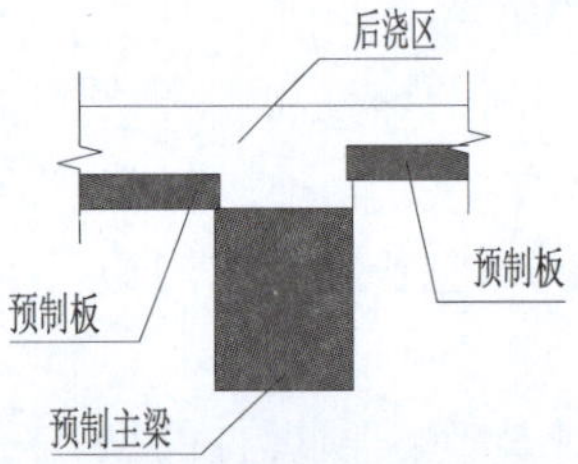

图3.42　梁两侧板底标高不同时(做法一)

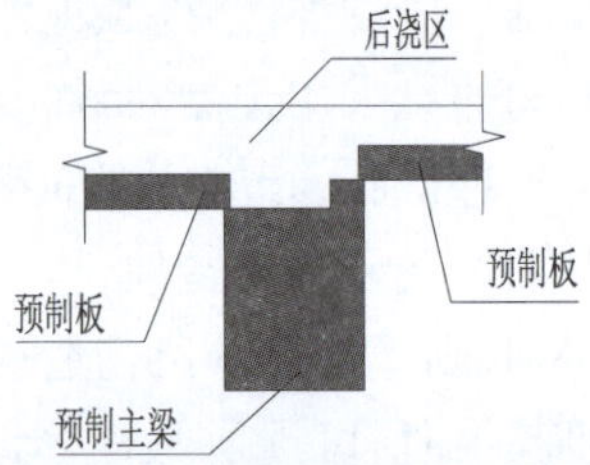

图3.43　梁两侧板底标高不同时(做法二)

预制梁一般采用两点起吊,其受力模型可简化为两端悬臂的简支梁。吊点位置可设置在使吊点位置的负弯矩绝对值和跨中正弯矩绝对值相等。

对于跨度较大的预制构件,深化设计时,应按照结构设计要求标注预设反拱值,以便工厂开模时按照预设反拱值进行模具生产。

3.2.3　预制柱深化设计

1)预制柱深化设计内容

对于预制柱,深化设计主要是确认预制柱内纵横向钢筋的排布、梁柱节点区钢筋的互相避让、节点区的连接形式、侧向支撑用预埋件的布置、柱侧面设备专业的预留预埋、其他需要预留预埋的埋件、预制柱端部的键槽布置、吊点的位置及吊装埋件的布置等。

图3.44所示为典型的预制柱的构件深化图,预制柱深化图主要包括以下内容:

①预制柱的尺寸,标出预制柱的长、宽、高。

②正视图、俯视图、背视图、左视图、右视图,用于表示各视图上埋件、键槽、粗糙面等信息。

③配筋图、断面图,用于表达柱内灌浆套筒的定位,钢筋的定位、长度、局部弯折示意等。

④料表,用于统计钢筋及其他预埋件。

⑤构件定位图,用于表示预制柱所在的位置。

⑥其他必要的说明,如钢筋是否为抗震钢筋、预埋件的材质和要求、粗糙面的要求,以及预留穿管的材质、型号等。

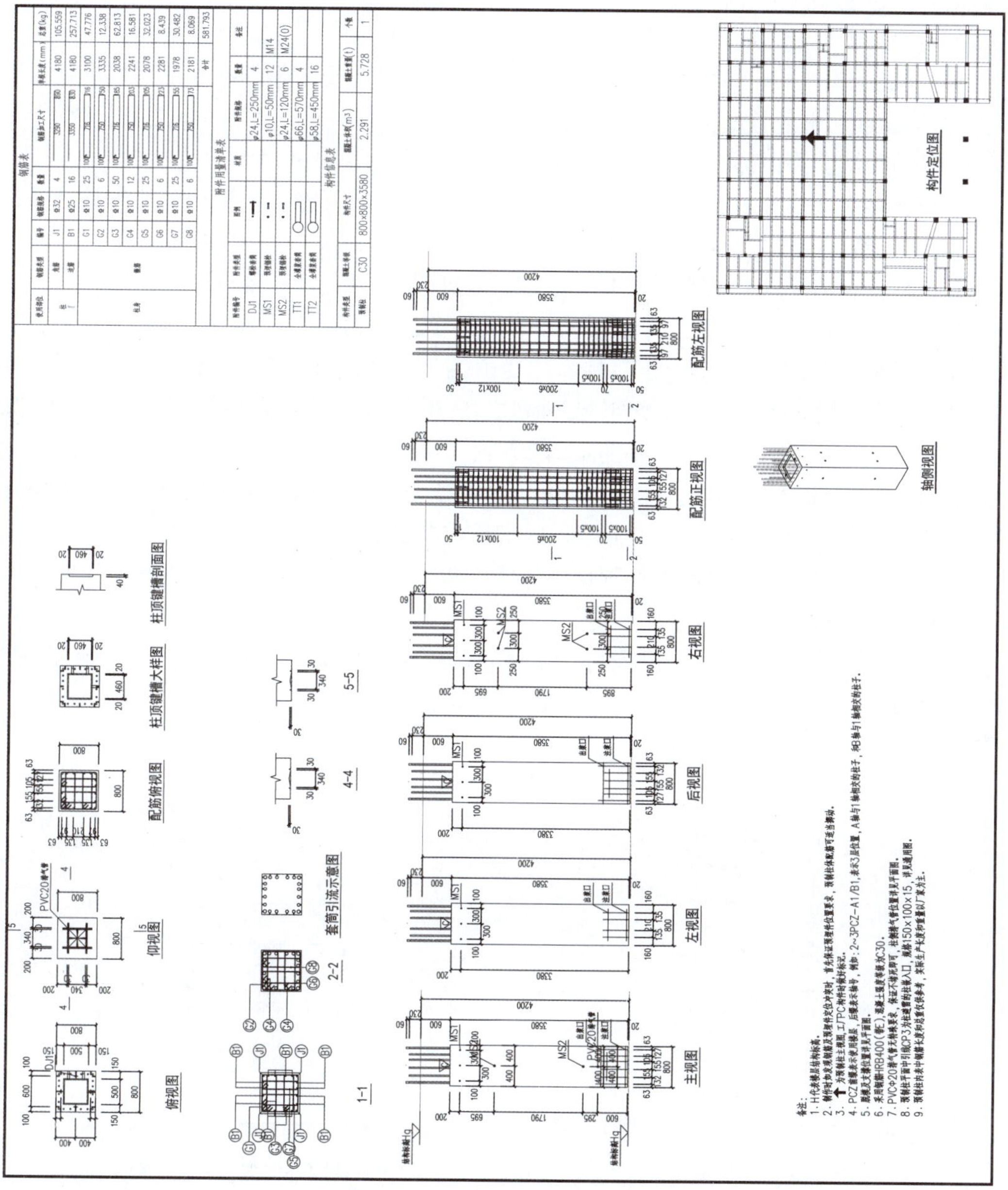

图3.44 典型预制柱构件深化详图

2)预制柱深化设计要点

(1)预制柱的连接、接缝的问题

对于预制柱,其上下层柱内纵向钢筋的连接尤为重要,连接的形式有灌浆套筒连接及直螺纹接头连接、挤压套筒连接、焊接连接等后浇段连接。关于灌浆套筒连接的相关介绍可以见本项目3.3.15节。

根据《装配式混凝土结构技术规程》第7.3.5条,柱纵向受力钢筋在柱底采用套筒灌浆连接时,柱箍筋加密区长度不应小于纵向受力钢筋连接区域长度与500 mm之和;套筒上端第一道箍筋距离套筒顶部不应大于50 mm,如图3.45所示。

套筒连接区域柱截面刚度及承载力较大,柱的塑性铰区可能会上移到套筒连接区域以上。因此,应将套筒连接区域以上500 mm高度内柱箍筋加密。

预制柱接缝的要求详见项目2中2.2.2节"4)预制柱拆分设计要点"相关介绍。

根据《装配式混凝土建筑技术标准》第5.6.3条,预制柱的设计应满足《混凝土结构设计标准》的要求,并应符合下列规定:柱纵向受力钢筋在柱底连接时,柱箍筋加密区长度不应小于纵向受力钢筋连接区域长度与500 mm之和;当采用套筒灌浆连接或浆锚搭接连接等方式时,套筒或搭接段上端第一道箍筋距离套筒或搭接段顶部不应大于50 mm(图3.45)。

根据《装配式混凝土建筑技术标准》第5.6.4条,上、下层相邻预制柱纵向受力钢筋采用挤压套筒连接时(图3.46),柱底后浇段的箍筋应满足下列要求:

①套筒上端第一道箍筋距套筒顶部不应大于20 mm,柱底部第一道箍筋距柱底面不应大于50 mm,箍筋间距不宜大于75 mm。

②抗震等级为一、二级时,箍筋直径不应小于10 mm;抗震等级为三、四级时,箍筋直径不应小于8 mm。

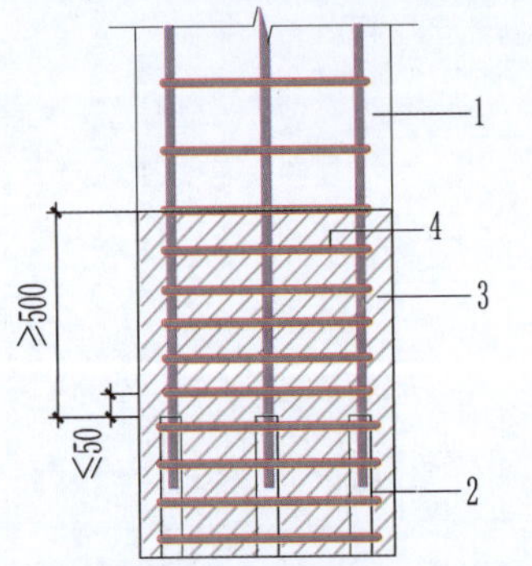

图3.45 钢筋采用套筒灌浆连接时柱底箍筋加密区域构造示意

1—预制柱;2—套筒灌浆连接接头;3—箍筋加密区(阴影区域);4—加密区箍筋

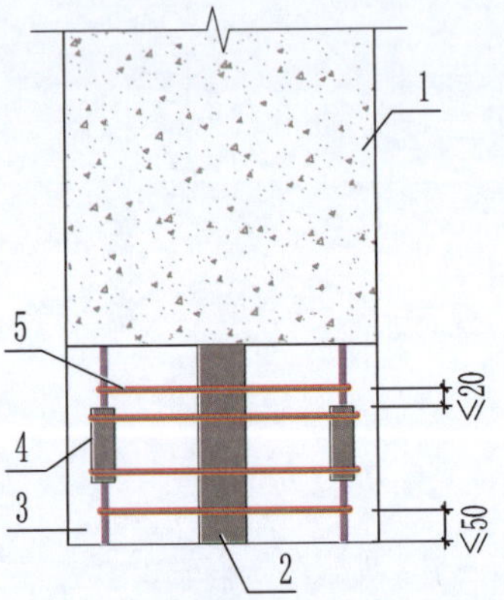

图3.46 柱底后浇段箍筋配置示意

1—预制柱;2—支腿;3—柱底后浇段;4—挤压套筒;5—箍筋

为便于施工安装,其柱底后浇段内应设支腿,支腿可采用方钢管混凝土,支腿的高度及截面尺寸与挤压套筒的施工工艺相关,支腿应能承受不小于2倍被支承预制构件的自重。

对于中间层中柱变截面处,上层柱在下层柱内的插筋应满足如图3.47中的要求,应注意插筋插入下层的深度不小于 $1.2l_{aE}$，同时也应注意插筋伸入下层预制柱内的长度要求（≥ $10d$ 且≥200），避免伸入预制段内长度过短，在生产、运输过程中出现偏位、脱落等情况，影响后续施工。

根据《江苏省装配整体式混凝土框架结构技术规程》（DGJ32/TJ 219—2017）第 5.2.3 条，当底层预制柱与基础连接采用套筒灌浆连接时，应满足下列要求：

①连接位置宜伸出基础顶部 1 倍截面高度。

②基础内的框架柱插筋下端宜做成直钩，并伸至基础底部钢筋网上，同时应满足锚固长度的要求，宜设置主筋定位架辅助主筋定位。

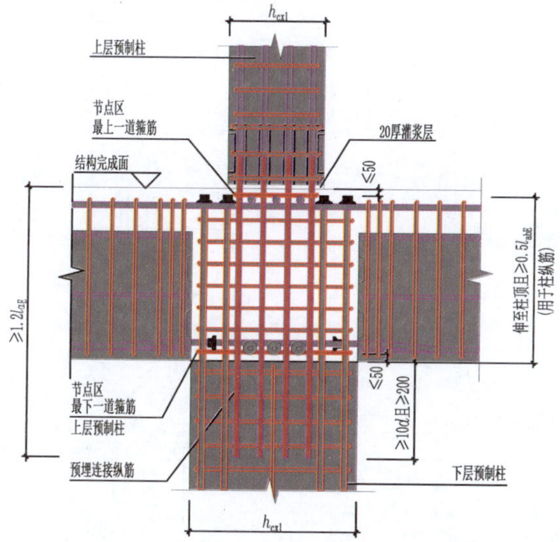

图 3.47　中间层中柱变截面处示意图

③预制柱底应设置键槽，基础伸出部分的顶面应设置粗糙面，凹凸深度不应小于 6 mm。

④柱底接缝厚度为 15 mm，并应采用灌浆料填实（图 3.48）。

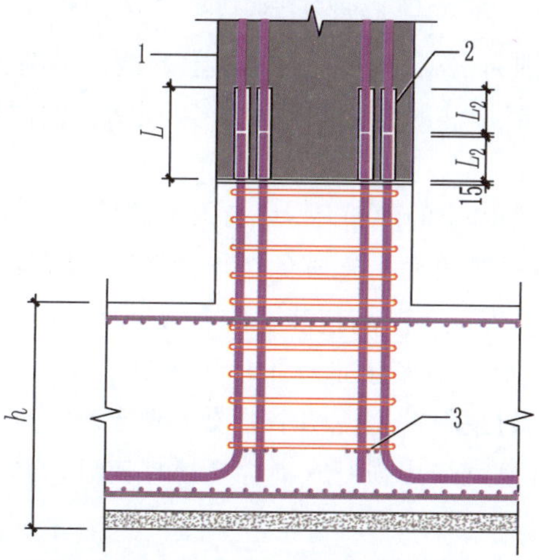

图 3.48　预制柱与基础连接

1—预制柱；2—套筒连接器；3—主筋定位架；h—基础高度；

L—钢筋套筒连接器全长；L_1—预制固定端；L_2—现场插入端

当预制柱底部灌浆采用连通腔灌浆法时，预制柱底部灌浆接缝的封堵有 3 种常见的方式，如图 3.49 所示。

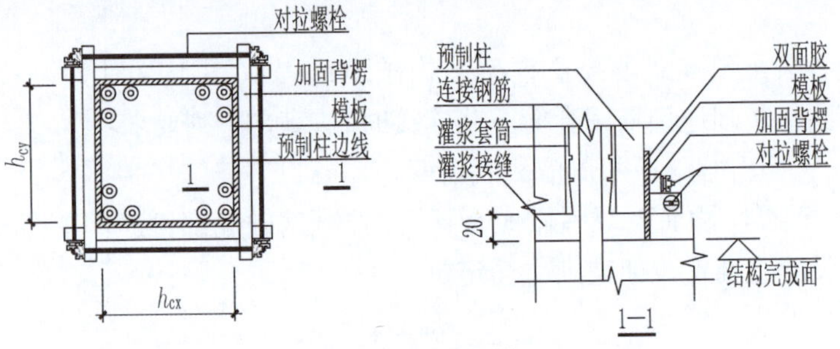

（a）模板封堵

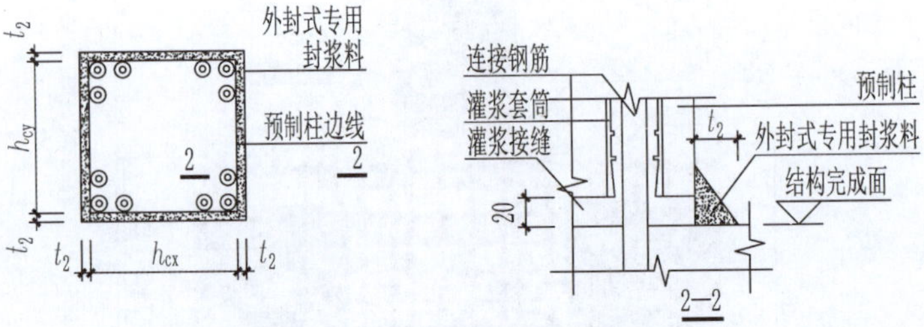

（b）外封式

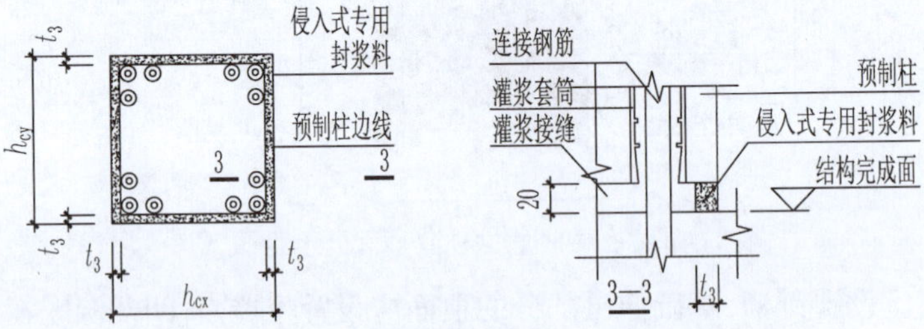

（c）侵入式

图 3.49　预制柱底部灌浆接缝封堵（采用连通腔灌浆法）

图 3.49 中，h_{cx}、h_{cy} 分别为框架柱在 X、Y 方向上的截面高度；t_2 为外封式封堵法时封浆料的水平宽度；t_3 为侵入式封堵法时专用封浆料侵入预制柱的深度，t_3 不小于 15 mm，且不应超过灌浆套筒外壁。

灌浆接缝封堵应能承受相应的灌浆压力，确保不漏浆；封浆料拌合物应具有良好的触变性。灌浆接缝封堵前，应采取可靠措施避免封堵材料进入灌浆套筒、排气孔内。

灌浆料、封浆料使用前，应检查产品包装上的有效期和产品外观，并应符合下列规定：

①拌和用水应符合《混凝土用水标准》（JGJ 63—2006）的有关规定。

②加水量应按灌浆料、封浆料使用说明书的要求确定，并应按质量计量。

③灌浆料、封浆料拌合物宜采用强制式搅拌机搅拌充分、均匀。灌浆料宜静置 2 min 后使用。

④搅拌完成后，不得再次加水。

⑤每工作班应检查灌浆料拌合物、封浆料，拌合物初始流动度检查不少于 1 次。

⑥强度检验试件的留置数量应符合验收及施工控制要求。

当采用侵入式封堵时，专用封浆料初始流动度及抗压强度应满足设计要求；当设计无具体要求时，应满足下列要求：

①龄期为1 d、3 d和28 d的抗压强度分别不低于30 MPa、45 MPa和55 MPa，且龄期为28 d的抗压强度不低于预制柱的设计混凝土强度等级值。

②初始流动度为130～170 mm。

③初始流动度和抗压强度的测量方法应符合《钢筋套筒灌浆连接应用技术规程》(JGJ 355—2015)的有关规定。

当采用外封式、侵入式封堵时，应采用专用工具保证封浆的施工质量。

低温型封浆料的性能及施工要求应符合《钢筋套筒灌浆连接应用技术规程》(JGJ 355—2015)的有关规定。

当采用座浆法施工时，应符合《钢筋套筒灌浆连接应用技术规程》(JGJ 355—2015)的有关规定。

(2)预制柱粗糙面的问题

根据《装配式混凝土结构技术规程》第6.5.5条，预制柱的底部应设置键槽且宜设置粗糙面，键槽应均匀布置，键槽深度不宜小于30 mm，键槽端部斜面倾角不宜大于30°。柱顶应设置粗糙面。粗糙面的面积不宜小于结合面的80%，预制柱端的粗糙面凹凸深度不宜小于6 mm。

预制柱底部应有键槽，且键槽的形式应考虑到灌浆填缝时气体排出的问题，柱底键槽的形式应便于灌浆料填缝时气体的排出，如图3.50所示。后浇节点上表面设置粗糙面，增加与灌浆层的黏结力及摩擦系数。应在设计交底时提醒施工单位对后浇节点上表面进行粗糙面处理。

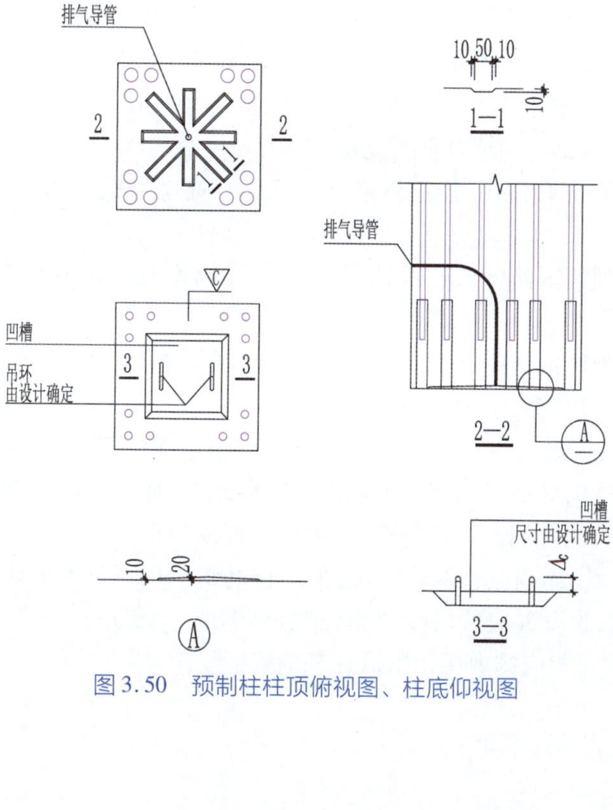

图3.50 预制柱柱顶俯视图、柱底仰视图

(3)预制柱纵向钢筋的问题

预制柱纵向钢筋净距不小于 50 mm,不宜大于 200 mm 且不应大于 400 mm。对于水平浇筑的预制混凝土柱,纵向钢筋的最小净距可按梁的有关规定采用。

对于上下层柱均采用预制的情况,当下柱纵筋数量多于上柱纵筋或下柱截面大于上柱时,做法可参见图 3.47。

根据《江苏省装配整体式混凝土框架结构技术规程》(DGJ32/TJ 219—2017)第 5.1.1 条,当柱的纵向受力钢筋间距不满足《混凝土结构设计标准》规定的最大间距要求时,可设置辅助纵向钢筋。辅助纵向钢筋的直径不宜小于 10 mm 及纵向受力钢筋直径的 1/2。辅助纵向钢筋可不伸入梁柱节点。节点内可同样设置辅助纵向钢筋。

根据《装配式混凝土建筑技术标准》第 5.6.3 条:

①柱纵向受力钢筋直径不宜小于 20 mm,纵向受力钢筋的间距不宜大于 200 mm 且不应大于 400 mm。柱的纵向受力钢筋可集中于四角配置且宜对称布置。柱中可设置纵向辅助钢筋且直径不宜小于 12 mm 和箍筋直径;当正截面承载力计算不计入纵向辅助钢筋时,纵向辅助钢筋可不伸入框架节点(图 3.51)。

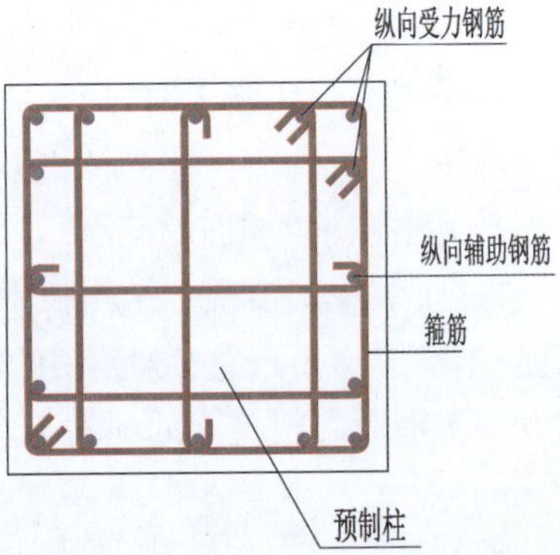

图 3.51　柱集中配筋构造平面示意

②预制柱箍筋可采用连续复合箍筋。当上下层柱既有现浇又有预制时,应特别注意上层柱的纵向钢筋与下层柱内的纵向钢筋是否一致。若数量或直径不一致,则应按照图集要求,满足柱内纵向钢筋的连接构造。

对于预制边柱或预制角柱,应注意顶层端节点柱的外侧纵向钢筋与梁的上部钢筋在节点中的搭接,应符合《混凝土结构设计标准》中有关顶层端节点梁柱负弯矩钢筋搭接的相关规定。可以参考《装配式混凝土结构连接节点构造(框架)》(20G310—3)的相关做法。

根据《江苏省装配整体式混凝土框架结构技术规程》(DGJ32/TJ 219—2017)第 5.2.1 条,采用套筒灌浆连接钢筋应符合下列规定:

①套筒和钢筋宜配套使用,连接钢筋型号可比套筒型号低一级,预留钢筋型号可比套筒型号低一级。

②连接钢筋和预留钢筋伸入套筒内长度的允许偏差范围应分别为 0 ~ 10 mm 和 0 ~ 20 mm。

③连接钢筋和预留钢筋应对中、顺直,在套筒内倾斜率不应大于 1%。

④相邻套筒的净距宜大于 25 mm。

⑤当用于柱的主筋连接时,套筒区段内的柱的箍筋间距不应大于 100 mm。

顶层中间节点柱的纵筋采用端部加锚固板的形式时,应注意柱纵向钢筋直锚长度不小于 $0.5l_{abE}$。考虑施工的便利性,锚固板宜伸至梁上部纵向钢筋内边,如图 3.52 所示。

对于框架梁柱顶层端节点,钢筋密集,采用钢筋锚固板可以有效缓解钢筋布置困难的情况,但钢筋锚固板的设置应严格按照相关规范、标准、图集进行。例如,顶层端节点配置钢筋锚固板时,应遵守相应的剪压比限值和某些构造要求。

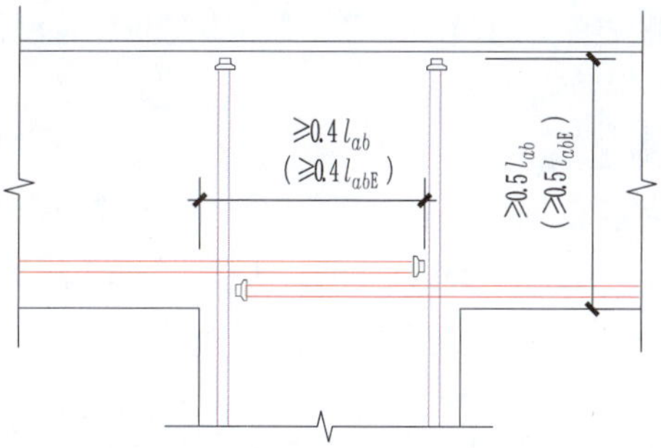

图 3.52　柱纵向钢筋和梁下部纵向钢筋在顶层中间节点的锚固示意

对于屋面层，当柱外侧有悬挑梁，框架梁与悬挑梁根部底平且下部纵向钢筋通长设置时，框架柱中纵向钢筋锚固要求可按照中柱柱顶节点。

(4)预制柱箍筋的问题

关于柱箍筋的设置，除查看结构柱配筋图外，深化设计时还应满足相应的基本构造要求。相关的构造要求如下：

①在不同配置要求的箍筋区域分界处应设置一道分界箍筋，分界箍筋应按相邻区域配置要求较高的箍筋配置。

②柱净高范围最下一组箍筋距底部梁顶 50 mm，最上一组箍筋距顶部梁底 50 mm，节点区最下、最上一组箍筋距节点区梁底、梁顶不大于 50 mm；当顶层柱顶与梁顶标高相同时，节点区最上一组箍筋距梁顶不大于 150 mm。

③当受压钢筋直径大于 25 mm 时，还应在搭接接头两个断面外 100 mm 范围内各设置两道箍筋。

④节点区内部柱箍筋间距应根据设计要求并综合考虑节点区梁纵向钢筋排布位置设置。

⑤当柱在某楼层各向均无梁且无板连接时，计算箍筋加密区采用的 H_n(柱净高)按该跃层柱的总净高取值。

⑥当柱在某楼层单方向无梁且无板连接时，应该两个方向分别计算箍筋加密区范围，并取较大值，无梁方向箍筋加密区范围同第⑤条。

⑦搭接区内箍筋直径不小于 $d_1/4$(d_1 为搭接钢筋的最大直径)，间距不应大于 100 mm 及 $5d_2$(d_2 为钢筋的最小直径)。

⑧纵向钢筋搭接区范围内的补充箍筋可采用开口箍或封闭箍。封闭箍筋的弯钩设置同框架柱箍筋，开口箍筋的开口方向不应设在纵向钢筋的搭接位置处。

⑨柱纵向钢筋、复合箍筋排布应遵循对称原则，箍筋转角处应有纵向钢筋。

⑩柱复合箍筋应采用截面周边外封闭大箍加内封闭小箍的组合方式(大箍套小箍)，内部复合箍筋的相邻两肢形成一个封闭小箍。沿外封闭箍筋周边箍筋局部重叠不宜多于两层。

⑪单肢箍为紧靠箍筋并钩住纵向钢筋，也可以同时钩住纵向钢筋和箍筋。

⑫若在同一组内符合箍筋各肢位置不能满足对称性要求，钢筋绑扎时，沿柱竖向相邻两组箍筋位置应交错对称排布。

⑬柱横截面内部横向复合箍筋应紧靠外封闭箍筋一侧绑扎，竖向复合箍筋应紧靠外封闭箍筋另一侧绑扎。

⑭柱封闭箍筋(外封闭大箍与内封闭小箍)弯钩位置应沿柱竖向按顺时针方向(或逆时针方向)顺序排布。

⑮箍筋对纵向钢筋应满足隔一拉一的要求。

⑯框架柱箍筋加密区内的箍筋肢距:抗震等级为一级时,不宜大于200 mm;抗震等级为二、三级时,不宜大于250 mm和20倍箍筋直径的较大值;抗震等级为四级时,不宜大于300 mm。

⑰柱内箍筋弯钩叠合处应沿受力钢筋方向错开放置。

节点核心区的箍筋配置由设计确定,当设计未具体规定时,其构造与柱端箍筋加密区一致。节点核心区的箍筋构造如图3.53所示。

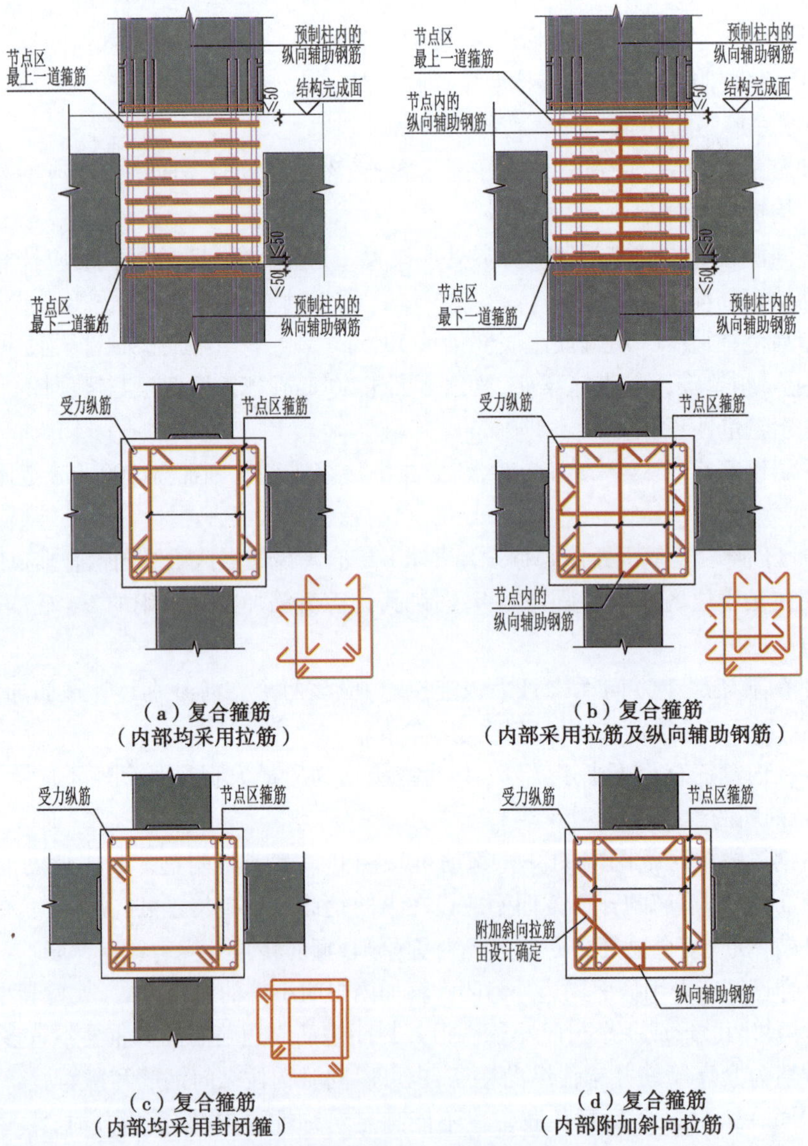

(a)复合箍筋
(内部均采用拉筋)

(b)复合箍筋
(内部采用拉筋及纵向辅助钢筋)

(c)复合箍筋
(内部均采用封闭箍)

(d)复合箍筋
(内部附加斜向拉筋)

图3.53　节点核心区的箍筋构造

图3.53(c)也可采用图3.53(b)的做法,通过附加纵向辅助钢筋以保证箍筋肢距的构造要求。

图3.53(d)给出的角柱节点核心区内附加辅助钢筋和斜向拉筋做法,以增强节点区的箍筋约束作用,具体配筋由设计确定。

安装预制梁前,应首先安装位于梁纵向钢筋下方节点区最下一道箍筋(或多道箍筋)。此箍筋现场很容易遗漏,应在设计交底时着重强调(图3.54)。

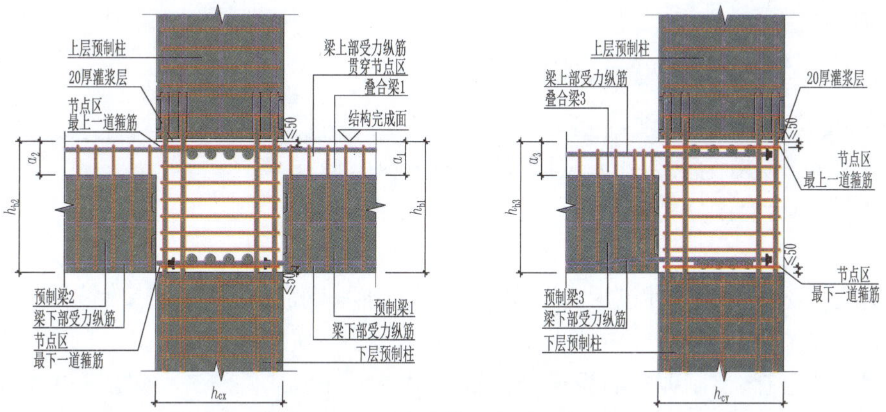

图3.54　中间层边柱节点连接构造

(5)预制柱预留预埋的问题

预制柱的预留预埋包括脱模、吊装、临时支撑预埋件以及防雷接地预埋件。应注意竖向电气管线不应设置在预制柱内。

对于防雷接地的预留预埋及与现浇区域的连接方式,在设计交底时应特别提醒施工单位,特别是现浇柱转预制柱的交界面处,由于存在工作面的交叉,现浇区内很容易遗漏防雷连接钢筋或扁钢(图3.55)。

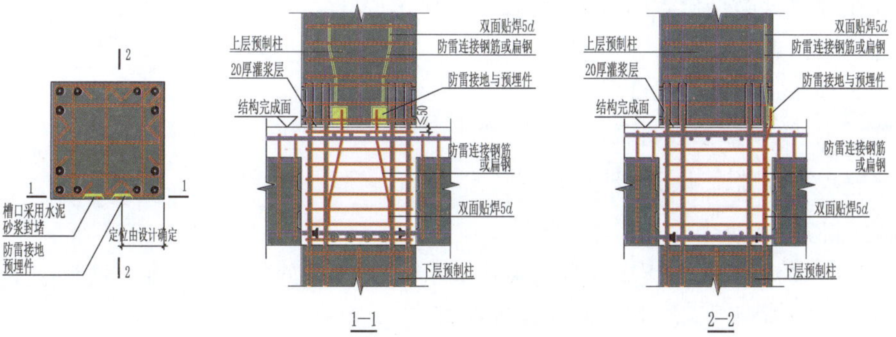

图3.55　预制柱防雷接地做法

预制柱的灌浆孔需要考虑预制柱在整个平面布置中的位置。对于角柱、边柱,应尽量将灌浆孔、出浆孔的位置朝向内侧,以便施工。出浆管应均匀分散布置,相邻管净距不应小于25 mm。为了方便生产,有些工厂往往会将灌浆孔、出浆孔集中布置在柱的一个面上。由于灌浆管、出浆管较多,更应该注意分散布置,且相邻管之间的净距不小于25 mm,否则将会影响现场灌浆作业。另外,采用连通腔法灌浆的预制柱底部应设置导流槽和排气孔,且排气孔位置应高于最高出浆孔,高度差不宜小于100 mm。预制柱高位排气管定位如图3.56所示。

对于预制柱顶部的预留吊件,当选择采用吊环时,应注意避免吊环与预制梁底纵向钢筋碰撞。碰撞时,应在安装预制梁前将吊环切除,因此会增加现场施工的环节,增加施工难度；当采用预埋螺栓套筒时，预埋螺栓套筒的位置应注意尽量远离柱纵向钢筋的位置，预埋螺栓套筒周边应有一定的空间，以便现场吊装时吊具的顺利安装。若预埋螺栓套筒离预制柱纵向钢筋较近，可能会导致出现现场的吊具无法安装到位的情况。

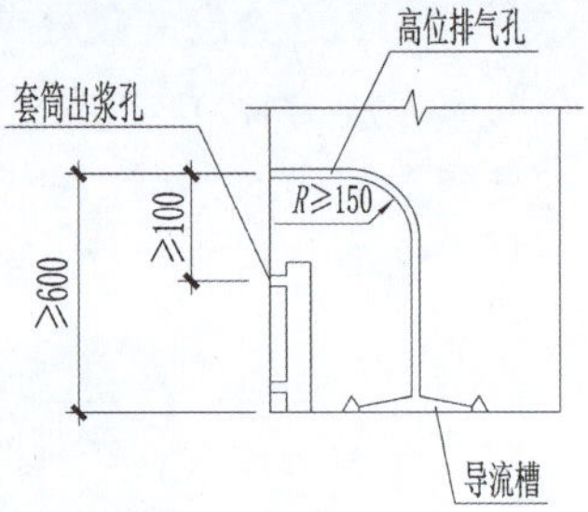

图 3.56　预制柱高位排气管定位示意图

3.2.4　预制剪力墙深化设计

1）预制剪力墙深化设计内容

预制剪力墙板分为预制外剪力墙板、预制内剪力墙板。其中，预制外剪力墙板分为带保温式外墙板、不带保温式外墙板。

剪力墙板深化设计内容包括剪力墙竖向钢筋、水平钢筋的排布，连接钢筋的布置，上下剪力墙板连接节点的选择，剪力墙上预留线盒、预留洞、预留压槽的定位，预留手孔操作箱位置及尺寸的选择，预制剪力墙板吊点位置及吊点埋件形式的选择，预制剪力墙侧向支撑预埋件，预制剪力墙板与现浇连接部位键槽及粗糙面的设置。

预制剪力墙伸出顶面的竖向钢筋需要注意与叠合板内的板底出筋相互避开，以便现场吊装施工的顺利进行。

图 3.57、图 3.58 所示为典型的剪力墙深化详图示例，其中主要包含的内容如下：

①预制剪力墙的外形尺寸，包括预留键槽等尺寸；

②对于卫生间位置，需要注意等电位箱的预留洞口；

③预埋线盒，如插座、开关等预留的线盒；

④脱模及吊装吊点位置的选择及相关预埋件的设置；

⑤连接套筒的定位；

⑥剪力墙水平出筋的长度及末端形式；

⑦钢筋料表、预留预埋料表。

2）预制剪力墙深化设计要点

（1）预制剪力墙连接、接缝的问题

对于预制剪力墙板，其上下层剪力墙纵向受力钢筋的连接尤为重要。连接的形式有灌浆套筒连接、浆锚搭接连接、焊接和螺栓连接等。

预制剪力墙底部接缝的要求见项目 2 中 2.2.3 节“2）预制剪力墙拆分设计要点”相关介绍。

根据《装配式混凝土建筑技术标准》第 5.7.9 条，上下层预制剪力墙的竖向钢筋连接应符合下列规定：

①边缘构件的竖向钢筋应逐根连接。

②预制剪力墙的竖向分布钢筋宜采用双排连接。当采用“梅花形”部分连接时，应符合本标准第 5.7.10 条—第 5.7.12 条的规定。

③除下列情况外，墙体厚度不大于 200 mm 的丙类建筑预制剪力墙的竖向分布钢筋可采用单排连接。采用单排连接时，应符合本标准第 5.7.10 条、第 5.7.12 条的规定，且在计算分析时不应考虑剪力墙平面外刚度及承载力：

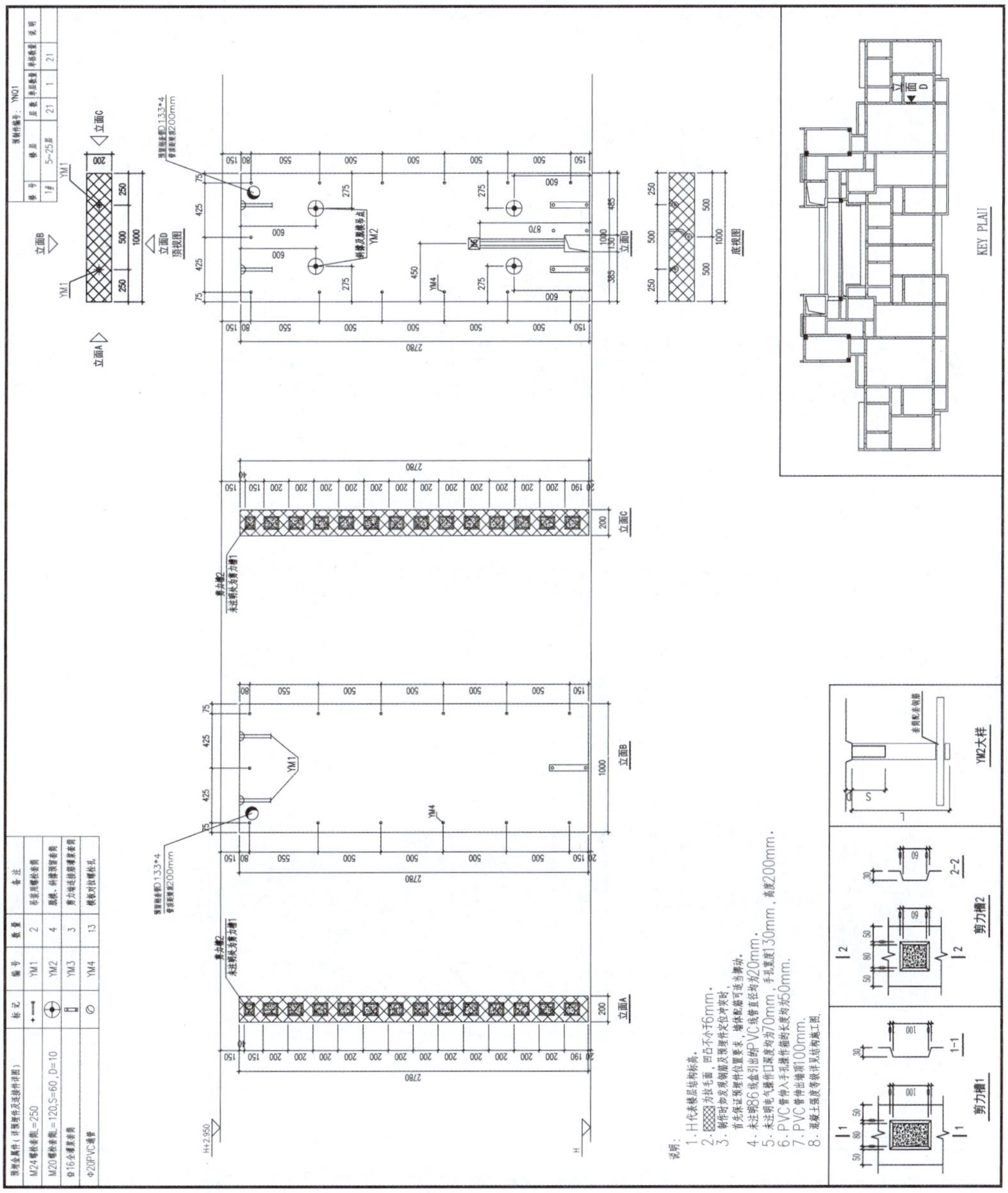

图3.57　典型预制剪力墙深化详图（一）

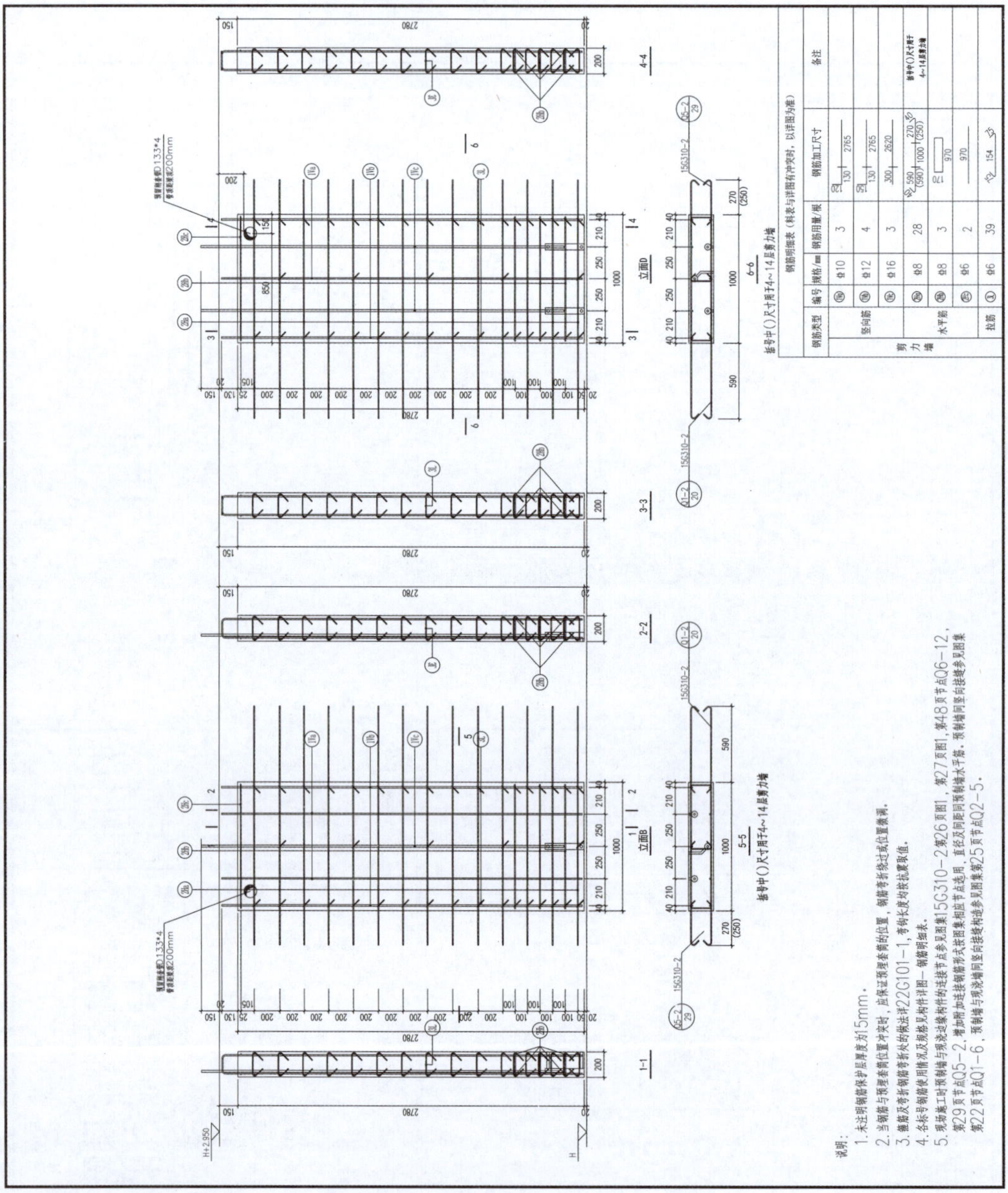

图3.58　典型预制剪力墙深化详图（二）

①抗震等级为一级的剪力墙；

②轴压比大于0.3的抗震等级为二、三、四级的剪力墙；

③一侧无楼板的剪力墙；

④一字形剪力墙、一端有翼墙连接但剪力墙非边缘构件区长度大于3 m的剪力墙以及两端有翼墙连接但剪力墙非边缘构件区长度大于6 m的剪力墙。

⑤抗震等级为一级的剪力墙以及二、三级底部加强部位的剪力墙，剪力墙的边缘构件竖向钢筋宜采用套筒灌浆连接。

根据《装配式混凝土建筑技术标准》第5.7.10条，当上下层预制剪力墙竖向钢筋采用套筒灌浆连接时，应符合下列规定：

①当竖向分布钢筋采用“梅花形”部分连接时（图3.59），连接钢筋的配筋率不应小于《建筑抗震设计标准》规定的剪力墙竖向分布钢筋最小配筋率要求，连接钢筋的直径不应小于12 mm，同侧间距不应大于600 mm，且在剪力墙构件承载力设计和分布钢筋配筋率计算中不得计入未连接的分布钢筋；未连接的竖向分布钢筋直径不应小于6 mm。

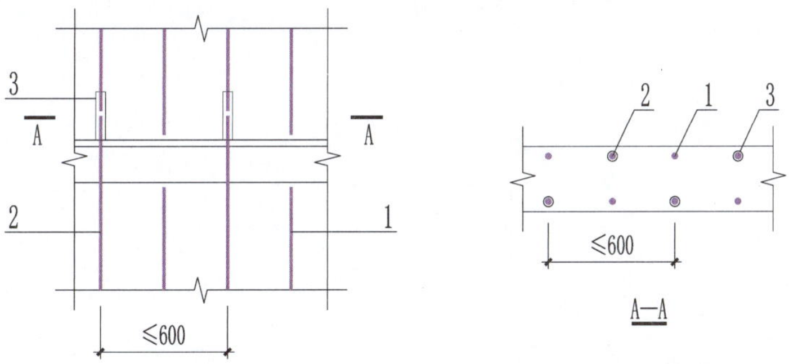

剪力墙竖向连接

图3.59　竖向分布钢筋“梅花形”套筒灌浆连接构造示意

1—未连接的竖向分布钢筋；2—连接的竖向分布钢筋；3—灌浆套筒

②当竖向分布钢筋采用单排连接时（图3.60），应符合本标准第5.4.2条的规定；剪力墙两侧竖向分布钢筋与配置于墙体厚度中部的连接钢筋搭接连接，连接钢筋位于内、外侧被连接钢筋的中间；连接钢筋受拉承载力不应小于上下层被连接钢筋受拉承载力较大值的1.1倍，间距不宜大于300 mm。下层剪力墙连接钢筋自下层预制墙顶算起的埋置长度不应小于$1.2l_{aE}+b_w/2$（b_w为墙体厚度），上层剪力墙连接钢筋自套筒顶面算起的埋置长度不应小于l_{aE}，上层连接钢筋顶部至套筒底部的长度不应小于$1.2l_{aE}+b_w/2$（l_{aE}为按连接钢筋直径）。钢筋连接长度范围内应配置拉筋，同一连接接头内的拉筋配筋面积不应小于连接钢筋的面积；拉筋沿竖向的间距不应大于水平分布钢筋间距，且不宜大于150 mm；拉筋沿水平方向的间距不应大于竖向分布钢筋间距，直径不应小于6 mm；拉筋应紧靠连接钢筋，并钩住最外层分布钢筋。

套筒灌浆施工中常见问题防治与处理

根据《装配式混凝土建筑技术标准》第5.7.11条，当上下层预制剪力墙竖向钢筋采用挤压套筒连接时，应符合下列规定：

①预制剪力墙底后浇段内的水平钢筋直径不应小于10 mm和预制剪力墙水平分布钢筋直径的较大值，间距不宜大于100 mm；楼板顶面以上第一道水平钢筋距楼板顶面不宜大于50 mm，套筒上端第一道水平钢筋距套筒顶部

不宜大于 20 mm(图 3.61)。

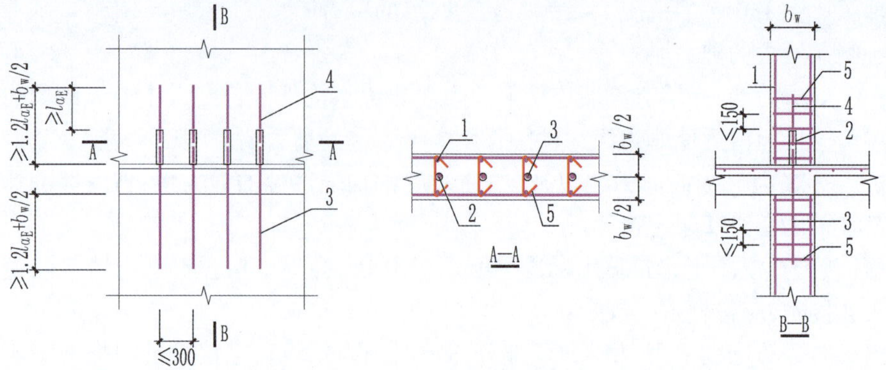

图 3.60　竖向分布钢筋单排套筒灌浆连接构造示意

1—上层预制剪力墙竖向分布钢筋;2—灌浆套筒;3—下层剪力墙连接钢筋;

4—上层剪力墙连接钢筋;5—拉筋

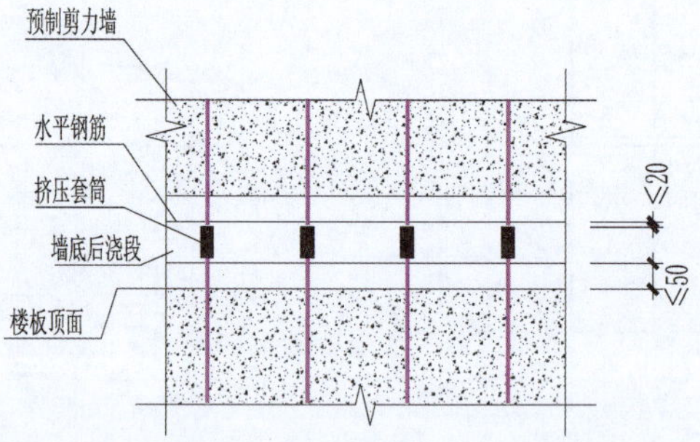

图 3.61　预制剪力墙底后浇段水平钢筋配置示意

②当竖向分布钢筋采用“梅花形”部分连接时(图 3.62),应符合本标准第 5.7.10 条第 1 款的规定。

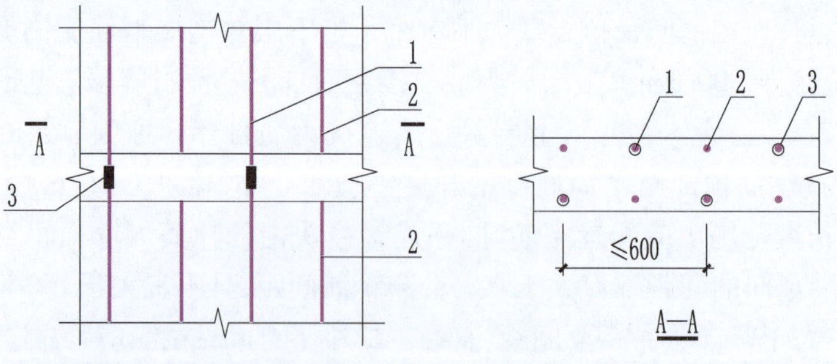

图 3.62　竖向分布钢筋“梅花形”挤压套筒连接构造示意

1—连接的竖向分布钢筋;2—未连接的竖向分布钢筋;3—挤压套筒

根据《装配式混凝土建筑技术标准》第 5.7.12 条,当上下层预制剪力墙竖向钢筋采用浆锚搭接连接时,应符合下列规定:

①当竖向钢筋非单排连接时,下层预制剪力墙连接钢筋伸入预制灌浆孔道内的长度不应小于 $1.2l_{aE}$(图 3.63)。

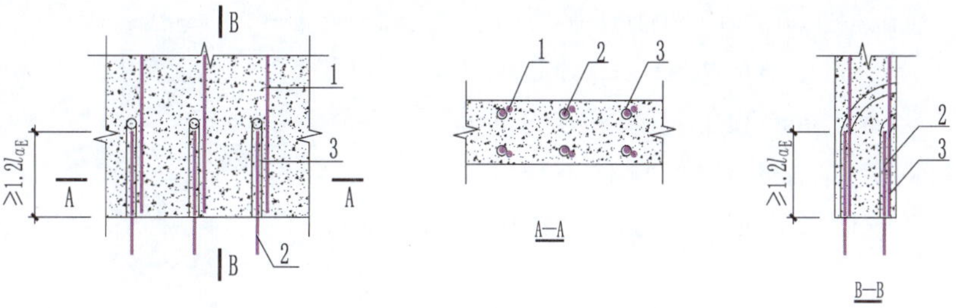

图 3.63 竖向钢筋浆锚搭接连接构造示意

1—上层预制剪力墙竖向钢筋;2—下层剪力墙竖向钢筋;3—预留灌浆孔道

②当竖向分布钢筋采用“梅花形”部分连接时(图 3.64),应符合本标准第 5.7.10 条第 1 款的规定。

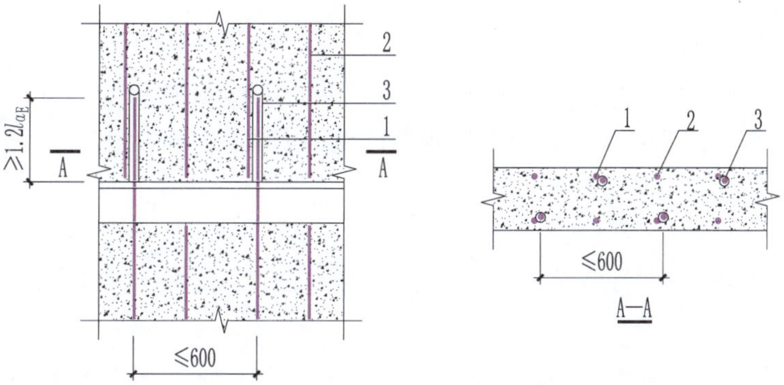

图 3.64 竖向分布钢筋“梅花形”浆锚搭接连接构造示意

1—连接的竖向分布钢筋;2—未连接的竖向分布钢筋;3—预留灌浆孔道

③当竖向分布钢筋采用单排连接时(图 3.65),竖向分布钢筋应符合本标准第 5.4.2 条的规定;剪力墙两侧竖向分布钢筋与配置于墙体厚度中部的连接钢筋搭接连接,连接钢筋位于内、外侧被连接钢筋的中间;连接钢筋受拉承载力不应小于上下层被连接钢筋受拉承载力较大值的 1.1 倍,间距不宜大于 300 mm。连接钢筋自下层剪力墙顶算起的埋置长度不应小于 $1.2l_{aE}+b_w/2$(b_w 为墙体厚度),自上层预制墙体底部伸入预留灌浆孔道内的长度不应小于 $1.2l_{aE}+b_w/2$(l_{aE} 为按连接钢筋直径)。钢筋连接长度范围内应配置拉筋,同一连接

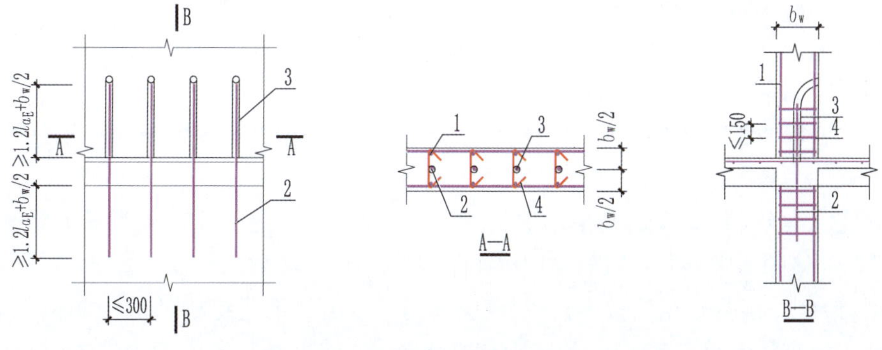

图 3.65 竖向分布钢筋单排浆锚搭接连接构造示意

1—上层预制剪力墙竖向钢筋;2—下层剪力墙连接钢筋;3—预留灌浆孔道;4—拉筋

接头内的拉筋配筋面积不应小于连接钢筋的面积;拉筋沿竖向的间距不应大于水平分布钢筋间距,且不宜大于 150 mm;拉筋沿水平方向的肢距不应大于竖向分布钢筋间距,直径不应小于 6 mm;拉筋应紧靠连接钢筋,并钩住最外层分布钢筋。

预制剪力墙内的连接纵向钢筋在剪力墙变截面位置做法可参考图 3.66。

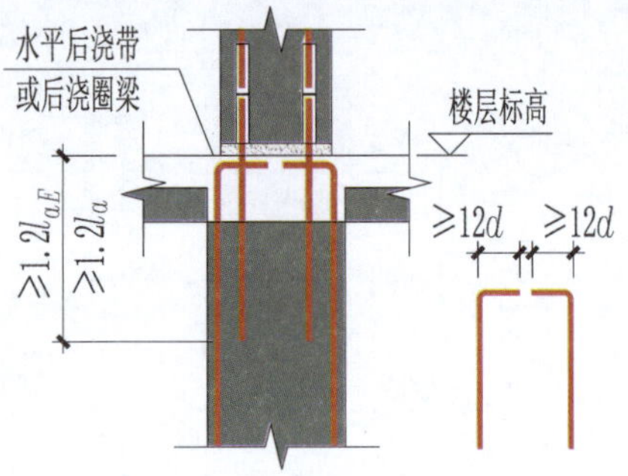

图 3.66　插筋连接示意

当地方标准较严格时,应按照地方标准执行。根据《装配式剪力墙结构设计规程》(DB11/1003—2022)第 6.3.3 条,在高层预制剪力墙结构的非结构底部加强部位,预制墙板竖向连接钢筋的面积不应小于预制墙板竖向钢筋的实配面积,并应符合下列规定:

①二级且建筑高度大于 60 m、三级且建筑高度大于 80 m 时,对于下部 1/2 楼层的预制墙板,竖向连接钢筋面积不应小于预制墙板竖向钢筋实配面积的 1.1 倍;

②下层为现浇楼层的预制墙板,竖向连接钢筋面积不宜小于预制墙板竖向钢筋实配面积的 1.1 倍,对下层现浇剪力墙中预留竖向连接钢筋应采取不少于两种的附加定位措施;

③预制墙板的竖向连接宜采用竖向钢筋连接与设置附加连接钢筋或钢板抗剪件的组合连接方式。

根据《装配式剪力墙结构设计规程》(DB11/1003—2022)第 6.3.3 条,预制剪力墙结构在底部加强部位采用预制墙板时,预制墙板竖向连接设计应符合下列规定:

①多层预制剪力墙结构的预制墙板,竖向连接钢筋的面积不应小于预制墙板竖向钢筋的实配面积;

②高层预制剪力墙结构中四级的预制墙板,地下室顶面预制墙板水平接缝范围内的竖向连接钢筋面积不应小于首层预制墙板竖向钢筋实配面积的 1.1 倍;

③高层预制剪力墙结构中二级和三级的预制墙板,竖向连接钢筋的面积应满足下列要求:

a. 地下室顶面预制墙板水平接缝范围内的竖向连接钢筋面积不应小于首层预制墙板竖向钢筋实配面积的 1.2 倍;

b. 底部加强部位其他楼层顶面预制墙板水平接缝范围内的竖向连接钢筋面积不应小于预制墙板竖向钢筋实配面积的 1.1 倍;

c. 预制墙板的竖向连接应采用竖向钢筋连接与设置附加连接钢筋或钢板抗剪件的组合连接形式。

必须注意,当预制墙板钢筋采用逐根连接时,均不能满足上述连接钢筋大于墙体竖筋 1.2 倍或 1.1 倍的要求,须单独增设连接钢筋,才能满足此项要求。

根据《装配式混凝土结构技术规程》第 8.2.5 条,端部无边缘构件的预制剪力墙,宜在端部配置 2 根直径不小于 12 mm 的竖向构造钢筋;沿该钢筋竖向应配置拉筋,拉筋直径不宜小于 6 mm、间距不宜大于 250 mm。因此,当预制剪力墙端部无边缘构件时,其端部钢筋构造如图 3.67 所示。

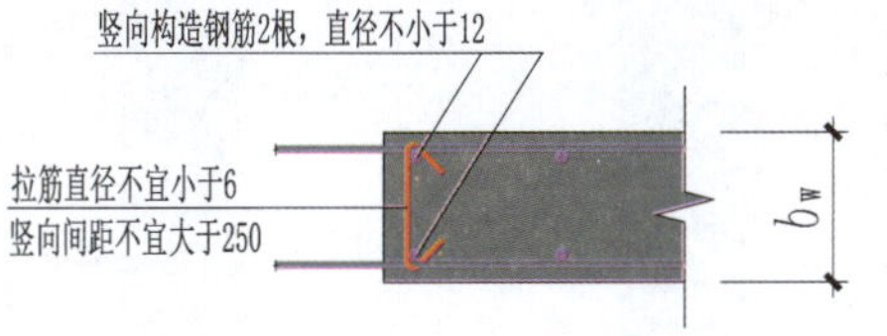

图 3.67　预制剪力墙端部无边缘构件时钢筋构造

(2)楼层内预制剪力墙连接节点

楼层内预制剪力墙常用的连接节点如图 3.68 至图 3.73 所示,其他类型的节点可参考图集《装配式混凝土结构连接节点构造(剪力墙)》(15G310—2)的相关内容。

剪力墙水平连接

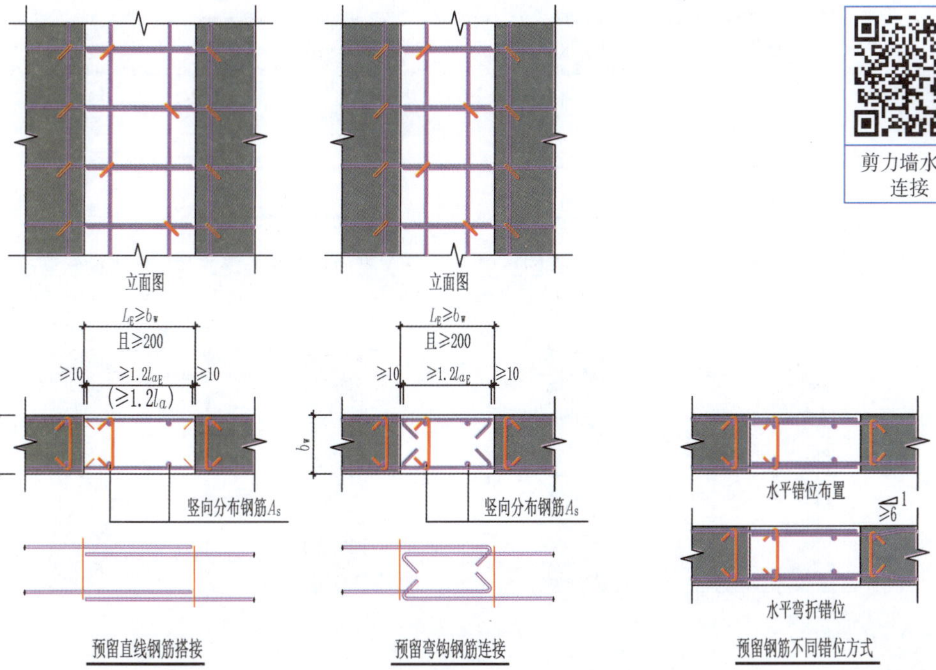

图 3.68　预制墙间的竖向接缝构造(无附加连接钢筋)

一字后浇墙构造展示

(3)预制连梁的问题

根据《装配式混凝土结构技术规程》第 8.3.8 条,预制剪力墙洞口上方的预制连梁宜与后浇圈梁或水平后浇带形成叠合连梁(图 3.74)。叠合连梁的配筋及构造要求应符合《混凝土结构设计标准》的有关规定。

对于预制剪力墙,应注意顶部平面内相交的梁伸入的锚固长度。当边缘构件采用现浇时,预制剪力墙距剪力墙边一般只有 400 mm 或 500 mm,此距离小于 l_{aE} 和 600 mm,不满足锚固长度的要求,如图 3.75 所示。因此,预制剪力墙顶部可采用局部预留现浇缺口(缺口尺寸根据计算确定),以满足连梁内梁纵筋的锚固长度。

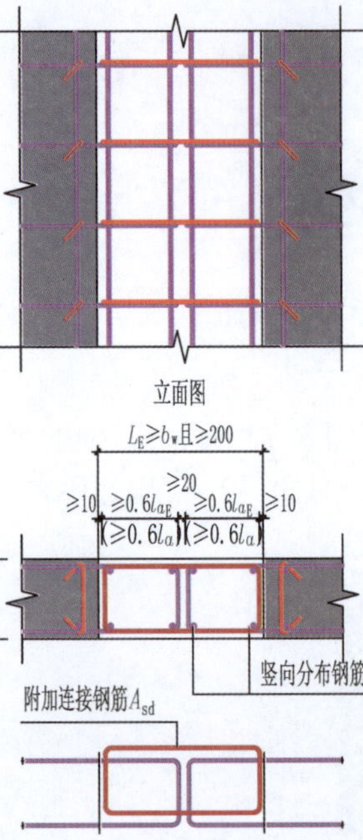

（a）附加封闭连接钢筋与预留U形钢筋连接

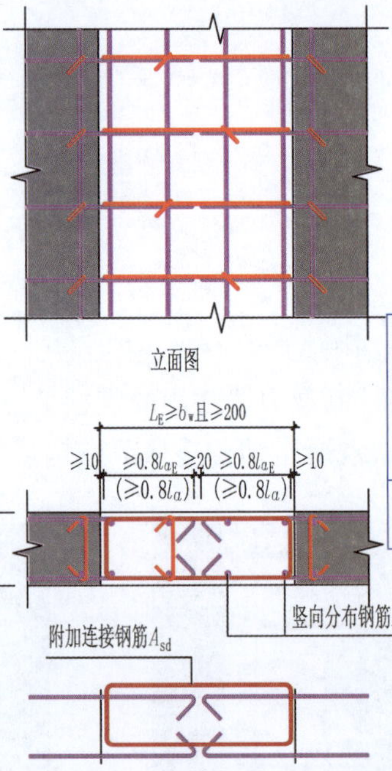

（b）附加封闭连接钢筋与预留弯钩钢筋连接

墙板现浇区连接

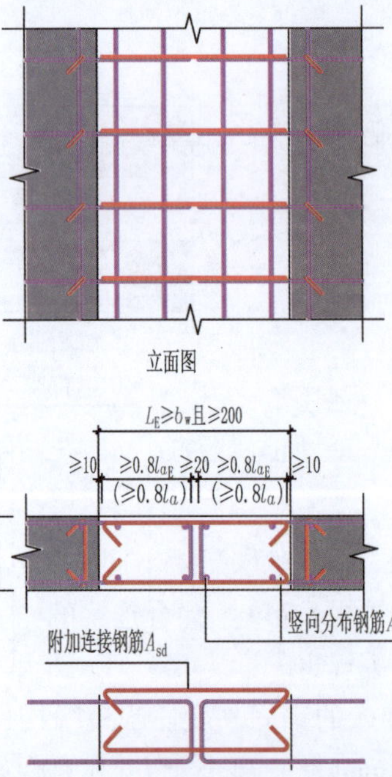

（c）附加弯钩连接钢筋与预留U形钢筋连接

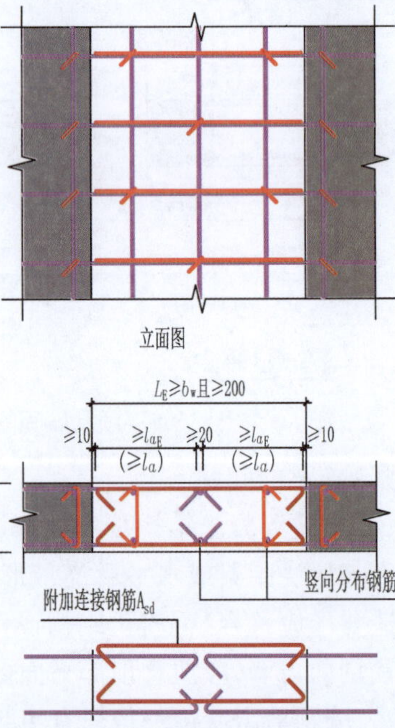

（d）附加弯钩连接钢筋与预留弯钩钢筋连接

图3.69　预制墙间的竖向接缝构造(有附加连接钢筋)

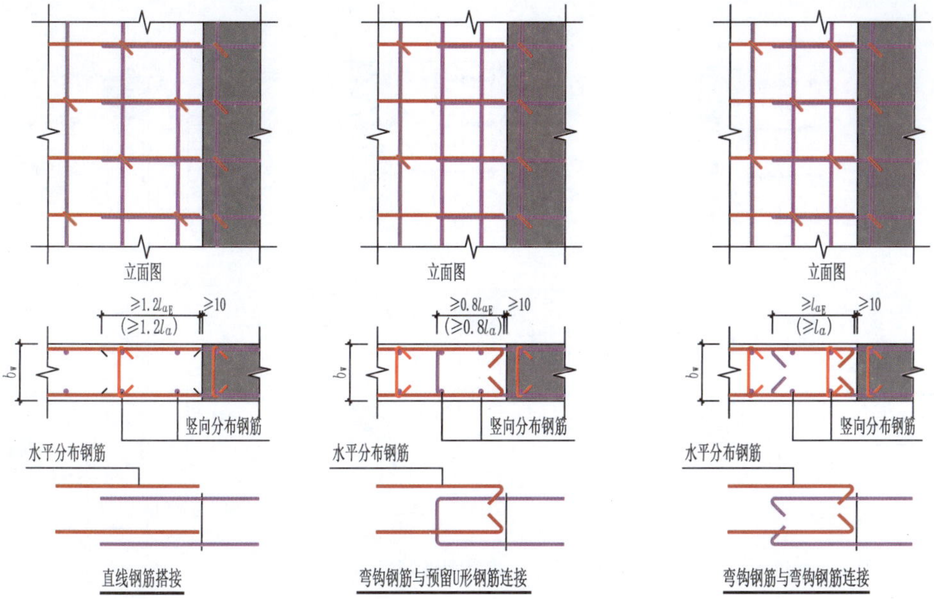

图 3.70　预制墙与现浇墙的竖向接缝构造

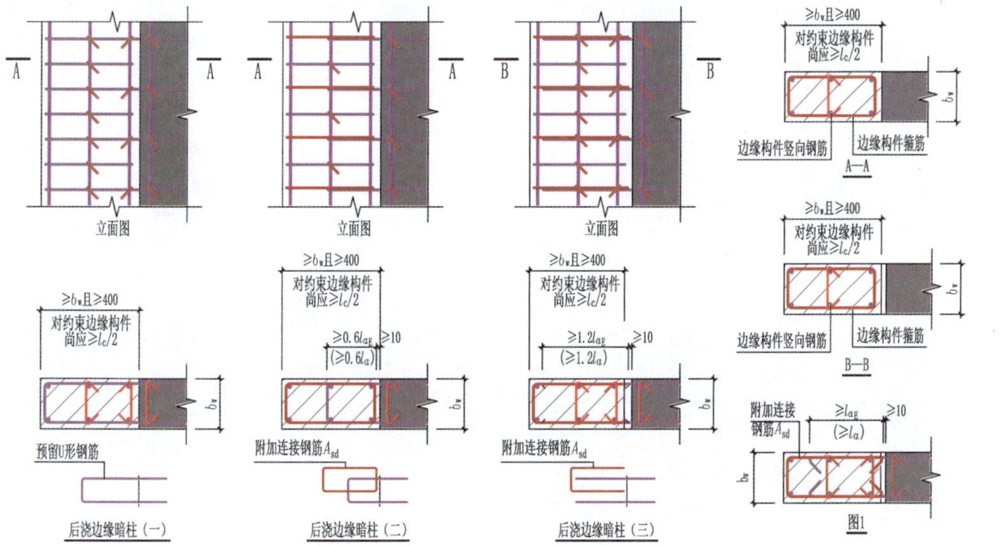

图 3.71　预制墙与后浇边缘暗柱的竖向接缝构造

(4)预制剪力墙粗糙面的问题

根据《装配式混凝土结构技术规程》第 6.5.5 条，预制剪力墙的顶部和底部与后浇混凝土的结合面应设置粗糙面；侧面与后浇混凝土的结合面应设置粗糙面，也可设置键槽；键槽深度 t 不宜小于 20 mm，宽度 w 不宜小于深度的 3 倍且不宜大于深度的 10 倍，键槽间距宜等于键槽宽度，键槽端部斜面倾角不宜大于 30°(图 3.76)。粗糙面的面积不宜小于结合面面积的 80%，预制墙端的粗糙面凹凸深度不应小于 6 mm。

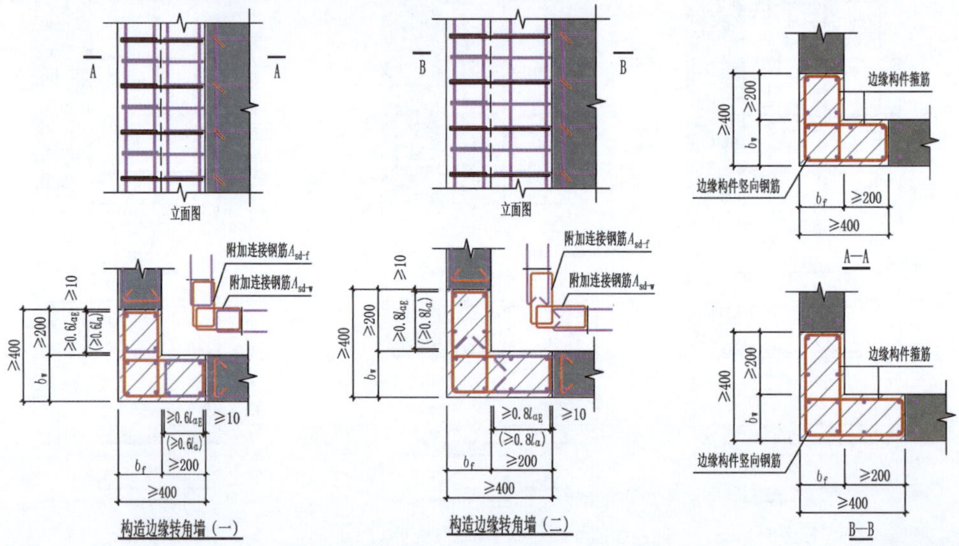

图 3.72　预制墙与后浇边缘暗柱的竖向接缝构造(转角墙)

PC板在转角处竖向连接构造展示

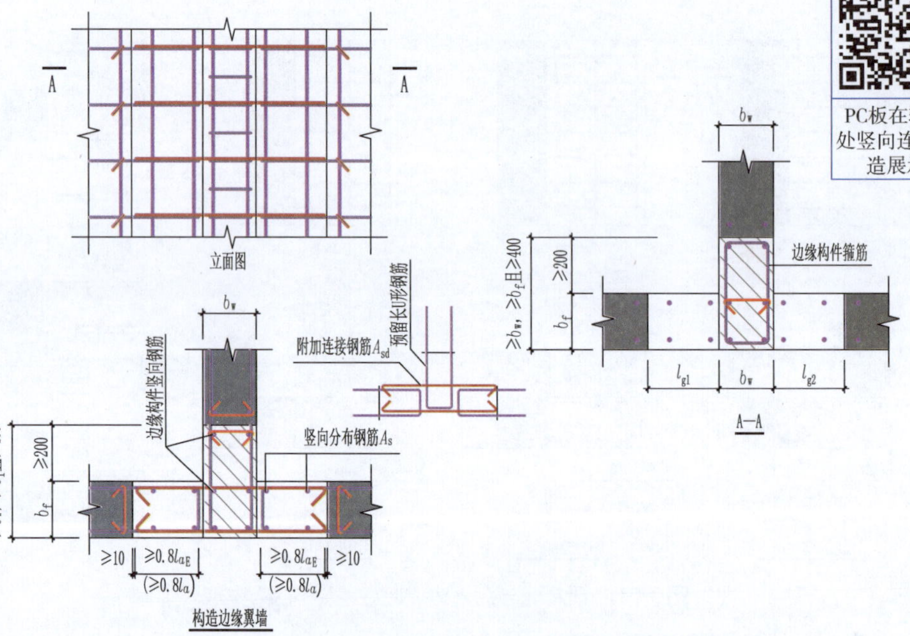

图 3.73　预制墙与后浇边缘暗柱的竖向接缝构造(翼墙)

根据《装配式混凝土结构技术规程》第 8.3.6 条,预制剪力墙相邻下层为现浇剪力墙时,预制剪力墙与下层现浇剪力墙中竖向钢筋的连接应符合本规程第 8.3.5 条的规定,下层现浇剪力墙顶面应设置粗糙面。

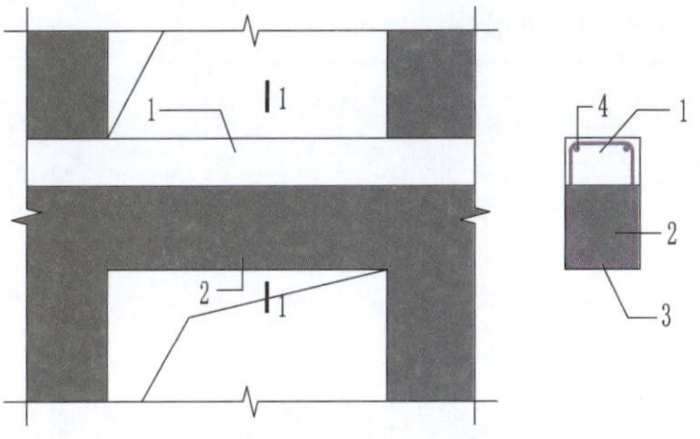

图3.74 预制剪力墙叠合连梁构造示意

1—后浇圈梁或后浇带;2—预制连梁;

3—箍筋;4—纵向钢筋

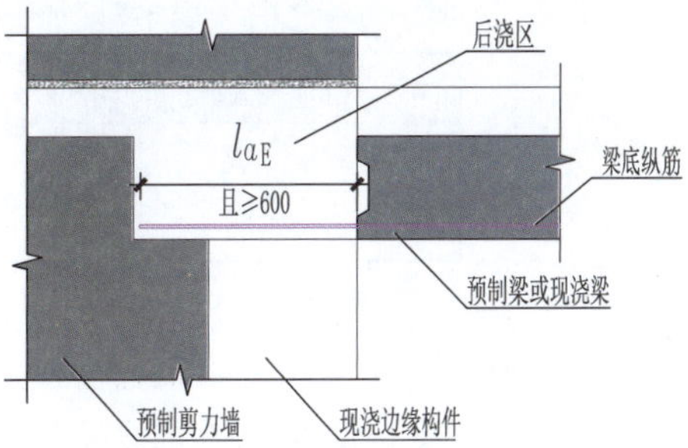

图3.75 预制连梁与剪力墙连接示意

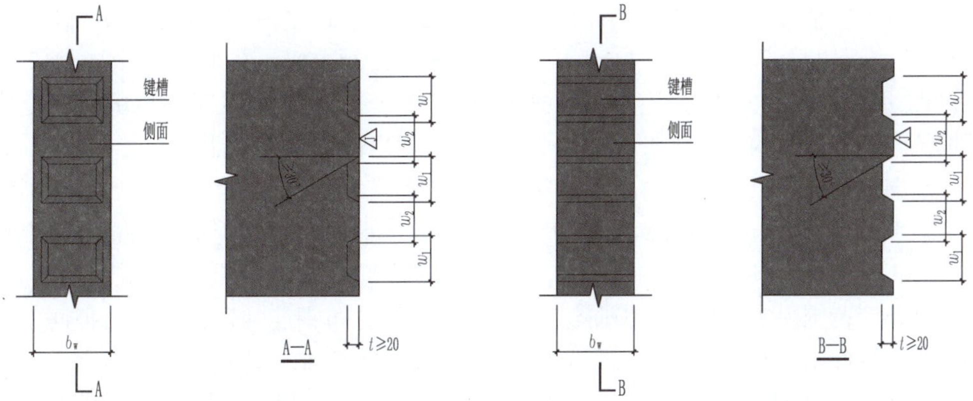

(a)键槽不贯通截面

(b)键槽贯通截面

图3.76 预制墙侧面键槽构造

(5)预制剪力墙水平分布钢筋的问题

预制剪力墙竖向钢筋采用套筒灌浆连接时,套筒灌浆连接部位水平分布钢筋需要加密,具体构造要求如图3.77所示。自套筒底部至套筒顶部并向上延伸300 mm范围内,预制剪力墙的水平分布钢筋应加密,加密区水平分布钢筋的最大间距及最小直径应符合表3.3的规定。套筒上端第一道水平分布钢筋距套筒顶部不应大于50 mm。

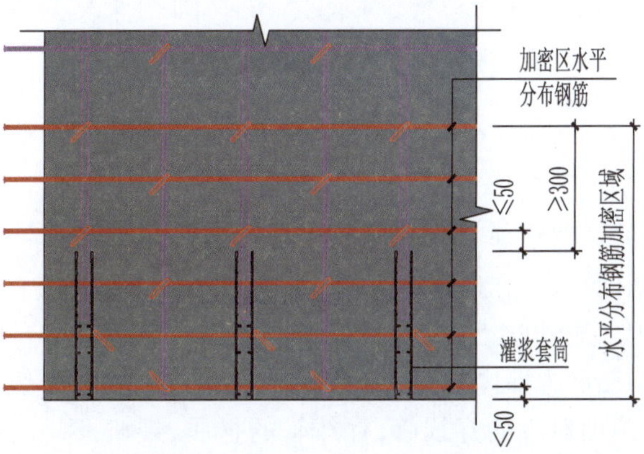

图3.77 预制墙钢筋套筒灌浆连接部位水平分布钢筋加密构造

表 3.3　加密区水平分布钢筋的要求

抗震等级	最大间距(mm)	最小直径(mm)
一、二级	100	8
三、四级	150	8

预制剪力墙竖向钢筋采用浆锚搭接连接时,应满足下列要求:

①墙体底部预留灌浆孔道直线段长度应大于下层预制剪力墙连接钢筋伸入孔道内 30 mm,孔道上部应根据灌浆要求设置合理弧度。

②孔道直径不宜小于 40 mm 和 $2.5d$(d 为伸入孔道的连接钢筋直径)的较大值,孔道之间的水平净间距不宜小于 50 mm。

③孔道外壁至剪力墙外表面的净间距不宜小于 30 mm。当采用预埋金属波纹管成孔时,金属波纹管的钢带厚度及波纹高度应符合《装配式混凝土建筑技术标准》第 5.2.2 条的规定;当采用其他成孔方式时,应对不同预留成孔工艺、孔道形状、孔道内壁的粗糙度或花纹深度及间距等形成的连接接头进行力学性能以及适用性的试验验证。

④竖向钢筋连接长度范围内的水平分布钢筋应加密,加密范围自剪力墙底部至预留灌浆孔道顶部,且不应小于 300 mm(图 3.78)。加密区水平分布钢筋的最大间距及最小直径应符合表 3.3 的规定,最下层水平分布钢筋距离墙身底部不应大于 50 mm;剪力墙竖向分布钢筋连接长度范围内未采取有效横向约束措施时,水平分布钢筋加密范围内的拉筋应加密拉筋沿竖向的间距不宜大于 300 mm 且不少于 2 排;拉筋沿水平方向的间距不宜大于竖向分布钢筋间距,直径不应小于 6 mm;拉筋应紧靠被连接钢筋,并钩住最外层分布钢筋。

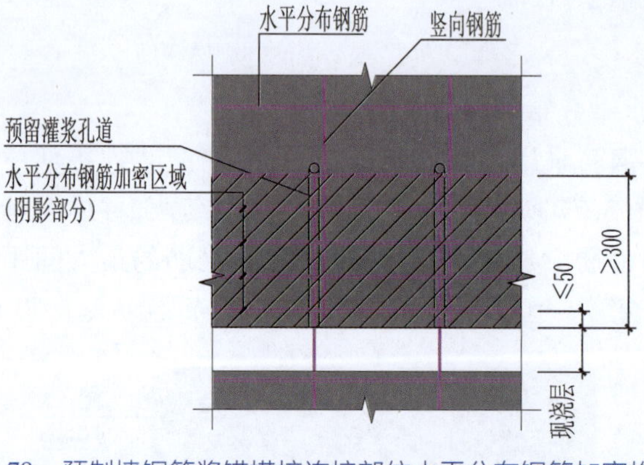

图 3.78　预制墙钢筋浆锚搭接连接部位水平分布钢筋加密构造

(6)预制剪力墙预留预埋的问题

预制剪力墙涉及的预留预埋主要有预埋线盒(含对应型号的穿线管)、预留套管、水管预留压槽、施工对拉螺栓孔、手孔操作箱等。

预制剪力墙的预留线盒的定位应按照精装图纸进行预埋,不应随意改动,否则影响精装完成效果。因此,预制剪力墙内的竖向连接钢筋在深化时要避开线盒的位置。预制剪力墙内的预留线盒均须预埋对应的穿线管,穿线管的材质、规格、型号、数量应严格按照电气图纸执行。同时,深化时,应注意查看连线图,如部分项目顶部灯具需要从灯具附近的墙上插座引入电源线，还需要在插座处单独引出穿线管供顶部灯具使用。

预制墙板预留线盒处引出的预埋穿线管，应特别注意混凝土内预埋 PVC 管的壁厚，应严格按照电气设计说明中的壁厚要求，并标注在深化详图中，以免厂家采购穿线管时壁厚达不到原设计要求。

根据《民用建筑电气设计标准》(GB 51348—2019)第 8.6.2 条，暗敷于墙内或混凝土内的刚性塑料导管应采用燃烧性能等级为 B2 级、壁厚 1.8 mm 及以上的导管。明敷时，应采用燃烧性能等级为 B1 级、壁厚 1.6 mm 及以上的导管。

根据《民用建筑电气设计标准》(GB 51348—2019)第 8.6.2 条，刚性塑料导管暗敷于墙体或混凝土内，在安装过程中将受到不同程度的外力作用，需要足够的抗压及抗冲击能力。《电缆管理用导管系统　第 1 部分：通用要求》(GB/T 20041.1—2015)中，将塑料导管按其抗压、抗冲击及弯曲等性能分为重型、中型及轻型 3 种类型，暗敷线路要求选用重型导管。

预制剪力墙上的预埋线盒，需要将管线预埋在预制剪力墙内，管线连接手孔操作箱与线盒。该预埋穿线管在预制墙板内不宜出现直角或较小角度的弯折，否则会导致后期穿线时施工困难。

预制剪力墙底部或顶部预留的手孔操作箱应选取合适的尺寸，不宜过小，否则现场操作不便。手孔操作箱的尺寸可以与施工单位共同确认。

厨房、卫生间墙上有水管预埋，在预制剪力墙板上可采用预留压槽的方式，如图 3.79 所示。

预制剪力墙的吊装通常采用吊钉、预埋套筒螺栓或吊环，采用的型号应该根据计算确定，计算要点可参见本项目第 3.3.11 节的相关介绍。

预制剪力墙板中预埋的线管伸出预制面的长度不可太小，一般不小于 50 mm，以便于现场施工，具体的伸出长度可与施工单位确认。

预制剪力墙内的预埋穿线管，当存在向上伸出的预埋管时，顶部是否设置操作孔，应提前与总包协商。一般情况下，预留操作孔更有利于现场的施工，如图 3.80 所示。电气导管在预制墙板顶部、底部连接示意如图 3.81、图 3.82 所示。

图 3.79　预制剪力墙板水管位置预留压槽

图 3.80　预制剪力墙顶部预留手孔操作箱

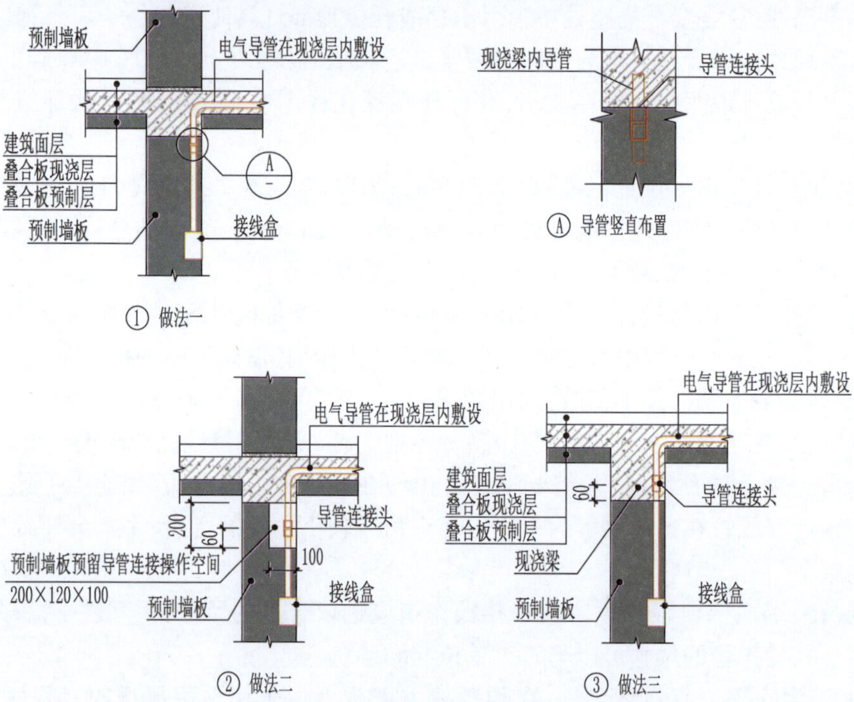

图 3.81　电气导管在预制墙板与顶部叠合板间连接示意

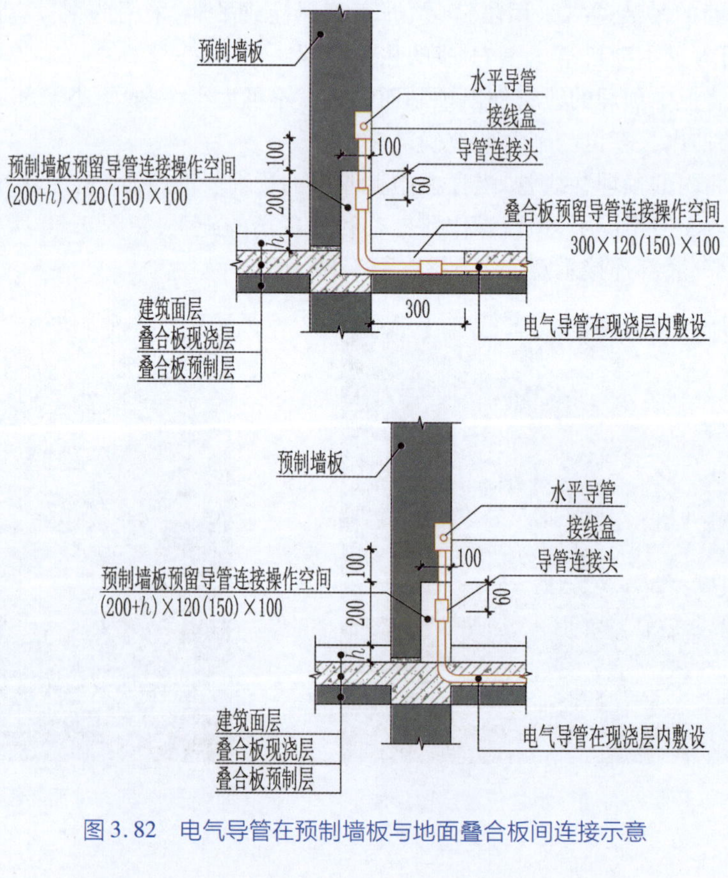

图 3.82　电气导管在预制墙板与地面叠合板间连接示意

在预制墙板的周边，需要预留对拉螺栓孔，以便现场模板的定位固定操作。对拉螺栓孔的定位，应结合总承包要求综合考虑，特别是采用铝膜施工时，更应注意须满足铝膜厂家的相应要求。

预制墙板的立面上，需要预留脱模、临时支撑用的预埋套筒螺栓，具体的型号及位置应根据计算确定。一般情况下，脱模、临时支撑的预埋套筒螺栓可以共用预埋件。

剪力墙的灌浆孔宜放在 D 面（非模台接触面），放在模台面容易造成灌浆孔堵塞，同时 D 面应预留螺栓套筒，用于脱模起吊及现场临时支撑用。有些特殊情况下，预制剪力墙的正反两个面均需要预留螺栓套筒，一面的预埋螺栓套筒用于脱模起吊，而另一面的预埋螺栓套筒用于现场临时支撑用。如图 3.83 所示箭头位置的预制剪力墙板，左侧有楼梯间中间休息平台标高的梯梁、中间休息平台板，由于板内钢筋直径一般较小，一般采用 8 mm，无法采用预留机械连接接头（无匹配型号的机械连接接头）后拧入连接钢筋的方式，一般采用在预制剪力墙上甩出钢筋的方式。在生产时，中间休息平台一侧的预制剪力墙面朝上以便伸出预留钢筋，朝上的一面需要预留螺栓套筒，用于生产过程中的脱模起吊。而与模台接触的面也需要预留螺栓套筒，用于施工过程中预制剪力墙板右侧临时斜撑使用（临时支撑一般设置在楼层标高）。

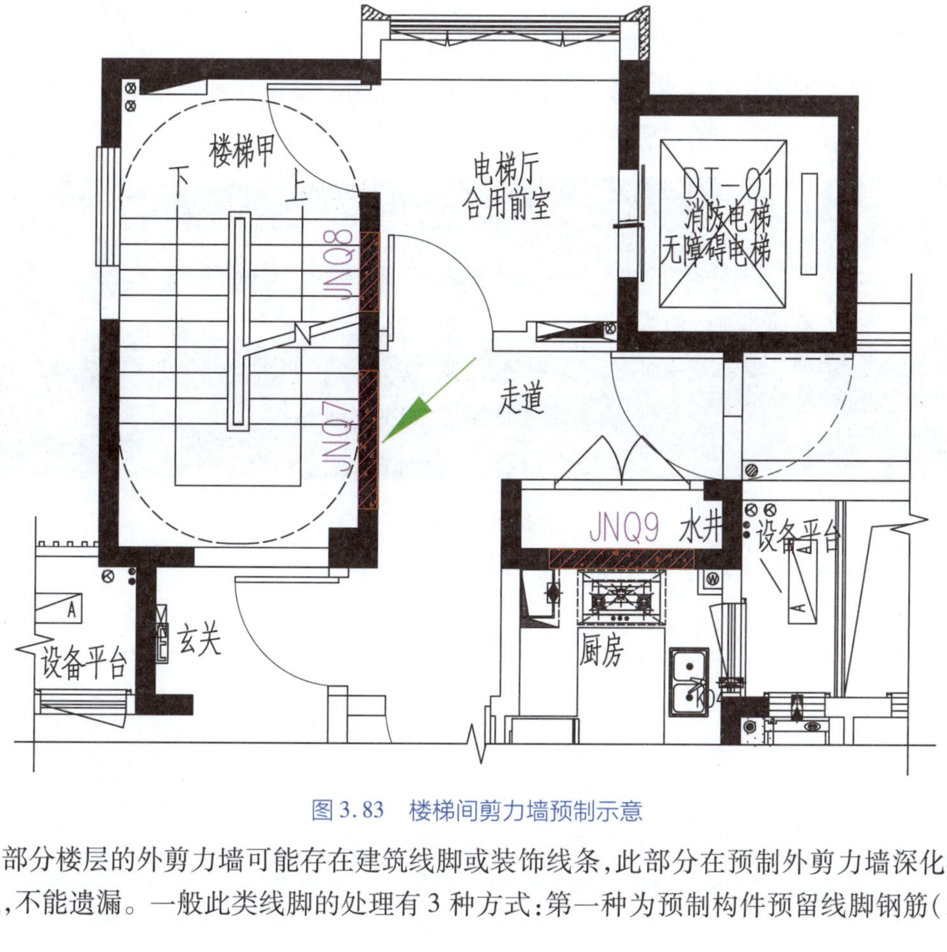

图 3.83　楼梯间剪力墙预制示意

部分楼层的外剪力墙可能存在建筑线脚或装饰线条，此部分在预制外剪力墙深化时应体现，不能遗漏。一般此类线脚的处理有 3 种方式：第一种为预制构件预留线脚钢筋（或后植筋)，线脚在现场采用混凝土现浇；第二种是在预制构件上预留混凝土线脚，成型效果较好，但模具成本较高且容易造成磕碰损坏；第三种是采用轻质材料外挂的方式，在预制墙板上预留连接件。

对于预制外剪力墙，当不涉及外保温的预制时，与预制内剪力墙基本相同，只是节点形式有所区别。当采用夹心保温外墙板或其他外保温一起预制时，应注意连接件的设置。

(7)其他注意要点

①根据《装配式混凝土结构技术规程》第5.3.5条，门窗应采用标准化部件，并宜采用缺口、预留副框或预埋件等方法与墙体可靠连接。

②对于预制剪力墙，要特别注意墙板两侧的结构板厚、板面结构标高对预制墙板顶部后浇层厚度的影响。顶部后浇层的相关要求可参见项目2中2.2.3节。

③当预制剪力墙的顶面存在平面外搭接的结构梁时，在预制剪力墙的顶端需要预留相应尺寸的后浇槽口，以便平面外结构梁钢筋伸入支座。或可以在墙板上梁的位置处预留伸出钢筋，伸出钢筋与梁底筋在端部连接。也可以在墙板侧面预留机械连接接头，梁底纵向钢筋在现场后安装。同时应注意，在此梁搭接位置处，预制剪力墙板内可能存在暗柱，应查看结构图纸，切勿遗漏，详见第2章2.2.3节“2)预制剪力墙拆分设计要点”相关介绍。

④因生产模具及生产工艺原因，深化设计时，预制剪力墙侧面的键槽应注意避开水平钢筋的出筋位置。预制剪力墙侧面模具如图3.84所示。

图3.84　预制剪力墙侧面模具

⑤手孔操作箱的大小应根据管线的数量合理选择，不能都统一采用一个尺寸，如图3.85、图3.86所示。

图 3.85　手孔箱(管线较少时)

图 3.86　手孔箱(管线较多时)

3.2.5　预制楼梯深化设计

1)预制楼梯深化设计内容

预制楼梯深化设计内容主要包括预制楼梯的尺寸、脱模吊装预埋件、防滑槽、滴水线、栏杆扶手预埋件、钢筋料表等。栏杆预埋件的型号及数量应结合栏杆厂家的深化图进行预埋。

图 3.87 所示为典型预制梯段板深化详图示例,详图图纸中主要包括以下内容:

①预制梯段板的平面图、底面图、侧视图、配筋图;

②钢筋料表、附件用量清单表、构件信息表;

③剖面图,用于定位梯段板中钢筋放置位置;

④脱模埋件、吊装埋件、栏杆埋件大样、滴水线槽大样;

⑤构件定位图,示意预制梯段板在平面中的位置;

⑥其他预留预埋;

⑦文字说明,对详图的进一步解释(如粗糙面的要求)、钢筋型号的说明、混凝土保护层厚度的要求、混凝土等级、线盒(如有)材质及高度;

⑧支座节点连接大样。

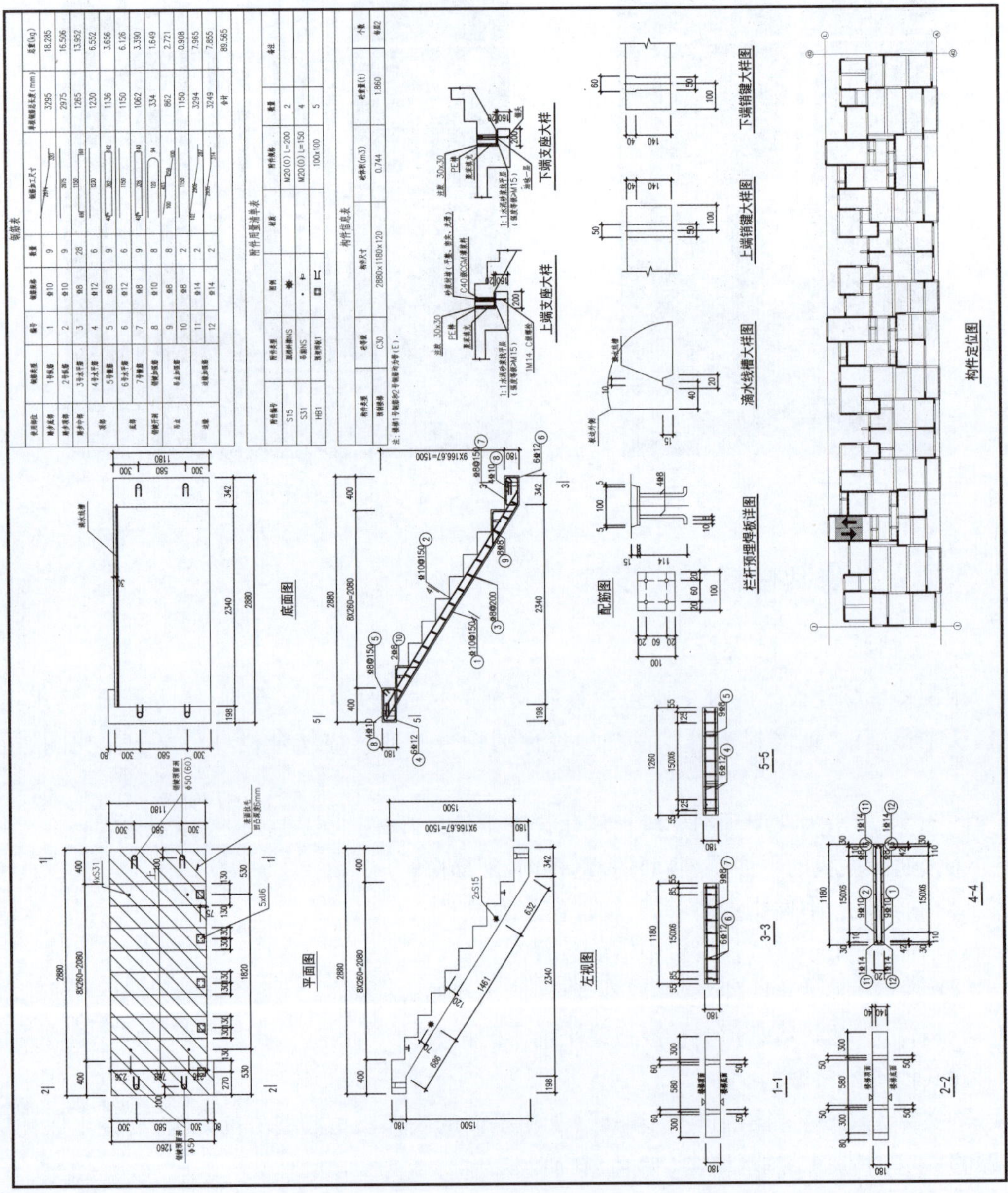

图3.87　典型预制楼梯构件详图

2）预制楼梯深化设计要点

①若是两端刚接预制楼梯，须注意预制梯段板端部出筋的位置，应结合两端的边界条件进行合理布置。

②根据《装配式混凝土结构技术规程》第6.5.8条，预制楼梯与支承构件之间宜采用简支连接。采用简支连接时，应符合下列规定：

a. 预制楼梯宜一端设置固定铰，另一端设置滑动铰，其转动及滑动变形能力应满足结构层间位移的要求，且预制楼梯端部在支承构件上的最小搁置长度应符合表3.4的规定；

b. 预制楼梯设置滑动铰的端部应采用防止滑落的构造措施。

表3.4　预制楼梯在支承构件上的最小搁置长度

抗震设防烈度	6度	7度	8度
最小搁置长度(mm)	75	75	100

③预制楼梯与墙面应留有适当的空隙（如20 mm），便于现场安装，待安装到位后，可采用图3.88所示方式或其他可行的施工封堵方式进行封堵。

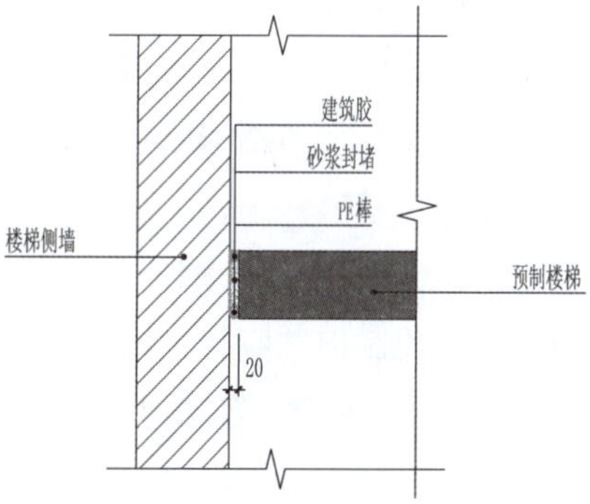

图3.88　梯段板与侧墙接缝示意图

④预制楼梯内预埋的栏杆预埋件应根据栏杆深化厂家的图纸进行预留，预埋件的型号、规格、数量应符合相关的设计要求。

⑤对于免面层的预制楼梯，需要预留防滑条；对于后期需要做建筑面层的梯段板，梯段板表面应做粗糙面处理，不需要预留防滑条。

⑥对于预制楼梯的梯段板底，须考虑预留滴水线。

⑦对于脱模、吊装吊点位置及预埋件的型号、规格、数量，应严格按照计算确认。

⑧对于阴角、阳角处，宜做倒圆角，有利于工厂脱模。

⑨对于梯板内的配筋，需要按照结构图中的配筋，同时结合图集进行钢筋放样。需要注意，部分楼梯需要增加边缘加强筋。

⑩对于剪刀梯，可能存在梯段板上砌墙的形式。当存在板上砌墙时，板内需要附加钢筋，同时需要进行相应的计算，并应考虑砌体墙内设置的构造柱。预制梯段板在深化时，应结合构造柱的位置，充分考虑构造柱后期的施工。

⑪预制楼梯其他一些构造上的要求，可以参考相关图集中的做法，如销键孔的加强筋、吊点处的加强筋等。

⑫预制梯板与梯梁之间留缝宽度，由设计确定，且应大于$\Delta\mu_p$。$\Delta\mu_p$为结构弹塑性层间位移，$\Delta\mu_p=\theta_p h_t$，θ_p为结构弹塑性层间位移角限值，按照《建筑抗震设计标准》确定；h_t为梯段高度。

⑬根据《装配式混凝土结构技术规程》第6.4.3条，预制板式楼梯的梯段板底应配置通长的纵向钢筋。板面宜配置通长的纵向钢筋；当楼梯两端均不能滑动时，板面应配置通长的纵向钢筋。

3.2.6　预制阳台板深化设计

预制阳台板分为叠合式阳台板、全预制板式阳台、全预制梁式阳台。

预制阳台板的深化内容主要包括预制阳台（全预制阳台）滴水线、栏杆预埋件、电线盒预埋、排水立管预留洞、地漏预留洞、阳台与主体结构连接节点详图等。

需要注意，板内钢筋需要避开预留、预埋的位置。

排水立管、地漏位置采用预留洞的形式时，预留洞的尺寸需要比管外径大，应结合止水节的尺寸进行考虑。预留洞尺寸大小宜结合现场情况与施工单位确认。

需要根据计算选择起吊点的位置及吊点预埋件的型号、规格。

叠合板式预制阳台板在预留线盒时，与叠合板相似，只需预留接线盒，接线盒的穿管在现浇区现场铺设。全预制阳台则需要将预留管一起预留到位。

对于全预制阳台板，板内出筋长度及出筋形式应严格按照结构专业图纸的要求，满足相关的锚固要求。

根据《装配式混凝土结构技术规程》第6.6.10条，阳台板、空调板宜采用叠合板构件或预制构件。预制构件应与主体结构可靠连接；叠合构件的负弯矩钢筋应在相邻叠合板的后浇混凝土中可靠锚固，叠合构件预制板底钢筋的锚固应符合下列规定：

①当板底为构造钢筋时，其钢筋锚固应符合本规程第6.6.4条第1款的规定；

②当板底为计算要求配筋时，钢筋应满足受拉钢筋的锚固要求。

3.2.7　预制女儿墙深化设计

预制女儿墙
拼缝构造展示

预制女儿墙按照是否带保温层分为保温式女儿墙、非保温式女儿墙，按照是否为全预制可分为全预制女儿墙、叠合预制女儿墙。

预制女儿墙的深化设计内容主要包括泛水收口预留槽、顶部压顶的滴水槽、支撑预埋件、脱模预埋件、吊装预埋件、预制女儿墙水平连接构造、与主体结构的连接节点详图、女儿墙之间的温度收缩缝构造、外叶墙板与内叶墙板的连接详图（仅夹心保温式预制女儿墙）、钢筋的排布等。

根据《装配式混凝土结构技术规程》第5.3.7条，女儿墙板内侧在要求的泛水高度处应设凹槽、挑檐或其他泛水收头等构造。

相邻预制女儿墙之间应注意设置收缩缝，根据电气专业设计要求，需设置避雷措施时，应在女儿墙压顶端部按照规范及相关专业设计说明设置避雷设施。

【知识检测】

一、单项选择题

1. 预制剪力墙板中，上下层剪力墙的竖向钢筋连接主要采用（　　）方式。

A. 焊接和螺栓连接　　B. 灌浆套筒连接和浆锚搭接连接

C. 机械连接接头和后拧入连接　　D. 直接绑定和钉子固定

2. 当预制楼梯与支承构件之间采用简支连接时，预制楼梯端部在支承构件上的最小搁置长度应符合（　　）标准的规定。

A.《建筑抗震设计标准》　　B.《装配式混凝土结构技术规程》

C.《混凝土结构设计标准》　　D.《装配式混凝土建筑技术标准》

3. 对于预制剪力墙，以下哪项不是其深化设计内容的一部分？（　　）

A. 剪力墙水平出筋的长度及末端形式　　B. 剪力墙上预留线盒、预留洞的定位

C. 脱模及吊装吊点的位置及预埋件的选择　　D. 预制剪力墙板的颜色选择

4. 预制剪力墙板深化设计中，关于粗糙面的要求是（　　）。

A. 粗糙面的面积不应小于结合面面积的60%

B. 预制墙端的粗糙面凹凸深度不应小于4 mm

C. 预制剪力墙顶部和底部应设置粗糙面

D. 侧面与后浇混凝土的结合面应设置粗糙面

5. 预制楼梯板内预埋的栏杆埋件应根据（　　）进行预留。

A. 现场实际测量结果　　B. 栏杆厂家深化图提供的尺寸和规格

C. 结构专业图纸的要求　　D. 施工单位的建议和要求

6. 根据《装配式混凝土结构技术规程》，预制剪力墙板内的竖向分布钢筋宜采用（　　）方式。

A. 单排连接　　B. 双排连接

C. “梅花形”部分连接　　D. A 和 B 都是

7. 预制阳台板的深化设计中，排水立管、地漏位置采用（　　）形式。

A. 直接浇筑在阳台板上　　B. 通过预留洞的形式实现

C. 使用现浇带法处理　　D. 利用特殊的固定装置固定

8. 预制女儿墙之间的温度收缩缝构造应如何处理？（　　）

A. 使用伸缩缝材料填充　　B. 用防水密封胶封闭处理

C. 根据电气专业设计要求设置避雷设施　　D. 根据结构总说明进行处理

二、多项选择题

1. 预制叠合板深化设计中，以下哪些因素需要考虑以确保正确安装？（　　　）

A. 预制叠合板的外形尺寸

B. 结构模板图中的水平加腋情况

C. 烟道井处的预留洞口尺寸

D. 阳台区域的地漏、排水立管等预留孔洞位置

2. 根据《钢筋桁架混凝土叠合板应用技术规程》,桁架预制板的接缝可以采用(　　)做法。

A. 底面倒角和侧面倾斜面形成两道连续斜坡　B. 底面设槽口和顶面设倒角

C. 底面和顶面均设倒角　D. 所有上述做法

3. 预制梁与现浇结构连接时,以下(　　)措施是必要的。

A. 确保纵向钢筋的正确锚固

B. 设置足够的粗糙面以增强结合面的黏结力

C. 考虑现浇区域内的防雷接地预埋件

D. 确保所有预留线盒都配有对应的穿线管

4. 对于预制剪力墙,以下(　　)描述是正确的。

A. 竖向分布钢筋应逐根连接

B. 墙体厚度不大于 200 mm 的丙类建筑预制剪力墙的竖向分布钢筋可采用单排连接

C. 预制剪力墙内的连接纵向钢筋在剪力墙变截面位置应逐根连接

D. 所有上述描述都是正确的

5. 进行预制楼梯的深化设计时,需要注意(　　)要点。

A. 确保梯段板底配置通长的纵向钢筋

B. 根据抗震设防烈度确定最小搁置长度

C. 确保梯段板内预埋栏杆埋件符合设计要求

D. 确保所有的电线盒都配有对应的穿线管

6. 根据《装配式混凝土结构技术规程》,需要特别注意预制女儿墙的(　　)特性。

A. 内侧泛水高度处应设凹槽或其他泛水收头构造

B. 确保女儿墙与主体结构的可靠连接

C. 如果存在板上砌墙,需要附加钢筋并进行相应的计算

D. 确保每个女儿墙之间都设置有收缩缝和避雷设施

三、判断题

1. 预制叠合板深化设计中,如果框架梁存在水平加腋的情况,预制叠合板应适当调整尺寸以避开加腋区。(　　)

2. 预制剪力墙与现浇混凝土结合面无须设置粗糙面。(　　)

3. 预制柱采用套筒灌浆连接时,套筒上端第一道箍筋距离套筒顶部不应大于 50 mm。(　　)

4. 预制楼梯与支承构件之间必须采用固定连接方式。(　　)

任务3.3　深化设计其他注意事项

1)混凝土、钢筋、钢材要求

深化设计时,预制构件中的混凝土、钢筋、钢材应满足结构设计图纸的相关要求,同时也应注意复核,使各材料满足相关规范的要求。

根据《装配式混凝土建筑技术标准》第5.2.1条,混凝土、钢筋、钢材和连接材料的性能要求应符合《混凝土结构设计标准》《钢结构设计标准》(GB 50017—2017)和《装配式混凝土结构技术规程》等的有关规定。

《装配式混凝土结构技术规程》第4.1.2条规定:预制构件的混凝土强度等级不宜低于C30;预应力混凝土预制构件的混凝土强度等级不宜低于C40,且不应低于C30;现浇混凝土的强度等级不应低于C25。

《装配式混凝土结构技术规程》第4.1.3条规定:钢筋的选用应符合《混凝土结构设计标准》的规定。普通钢筋采用套筒灌浆连接和浆锚搭接连接时,应采用热轧带肋钢筋。

《装配式混凝土结构技术规程》第4.1.5条规定:预制构件的吊环应采用未经冷加工的HPB300级钢筋制作。吊装用内埋式螺母或吊杆的材料应符合国家现行相关标准的规定。

《装配整体式混凝土框架结构技术规程》(DGJ32/TJ 219—2017)第3.2.2条规定:普通钢筋宜采用HRB400级和HRB500级钢筋,也可采用HPB300级和HTRB600级钢筋。抗震设计构件及节点宜采用延性、韧性和焊接性较好的钢筋,并满足《建筑抗震设计标准》的规定。

《装配式混凝土结构技术规程》第6.1.12条规定:预制构件节点及接缝后浇混凝土强度等级不应低于预制构件的混凝土强度等级;多层剪力墙结构中,墙板水平接缝用座浆材料的强度等级值应大于被连接构件的混凝土强度等级值。

《装配式混凝土建筑技术标准》第5.2.2条规定:用于钢筋浆锚搭接连接的镀锌金属波纹管应符合《预应力混凝土用金属波纹管》(JG/T 225—2020)的有关规定。镀锌金属波纹管的钢带厚度不宜小于0.3 mm,波纹高度不应小于2.5 mm。

《装配式混凝土建筑技术标准》第5.2.3条规定:用于钢筋机械连接的挤压套筒,其原材料及实测力学性能应符合《钢筋机械连接用套筒》(JG/T 163—2013)的有关规定。

《装配式混凝土建筑技术标准》第5.2.4条规定:用于水平钢筋锚环灌浆连接的水泥基灌浆材料应符合《水泥基灌浆材料应用技术规范》(GB/T 50448—2015)的有关规定。

《装配式混凝土建筑技术标准》第9.6.11条规定:预制构件脱模起吊时的混凝土强度应计算确定,且不宜小于15 MPa。

《混凝土结构通用规范》(GB 55008—2021)第3.2.3条规定:对按一、二、三级抗震等级设计的房屋建筑框架和斜撑构件,其纵向受力普通钢筋性能应符合下列规定:

①抗拉强度实测值与屈服强度实测值的比值不应小于1.25;

②屈服强度实测值与屈服强度标准值的比值不应大于1.30;

③最大力总延伸率实测值不应小于9%。

《混凝土结构通用规范》(GB 55008—2021)第3.2.3条提出了框架、斜撑构件(含梯段)中纵向受力普通钢筋强度、延伸率的规定,目的是保证重要结构构件的抗震性能。本条中的框架包括各类混凝土结构中的框架梁、框架柱、框支梁、框支柱及板柱-剪力墙的柱等,其抗震等级应根据国家现行标准确定;斜撑构件包括伸臂桁架的斜撑、楼梯的梯段等;剪力墙及其边缘构件、筒体、楼板、基础等一般不属于本条规定的范围之内。

2)钢筋弯折的弯弧内直径要求

部分厂家在对钢筋进行弯折放样时,弯弧内直径往往未能按照相关规范的要求进行放样。因此,对钢筋弯折时弯弧内直径的要求应在深化设计图纸中体现,并在设计交底时作出提示,以确保厂家按照规范、设计要求进行放样。

根据《混凝土结构工程施工规范》(GB 50666—2011)第5.3.4条,钢筋弯折的弯弧内直径应符合下列规定:

①对于光圆钢筋,不应小于钢筋直径的2.5倍。

②对于335 MPa级、400 MPa级带肋钢筋,不应小于钢筋直径的4倍。

③对于500 MPa级带肋钢筋,当直径为28 mm以下时,不应小于钢筋直径的6倍;当直径为28 mm及以上时,不应小于钢筋直径的7倍。

④位于框架结构顶层端节点处的梁上部纵向钢筋与柱外侧纵向钢筋,在节点角部弯折处,当钢筋直径为28 mm及以下时,不宜小于钢筋直径的12倍;当钢筋直径为28 mm及以上时,不宜小于钢筋直径的16倍。

⑤箍筋弯折处还不应小于纵向受力钢筋直径;箍筋弯折处纵向受力钢筋为搭接钢筋或并筋时,应按钢筋实际排布情况确定箍筋弯弧内直径。

在框架柱顶层端节点,为防止节点内弯折钢筋的弯弧下混凝土局部压碎,框架梁上部纵向钢筋及柱外侧纵向受力钢筋在顶层端节点处的弯弧内半径比其他部位要大。对厂家进行设计交底时,应特别注意提醒。

3)纵向受力钢筋接头设置要求

当预制构件范围内存在纵向受力钢筋接头或预制柱转现浇柱需要设置钢筋接头时,接头的位置会影响钢筋放样长度,从而影响工厂的下料。深化设计时,应明确接头位置,同时在料表中给出准确的钢筋放样图,以便工厂进行准确的生产。

根据《混凝土结构工程施工规范》(GB 50666—2011)第5.4.4条,当纵向受力钢筋采用机械连接接头或焊接接头时,接头的设置应符合下列规定:

①同一构件内的接头宜分批错开。

②接头连接区段的长度为$35d$,且不应小于500 mm,凡接头中点位于该连接区段长度内的接头均应属于同一连接区段;其中,d为相互连接两根钢筋中较小直径。

③同一连接区段内,纵向受力钢筋接头面积百分率为该区段内有接头的纵向受力钢筋截面面积与全部纵向受力钢筋截面面积的比值;纵向受力钢筋的接头面积百分率应符合下列规定:

a.对于受拉接头,不宜大于50%;对于受压接头,可不受限值。

b.对于板、墙、柱中受拉机械连接接头,可根据实际情况放宽;对于装配式混凝土结构构件连接处受拉接头，可根据实际情况放宽。

c.直接承受动力荷载的结构构件中，不宜采用焊接；当采用机械连接时，不应超过50%。

装配式混凝土结构为由预制构件拼装的整体结构，构件连接处无法做到分批连接，多采用同截面100%连接的形式。施工中，应采取措施保证连接的质量。

根据《混凝土结构工程施工规范》(GB 50666—2011)第5.4.5条，当纵向受力钢筋采用绑扎搭接接头时，接头的设置应符合下列规定：

①同一构件内的接头宜分批错开。各接头的横向净间距 s 不应小于钢筋直径，且不应小于25 mm。

②接头连接区段的长度为1.3倍搭接长度，凡接头中点位于该连接区段长度内的接头均应属于同一连接区段；搭接长度可取相互连接两根钢筋中较小直径计算。纵向受力钢筋的最小搭接长度应符合本规范附录C的规定。

③同一连接区段内，纵向受力钢筋接头面积百分率为该区段内有接头的纵向受力钢筋截面面积与全部纵向受力钢筋截面面积的比值(图3.89)；纵向受压钢筋的接头面积百分率可不受限值；纵向受拉钢筋的接头面积百分率应符合下列规定：

a.对于梁类、板类及墙类构件，不宜超过25%；对于基础筏板，不宜超过50%。

b.对于柱类构件，不宜超过50%。

c.当工程中确有必要增大接头面积百分率时，对于梁类构件，不应大于50%；对其他构件，可根据实际情况适当放宽。

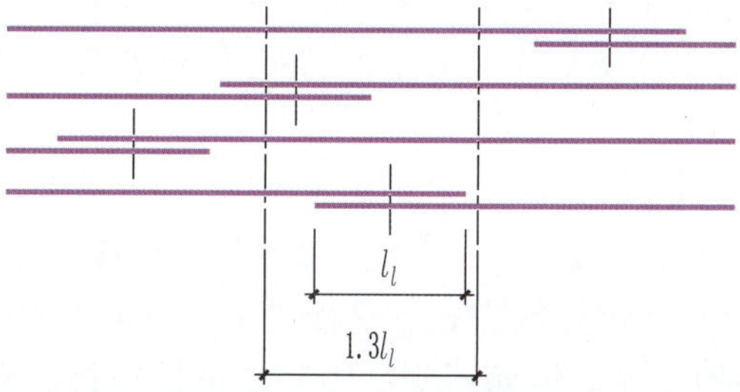

图3.89 钢筋绑扎搭接接头连接区段及接头面积百分率

注意：图3.89所示搭接接头同一连接区段内的搭接钢筋为两根。当各钢筋直径相同时，接头面积百分率为50%。

4)纵向受力钢筋搭接长度范围内箍筋设置要求

当纵向受力钢筋在预制构件范围内搭接时，深化设计时应注意在搭接长度范围内按照相关规范要求设置箍筋。

根据《混凝土结构工程施工规范》(GB 50666—2011)第5.4.6条，在梁、柱类构件的纵向受力钢筋搭接长度范围内应按设计要求配置箍筋，并应符合下列规定：

①箍筋直径不应小于搭接钢筋较大直径的25%；

②受拉搭接区段的箍筋间距不应大于搭接钢筋较小直径的5倍，且不应大于100 mm；

③受压搭接区段的箍筋间距不应大于搭接钢筋较小直径的10倍，且不应大于200 mm；

④当柱中纵向受力钢筋直径大于25 mm时，应在搭接接头两个端面外100 mm范围内

各设置两个箍筋,其间距宜为50 mm。

5)预制构件的连接

预制构件之间的连接是装配整体式混凝土结构的关键,预制构件之间的连接质量决定了结构整体的安全性。

根据《装配整体式混凝土框架结构技术规程》(DGJ32/TJ 219—2017)第4.1.5条,预制构件的连接应符合下列规定:

①纵向受力钢筋宜采用套筒灌浆连接、机械连接或焊接连接;

②纵向受力钢筋的连接应满足《钢筋机械连接技术规程》(JGJ 107—2016)中Ⅰ级接头的性能要求;

③当预制柱之间采用套筒灌浆连接并符合《钢筋套筒灌浆连接应用技术规程》(JGJ 355—2015)的规定时,纵向受力钢筋可在同一断面进行连接。

根据《装配式混凝土结构技术规程》第4.2.7条,夹心外墙板中内外叶墙板的拉结件应符合下列规定:

①金属及非金属材料拉结件均应具有规定的承载力、变形和耐久性能,并应经过试验验证;

②拉结件应满足夹心外墙板的节能设计要求。

根据《装配式混凝土建筑技术标准》第5.4.3条,预制构件的拼接应符合下列规定:

①预制构件拼接部位的混凝土强度等级不应低于预制构件的混凝土强度等级;

②预制构件的拼接位置宜设置在受力较小部位;

③预制构件的拼接应考虑温度作用和混凝土收缩徐变的不利影响,宜适当增加构造钢筋。

根据《装配式混凝土建筑技术标准》第5.4.4条,装配式混凝土结构中,节点及接缝处的纵向钢筋连接宜根据接头受力、施工工艺等要求选用套筒灌浆连接、机械连接、浆锚搭接连接、焊接连接、绑扎搭接连接等连接方式。直径大于20 mm的钢筋不宜采用浆锚搭接连接,直接承受动力荷载的构件纵向钢筋不应采用浆锚搭接连接。当采用套筒灌浆连接时,应符合《钢筋套筒灌浆连接应用技术规程》(JGJ 355—2015)的规定;当采用机械连接时,应符合《钢筋机械连接技术规程》(JGJ 107—2016)的规定;当采用焊接连接时,应符合《钢筋焊接及验收规程》(JGJ 18—2012)的规定。

根据《装配式混凝土建筑技术标准》第5.4.5条,纵向钢筋采用挤压套筒连接时,应符合下列规定:

①连接框架柱、框架梁、剪力墙边缘构件纵向钢筋的挤压套筒接头应满足Ⅰ级接头的要求,连接剪力墙竖向分布钢筋、楼板分布钢筋的挤压套筒接头应满足Ⅰ级接头抗拉强度的要求;

②被连接的预制构件之间应预留后浇段,后浇段的高度或长度应根据挤压套筒接头安装工艺确定,应采取措施保证后浇段的混凝土浇筑密实;

③预制柱底、预制剪力墙底宜设置支腿,支腿应能承受不小于2倍被支承预制构件的自重。

根据《装配式混凝土结构技术规程》第6.5.3条，纵向钢筋采用套筒灌浆连接时，应符合下列规定：

①接头应满足《钢筋机械连接技术规程》（JGJ 107—2016）中Ⅰ级接头的性能要求，并应符合国家现行有关标准的规定；

②预制剪力墙中钢筋接头处套筒外侧钢筋的混凝土保护层厚度不应小于15 mm，预制柱中钢筋接头外套筒外侧箍筋的混凝土保护层厚度不应小于20 mm；

③套筒之间的净距不应小于25 mm。

根据《装配式混凝土结构技术规程》第6.5.2条，装配式结构中，节点和接缝处的纵向钢筋连接宜根据接头受力、施工工艺等要求选用机械连接接头、套筒灌浆连接、浆锚搭接连接、焊接连接、绑扎搭接连接等连接方式，并应符合国家现行有关标准的规定。

根据《装配式混凝土结构技术规程》第6.5.4条，纵向钢筋采用浆锚搭接连接时，对预留孔成孔工艺、孔道形状和长度、构造要求、灌浆料和被连接钢筋，应进行力学性能以及适用性的试验验证。直径大于20 mm的钢筋不宜采用浆锚搭接连接，直接承受动力荷载构件的纵向钢筋不应采用浆锚搭接连接。

根据《装配式混凝土结构技术规程》第6.5.6条，预制构件纵向钢筋在后浇混凝土内直线锚固；当直线锚固长度不足时，可采用弯折、机械锚固方式，并应符合《混凝土结构设计标准》和《钢筋锚固板应用技术规程》（JGJ 256—2011）的规定。

采用连接件的连接方式是预制构件连接的方式之一，根据《装配式混凝土结构技术规程》第6.5.7条，应对连接件、焊缝、螺栓或铆钉等紧固件在不同设计状况下的承载力进行验算，并应符合《钢结构设计标准》（GB 50017—2017）和《钢结构焊接规范》（GB 50661—2011）的规定。

6）预制构件临时支撑

当预制构件设置临时支撑且临时支撑的设置需要在预制构件上设置预埋件时，其位置应符合规范的相关要求，根据《混凝土结构工程施工规范》（GB 50666—2011）第9.5.5条，采用临时支撑时，应符合下列规定：

①每个预制构件的临时支撑不宜少于2道；

②对于预制柱、墙板的上部斜撑，其支撑点距离底部的距离不宜小于高度的2/3，且不应小于高度的1/2；

③构件安装就位后，可通过临时支撑对构件的位置和垂直度进行微调。

根据《混凝土结构工程施工规范》（GB 50666—2011）第9.5.5条，临时支撑包括水平构件下方的临时竖向支撑、在水平构件两端支承构件上设置的临时托架、竖向构件的临时支撑（如可调式钢管临时支撑或型钢支撑）等。

对于预制墙板，临时支撑一般安放在其背面，且一般不少于2道。对于宽度比较小的墙板，也可仅设置一道斜撑。当墙板底部没有水平约束时，墙板的每道临时支撑包括上部斜撑和下部斜撑，下部斜撑可做成水平支撑或斜向支撑。对于预制柱，由于其底部纵向钢筋可以起到水平约束的作用，故一般仅设置上部斜撑。柱子的斜撑也最少要设置2道，且要设置在两个相邻的侧面上，水平投影相互垂直。当预制柱斜支撑按拉压杆设计时，斜支撑至少在相互垂直的两个非临空面设置；当斜支撑按拉杆设计时，4 个柱面均应设置斜支撑。斜支撑两端节点应符合支撑受力要求，宜采用固定铰支座形式。

7）预制构件施工计算

在装配式结构构件及节点的设计中，除对使用阶段进行验算外，还应重视施工阶段的验算，即短暂设计状况的验算，对预制构件在脱模、翻转、起吊、运输、堆放、安装等生产和施工过程中的安全性进行分析。主要原因如下：

①在制作、施工安装阶段的荷载，受力状态和计算模式经常与使用阶段不同。

②预制构件的混凝土强度在此阶段尚未达到设计强度。因此，许多预制构件的截面及配筋设计，不是使用阶段的设计计算起控制作用，而是此阶段的设计计算起控制作用。

根据《混凝土结构工程施工规范》（GB 50666—2011）第 9.2.1 条，装配式混凝土结构施工前，应根据设计要求和施工方案进行必要的施工验算。

《混凝土结构工程施工规范》（GB 50666—2011）第 9.2.2 条，预制构件在脱模、吊运、运输、安装等环节的施工验算，应将构件自重标准值乘以脱模吸附系数或动力系数作为等效荷载标准值，并应符合下列规定：

①脱模吸附系数宜取 1.5，也可根据构件和模具表面状况适当增减；复杂情况下，脱模吸附系数宜根据试验确定。

②构件吊运、运输时，动力系数宜取 1.5；构件翻转及安装过程中就位、临时固定时，动力系数可取 1.2。当有可靠经验时，动力系数可根据实际受力情况和安全要求适当增减。

《混凝土结构工程施工规范》（GB 50666—2011）第 9.2.3 条，预制构件的施工验算宜符合下列规定：

①钢筋混凝土和预应力混凝土构件正截面边缘的混凝土法向压应力，应满足式（3.1）的要求：

$$\sigma_{cc} \leq 0.8f'_{ck} \tag{3.1}$$

式中 σ_{cc}——各施工环节在荷载标准组合作用下产生的构件正截面边缘混凝土法向压应力，N/mm^2，可按毛截面计算；

f'_{ck}——与各施工环节的混凝土立方体抗压强度相应的抗压强度标准值，N/mm^2，按《混凝土结构设计标准》中表 4.1.3 以线性内插法确定。

②钢筋混凝土和预应力混凝土构件正截面边缘的混凝土法向拉应力，宜满足式（3.2）的要求：

$$\sigma_{ct} \leq 1.0f'_{tk} \tag{3.2}$$

式中 σ_{ct}——各施工环节在荷载标准组合作用下产生的构件正截面边缘混凝土法向拉应力，N/mm^2，可按毛截面计算；

f'_{tk}——与各施工环节的混凝土立方体抗压强度相应的抗拉强度标准值，N/mm^2，按《混凝土结构设计标准》中表 4.1.3 以线性内插法确定。

③对预应力混凝土构件的端部正截面边缘的混凝土法向拉应力可适当放松，但不应大于 $1.2f'_{tk}$。

④对于施工过程中允许出现裂缝的钢筋混凝土构件，其正截面边缘混凝土法向拉应力

限值可适当放松，但开裂截面处受拉钢筋的应力应满足式(3.3)的要求：

$$\sigma_s \leqslant 0.7f_{yk} \tag{3.3}$$

式中　σ_s——各施工环节在荷载标准组合作用下的受拉钢筋应力，应按开裂截面计算，N/mm^2；

f_{yk}——受拉钢筋强度标准值，N/mm^2。

⑤叠合式受弯构件还应符合《混凝土结构设计标准》的有关规定。进行后浇叠合层施工阶段验算时，叠合板的施工活荷载可取 1.5 kN/mm^2，叠合梁的施工活荷载可取 1.0 kN/mm^2。

叠合受弯构件指预制混凝土梁、板顶部在现场后浇混凝土而形成的整体受弯构件。根据《混凝土结构设计标准》第 9.5.1 条：

①对于二阶段成形的水平叠合受弯构件，当预制构件高度不足全截面高度的 40% 时，施工阶段应有可靠支撑；

②对于施工阶段有可靠支撑的叠合受弯构件，可按整体受弯构件设计计算，但其斜截面受剪承载力和叠合面首件承载力应按本规范附录 H 计算；

③对于施工阶段无支撑的叠合受弯构件，应对底部预制构件及浇筑混凝土后的叠合构件按本规范附录 H 的要求进行二阶段受力计算。

根据《混凝土结构设计标准》附录 H.0.1，对于施工阶段不加支撑的叠合受弯构件(梁、板)，其内力应分别按下列两个阶段计算：

①第一阶段——后浇的叠合层混凝土为达到强度设计值之前的阶段。荷载由预制构件承担，预制构件按简支构件计算；荷载包括预制构件自重、预制楼板自重、叠合层自重以及本阶段的施工活荷载。

②第二阶段——叠合层混凝土达到设计规定的强度值之后的阶段。叠合构件按整体结构计算；荷载应考虑下列两种情况并取较大值：

a. 在施工阶段，考虑叠合构件自重、预制楼板自重、面层和吊顶等自重，以及本阶段的施工活荷载；

b. 在使用阶段，考虑叠合构件自重、预制楼板自重、面层和吊顶等自重，以及使用阶段的活荷载。

根据《混凝土结构设计标准》第 9.5.4 条，对于由预制构件及后浇混凝土成形的叠合柱和墙，应按施工阶段及使用阶段的工况分别进行预制构件及整体结构的计算。

8)接缝承载力验算

根据《装配式混凝土结构技术规程》第 6.5.1 条，装配整体式结构中的接缝主要指预制构件之间的接缝及预制构件与现浇及后浇混凝土之间的结合面，包括梁端接缝、柱顶底接缝、剪力墙的竖向接缝和水平接缝等。装配整体式结构中，接缝是影响结构受力性能的关键部位。接缝的压力通过后浇混凝土、灌浆料或座浆材料直接传递；拉力通过由各种方式连接的钢筋、预埋件传递；剪力由结合面混凝土强度的黏结强度、键槽或者粗糙面、钢筋的摩擦抗剪作用、销栓抗剪作用承担。预制构件连接接缝一般采用强度等级高于构件的后浇混凝土、灌浆料或座浆材料。当穿过接缝的钢筋不少于构件内钢筋且构造符合本规程规定时,节点及接缝的正截面受压、受拉及受弯承载力一般不低于构件,可不必进行承载力验算。当需要计算时,可按照混凝土构件正截面的计算方法进行,混凝土强度取接缝及构件混凝土材料强度的较低值,钢筋取穿过正截面且有可靠锚固的钢筋数量。后浇混凝土、灌浆料或座浆材料与预制构件结合面的黏结抗剪强度往往低于预制构件本身混凝土的抗剪强度。因此,预制构件的接缝一般都需要进行受剪承载力的计算。

根据《装配式混凝土建筑技术标准》第 5.4.2 条,装配整体式混凝土结构中,接缝的正截面承载力应符合《混凝土结构设计标准》的规定。接缝的受剪承载力应符合下列规定:

①持久设计状况、短暂设计状况:

$$\gamma_0 V_{jd} \leqslant V_u \tag{3.4}$$

②地震设计状况:

$$V_{jdE} \leqslant V_{uE}/\gamma_{RE} \tag{3.5}$$

在梁、柱端部箍筋加密区及剪力墙底部加强部位,还应符合式(3.6)的要求:

$$\eta_j V_{mua} \leqslant V_{uE} \tag{3.6}$$

式中 γ_0——结构重要性系数,安全等级为一级时不应小于 1.1,安全等级为二级时不应小于 1.0;

V_{jd}——持久设计状况和短暂设计状况下接缝剪力设计值,N;

V_{jdE}——地震设计状况下接缝剪力设计值,N;

V_u——持久设计状况和短暂设计状况下梁端、柱端、剪力墙底部接缝受剪承载力设计值,N;

V_{uE}——地震设计状况下梁端、柱端、剪力墙底部接缝受剪承载力设计值,N;

V_{mua}——被连接构件端部按实配钢筋面积计算的斜截面受剪承载力设计值,N;

γ_{RE}——接缝受剪承载力抗震调整系数,取 0.85;

η_j——接缝受剪承载力增大系数,抗震等级为一、二级时取 1.2,抗震等级为三、四级时取 1.1。

根据《装配式混凝土结构技术规程》第 7.2.2 条,叠合梁端竖向接缝的受剪承载力设计值应按下列公式计算:

①持久设计状况:

$$V_u = 0.07f_c A_{c1} + 0.10f_c A_k + 1.65A_{sd}\sqrt{f_c f_y} \tag{3.7}$$

②地震设计状况:

$$V_{uE} = 0.04f_c A_{c1} + 0.06f_c A_k + 1.65A_{sd}\sqrt{f_c f_y} \tag{3.8}$$

式中 A_{c1}——叠合梁端截面后浇混凝土叠合层截面面积,mm^2;

f_c——预制构件混凝土轴心抗压强度设计值,N/mm^2;

f_y——垂直穿过结合面钢筋抗拉强度设计值,N/mm^2;

A_k——各键槽的根部截面面积(图 3.90)之和,按后浇键槽根部截面和预制键槽根部截面分别计算,并取两者的较小值,mm^2;

A_{sd}——垂直穿过结合面所有钢筋的面积,包括叠合层内的纵向钢筋面积,mm^2。

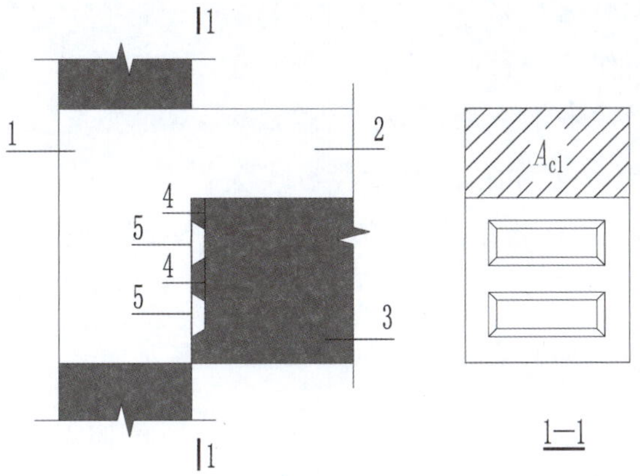

图3.90　叠合梁端受剪承载力计算参数示意

1—后浇节点区;2—后浇混凝土叠合层;3—预制梁;
4—预制键槽根部截面;5—后浇键槽根部截面

根据《装配式混凝土结构技术规程》第7.2.3条,预制柱底水平接缝的受剪承载力设计值应按下列公式计算:

①当预制柱受压时:

$$V_{uE} = 0.8N + 1.65A_{sd}\sqrt{f_c f_y} \tag{3.9}$$

②当预制柱受拉时:

$$V_{uE} = 1.65A_{sd}\sqrt{f_c f_y\left[1 - \left(\frac{N}{A_{sd}f_y}\right)^2\right]} \tag{3.10}$$

式中　f_c——预制构件混凝土轴心抗压强度设计值,N/mm^2;

f_y——垂直穿过结合面钢筋抗拉强度设计值,N/mm^2;

N——与剪力设计值V相应的垂直于结合面的轴向力设计值,N,取绝对值进行计算;

A_{sd}——垂直穿过结合面所有钢筋的面积,mm^2;

V_{uE}——地震设计状况下接缝受剪承载力设计值,N。

根据《装配式混凝土建筑技术标准》第5.7.8条,地震设计状况下,剪力墙水平接缝的受剪承载力设计值应按式(3.11)计算:

$$V_{uE} = 0.06f_y A_{sd} + 0.8N \tag{3.11}$$

式中　V_{uE}——剪力墙水平接缝受剪承载力设计值,N;

f_y——垂直穿过结合面的竖向钢筋抗拉强度设计值,N/mm^2;

A_{sd}——垂直穿过结合面的竖向钢筋面积,mm^2;

N——与剪力设计值V相应的垂直于结合面的轴向力设计值,N,压力时取正值,拉力时取负值;当大于$0.6f_c bh_0$时,取为$0.6f_c bh_0$;f_c为混凝土轴心抗压强度设计值,b为剪力墙厚度,h_0为剪力墙截面有效高度。

根据《装配式混凝土建筑技术标准》第5.7.8条,预制剪力墙水平接缝受剪承载力设计值的计算公式主要采用剪摩擦的原理,考虑了钢筋和轴力的共同作用。进行预制剪力墙底部水平接缝受剪承载力计算时,计算单元的选取分以下3种情况:

①不开洞或开小洞整体墙,作为一个计算单元;

②小开口整体墙可作为一个计算单元,各墙肢联合抗剪;

③开口较大的双肢及多肢墙,各墙肢作为单独的计算单元。

9)叠合构件叠合面受剪承载力验算

根据《混凝土结构设计标准》附录 H.0.4 条,当叠合梁符合本规范第 9.2 节梁的各项构造要求时,其叠合面的受剪承载力应符合下式的规定:

$$V \leqslant 1.2 f_t b h_0 + 0.85 f_{yv} \frac{A_{sv}}{s} h_0 \tag{3.12}$$

其中,混凝土的抗拉强度设计值 f_t 取叠合层和预制构件中的较低值。

对于不配置箍筋的叠合板,当符合本规范叠合界面粗糙度的构造规定时,其叠合面的受剪强度应符合下式的要求:

$$\frac{V}{bh_0} \leqslant 0.4(\mathrm{N/mm^2}) \tag{3.13}$$

10)预制混凝土构件预留预埋

在进行装配整体式混凝土建筑内部设备管线设计时,应特别重视管线综合设计。

根据《装配式混凝土结构技术规程》第 5.4.3 条,设备管线应进行综合设计,减少平面交叉;竖向管线宜集中布置,并应满足维修更换的要求。

在以上各节介绍的深化设计要点中,涉及了较多预留预埋,在此处进行简单的梳理。

①叠合板:顶部灯具预留线盒、消防类线盒(如烟感、消防喇叭)、红外幕帘、吸顶摄像头、应急照明、预留穿线洞(叠合板下方有墙但墙顶无梁且墙上有向上穿线管时)、水专业相关的预留洞口(立管、地漏等)、空调内机接线盒(电源线、通信线)、新风机接线盒、电动窗帘接线盒(板上、墙上预留均有可能)、吊装用吊环(根据需要决定是否采用)等。

②预制梁:竖向预留洞(如墙上开关面板穿线管用)、水平向预留洞或预留套管(如水管横向穿梁)、吊装用吊钉或吊环、施工用预留对拉螺栓孔、内外装用埋件(如幕墙埋件)等。

③预制柱:吊装用吊钉或吊环、施工用预留对拉螺栓孔、斜撑及脱模用预埋件、防雷接地埋件、临时钢托架埋件(根据需要确定是否采用)等。

④预制混凝土墙板:开关面板(含预留接线盒及穿线管)、插座(含预留接线盒及穿线管)、给排水立管在墙内走时的预留压槽、水管横向穿墙时预留套筒或预留洞、卫生间位置的等电位箱预留洞口、手孔操作箱、吊装用吊钉或吊环、施工用预留对拉螺栓孔、斜撑及脱模用预埋件。

⑤预制楼梯:栏杆埋件、滴水线、防滑条、脱模埋件、吊装埋件。

⑥预制飘窗:防雷接地(根据需要)、预埋附框(根据需要)、栏杆埋件、脱模埋件、吊装埋件、临时支撑埋件等。

图 3.91 所示为预制柱临时固定措施示意图,预制柱、预制剪力墙等预制构件的斜撑埋件应注意其埋置深度及构造做法。在现场施工作业中,需要对这类预制构件进行垂直度的校准时,可通过斜支撑上的调节装置调整预制构件的垂直度。斜撑埋件将受力,若埋件未采取有效措施,可能会被从混凝土内拔出。特别是楼板内的斜撑埋件,如果埋置深度较浅

且未采取有效的抗拔措施，在垂直度调整时，很可能出现埋件被拔出的情况。

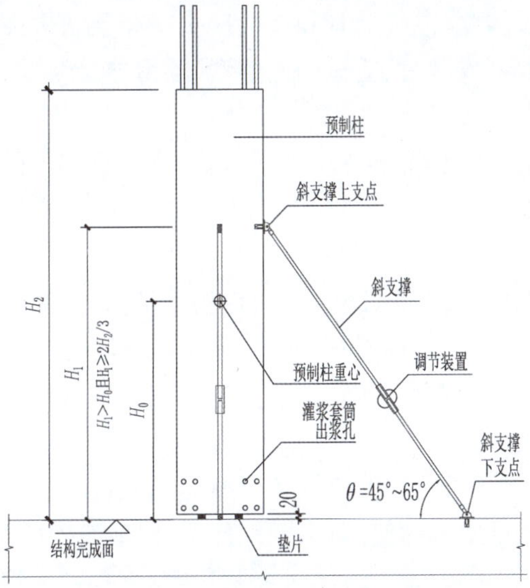

图 3.91　预制柱临时固定措施

对于吊装用埋件，应充分考虑吊具的操作空间，如预制梁的吊环应考虑加密区箍筋的影响、预制柱吊装用预埋螺栓的位置应与柱纵向钢筋有一定的距离。

其他关于预留键槽的相关内容不再赘述。

对于叠合板上的预留线盒，当电气导管在叠合板现浇层内敷设时，预留线盒应采用深型线盒。深型线盒应高出叠合板预制面不小于 40 mm，保证电气导管连接口在叠合板现浇层内，如图 3.92 所示。

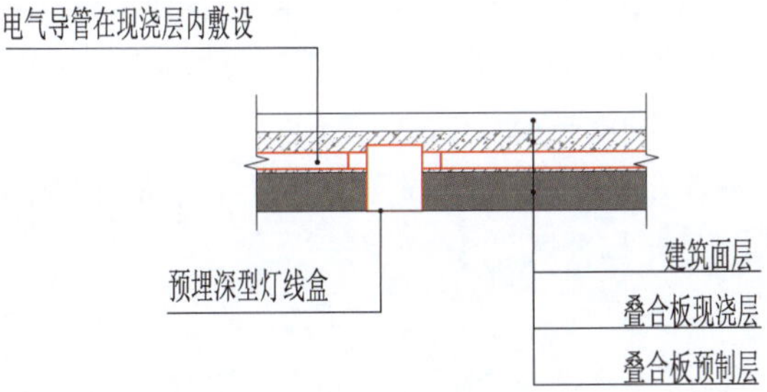

图 3.92　叠合板内深型灯线盒安装示意

穿越叠合楼板、叠合梁的电气导管，需在穿越预制构件处预留孔洞或套管，如图 3.93 所示。

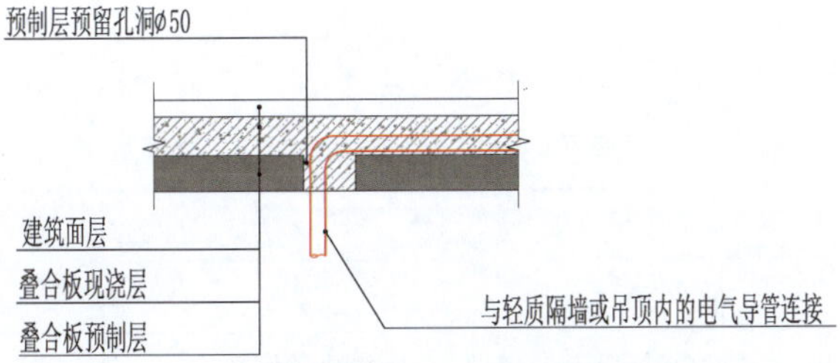

图 3.93　叠合板内电气导管穿预制层示意

楼梯间内电气导管可在现浇板内或墙内暗设,预制梯段不宜埋设电气导管。

预制剪力墙板内的接线盒、电气导管和连接接头需在预制构件厂生产预制构件时预留预埋。预制构件生产、运输、安装时,应做好安装盒、预留导管及导管连接头的保护,避免被破坏或杂物污染、封堵。

《装配式混凝土结构技术规程》第4.2.5条规定:受力预埋件的锚板及锚筋材料应符合《混凝土结构设计标准》的有关规定。专用预埋件及连接件材料应符合国家现行有关标准的规定。

《装配式混凝土结构技术规程》第6.1.13条规定:预埋件和连接件等外露金属件应按不同环境类别进行封闭或防腐、防锈、防火处理,还应符合耐久性要求。

《装配式混凝土结构技术规程》第6.4.5条规定:预制构件中外露预埋件凹入构件表面的深度不宜小于10 mm。

《装配式混凝土结构技术规程》第12.1.6条规定:在装配式结构的施工全过程中,应采取防止预制构件及预制构件上的建筑附件、预埋件、预埋吊件等损伤或污染的保护措施。

《装配式混凝土结构技术规程》第5.4.6条规定:预制构件的接缝包括水平接缝和竖向接缝,是装配式结构的关键部位。为保证水平接缝和竖向接缝有足够的传递内力的能力,竖向电气管线不应设置在预制柱内,且不宜设置在预制剪力墙内。当竖向电气管线设置在预制剪力墙或非承重预制墙板内时,应避开剪力墙的边缘构件范围,并应进行统一设计,将预留管线标示在预制墙板深化图上。预制剪力墙中的竖向电气管线宜设置钢套管。

11)预埋件计算

根据《装配式混凝土结构技术规程》第6.4.4条,用于固定连接件的预埋件与预埋吊件、临时支撑用预埋件不宜兼用;当兼用时,应同时满足各种设计工况要求。预制构件中预埋件的验算应符合《混凝土结构设计标准》、《钢结构设计标准》(GB 50017—2017)和《混凝土结构工程施工规范》(GB 50666—2011)等有关规定。

预制构件中的预埋吊件及临时支撑应按照《混凝土结构工程施工规范》(GB 50666—2011)第9.2.4条进行计算,计算公式如下:

$$K_c S_c \leqslant R_c \tag{3.14}$$

式中 K_c——施工安全系数,可按表3.5的规定取值;当有可靠经验时,可根据实际情况适当增减;对于复杂或特殊情况,宜通过试验确定。

S_c——施工阶段荷载标准组合作用下的效应值。施工阶段的荷载标准值按本规范附录A的有关规定取值,其中风荷载重现期可取为5年。

R_c——根据国家现行有关标准并按材料强度标准值计算或根据试验确定的预埋吊件、临时支撑、连接件的承载力。

表3.5 预埋吊件及临时支撑的施工安全系数 K_c

项 目	施工安全系数 K_c
临时支撑	2
临时支撑的连接件、预制构件中用于连接临时支撑的预埋件	3

续表

项　目	施工安全系数 K_c
普通预埋吊件	4
多用途的预埋吊件	5

注：对采用 HPB300 级钢筋吊环形式的预埋吊件，应符合《混凝土结构设计标准》的有关规定。

根据《装配式混凝土结构技术规程》第 6.2.2 条，预制构件在翻转、运输、吊运、安装等短暂设计状况下的施工验算，应将构件自重标准值乘以动力系数后作为等效静力荷载标准值。构件运输、吊运时，动力系数宜取 1.5；构件翻转及安装过程中就位、临时固定时，动力系数可取 1.2。

根据《装配式混凝土结构技术规程》第 6.2.3 条，预制构件进行脱模验算时，等效静力荷载标准值应取构件自重标准值乘以动力系数后与脱模吸附力之和，且不宜小于构件自重标准值的 1.5 倍。动力系数与脱模吸附力应符合下列规定：

①动力系数不宜小于 1.2；

②脱模吸附力应根据构件和模具的实际状况取用，且不宜小于 1.5 kN/m^2。

根据《钢筋桁架混凝土叠合板应用技术规程》第 5.2.9 条，桁架预制板宜将钢筋桁架兼作吊点。钢筋桁架兼作吊点时，吊点承载力标准值可按表 3.6 采用，并应符合下列规定：

表 3.6　吊点承载力标准值

腹杆钢筋类别	承载力标准值(kN)
HRB400、HRB500、CRB550 或 CRB600H	20
HPB300、CPB550	15

①吊点应选择在上弦钢筋焊点所在位置，焊点不应脱焊；吊点位置应设置明显标识。

②起吊时，吊钩应穿过上弦钢筋和两侧腹杆钢筋，吊索与桁架预制板水平夹角不应小于 60°。

③当钢筋桁架下弦钢筋位于板内纵向钢筋上方时，应在吊点位置钢筋桁架下弦钢筋上方设置至少 2 根附加钢筋，附加钢筋直径不宜小于 8 mm，在吊点两侧的长度不宜小于 150 mm（图 3.94）。

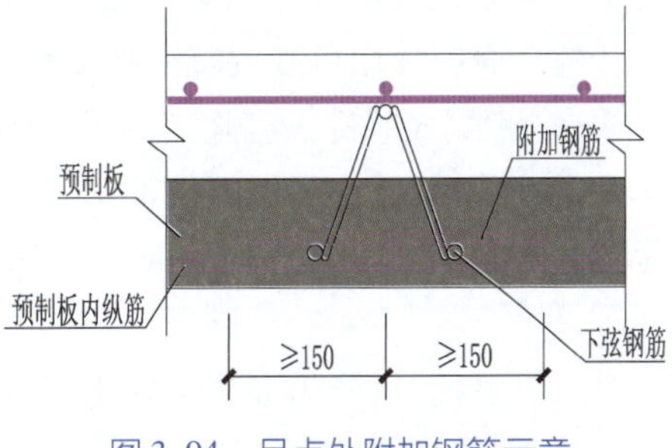

图 3.94　吊点处附加钢筋示意

④起吊时，同条件养护的混凝土立方体试块抗压强度不应低于 20 MPa。

⑤施工安全系数 K_c 不应小于 4.0。

⑥当不符合本条第①款至第④款的规定时，吊点的承载力应通过试验确定。

12）粗糙面

装配整体式混凝土结构中的各类预制构件与后浇筑混凝土之间的接触面需要有相应

的粗糙面,以保证新旧混凝土结合从而形成一个整体。粗糙面的质量决定了最终结构的整体性能。

根据《装配式混凝土结构技术规程》第 2.1.9 条,混凝土粗糙面是指预制构件结合面上的凹凸不平或者骨料显露的表面,简称粗糙面。

根据《装配式混凝土结构技术规程》第 6.5.5 条,预制构件与后浇混凝土、灌浆料、座浆材料的结合面应设置粗糙面、键槽,并应符合下列规定:

①预制板与后浇混凝土叠合层之间的结合面应设置粗糙面。

②预制梁与后浇混凝土叠合层之间的结合面应设置粗糙面;预制梁端面应设置键槽且宜设置粗糙面。键槽的尺寸和数量应按本规程第 7.2.2 条的规定计算确定;键槽的深度 t 不宜小于 30 mm,宽度 w 不宜小于深度的 3 倍且不宜大于深度的 10 倍;键槽可贯通截面,当不贯通时槽口距离截面边缘不宜小于 50 mm;键槽间距宜等于键槽宽度;键槽端部斜面倾角不宜大于 30°。

③预制剪力墙的顶部和底部与后浇混凝土的结合面应设置粗糙面;侧面与后浇混凝土的结合面应设置粗糙面,也可设置键槽;键槽深度 t 不宜小于 20 mm,宽度 w 不宜小于深度的 3 倍且不宜大于深度的 10 倍,键槽间距宜等于键槽宽度,键槽端部斜面倾角不宜大于 30°。

④预制柱的底部应设置键槽且宜设置粗糙面,键槽应均匀布置,键槽深度不宜小于 30 mm,键槽端部斜面倾角不宜大于 30°。柱顶应设置粗糙面。

⑤粗糙面的面积不宜小于结合面面积的 80%,预制板的粗糙面凹凸深度不应小于 4 mm,预制梁端、预制柱端、预制墙端的粗糙面凹凸深度不应小于 6 mm。

根据《装配式混凝土结构技术规程》第 11.3.7 条,采用后浇混凝土或砂浆、灌浆料连接的预制构件结合面,制作时应按设计要求进行粗糙面处理。无设计要求时,可采用化学处理、拉毛或凿毛等方法制作粗糙面。

根据《装配式混凝土建筑技术标准》第 9.6.9 条,预制构件粗糙面成型应符合下列规定:

①可采用模板面预涂缓凝剂工艺,脱模后采用高压水冲洗露出骨料;

②叠合面粗糙面可在混凝土初凝前进行拉毛处理。

根据《装配式结构工程施工质量验收规程》(DGJ32/J 184—2016)第 4.2.8 条,将粗糙面作为主控项目,叠合构件的端部钢筋留出长度和上部粗糙面应符合设计要求。粗糙面设计无具体要求时,可采用拉毛或凿毛等方法制作粗糙面。粗糙面的凹凸深度不应小于 4 mm。

对于粗糙面,可分为混凝土硬化前处理和混凝土硬化后处理,前者主要包括露骨料、拉毛、印花等方法,后者则包括高压水射、凿毛、喷砂法等。

露骨料:浇筑前,在模板侧涂抹缓凝剂,然后使用高压水枪冲洗或者钢刷处理的方式将结合面粗骨料露出。

拉毛:通常用于预制板的板面处理,有硬刷、液体拉毛等。

印花:预制构件的模板采用花纹钢板,同时花纹深度满足设计的粗糙度深度要求。

凿毛:构件拆模后,在预制构件混凝土表面人工凿毛,可采用钢钎、锤子或者专门的凿毛机。会有震动产生,可能会产生轻微裂缝。

一些预制构件生产厂会采用花纹板形成粗糙面,应注意成型后的粗糙面是否能够达到规范要求。

与预制构件连接的部位,如预制柱底、预制剪力墙底的节点区现浇混凝土,应在初凝前做拉毛处理。

13)机械连接接头

机械连接接头根据极限抗拉强度、残余变形、最大力下总伸长率以及高应力和大变形条件下反复拉压性能,分为Ⅰ级、Ⅱ级、Ⅲ级。

根据《钢筋机械连接技术规程》(JGJ 107—2016)第4.0.1条,接头等级的选用应符合下列规定:

①混凝土结构中要求充分发挥钢筋强度或对延性要求高的部位应选用Ⅱ级或Ⅰ级接头;当在同一连接区段内钢筋接头面积百分率为100%时,应选用Ⅰ级接头。

②混凝土结构中,钢筋应力较高但对延性要求不高的部位可选用Ⅲ级接头。

根据《钢筋机械连接技术规程》(JGJ 107—2016)第4.0.2条,连接件的混凝土保护层厚度宜符合《混凝土结构设计标准》中的规定,且不应小于75%的钢筋最小保护层厚度和15 mm的较大值。必要时,可对连接件采取防锈措施。

根据《钢筋机械连接技术规程》(JGJ 107—2016)第4.0.3条,结构构件中纵向受力钢筋的接头宜相互错开。钢筋机械连接的连接区段长度应按35d计算,当直径不同的钢筋连接时,按直径较小的钢筋计算。位于同一连接区段内的钢筋机械连接接头的面积百分率应符合下列规定:

①接头宜设置在结构构件受拉钢筋应力较小部位,高应力部位设置接头时,同一连接区段内Ⅲ级接头的接头面积百分率不应大于25%,Ⅱ级接头的接头百分率不应大于50%。Ⅰ级接头的接头面积百分率除本条第②款和第④款所列情况外可不受限制。

②接头宜避开有抗震设防要求的框架的梁端、柱端箍筋加密区;当无法避开时,应采用Ⅱ级接头或Ⅰ级接头,且接头面积百分率不应大于50%。

③对于受拉钢筋应力较小部位或纵向受压钢筋,接头面积百分率可不受限制。

④对于直接承受重复荷载的结构构件,接头面积百分率不应大于50%。

根据《钢筋机械连接技术规程》(JGJ 107—2016)第4.0.4条,对于直接承受重复荷载的结构,接头应选用包含疲劳性能的型式检验报告的认证产品。

(1)机械连接接头分类

根据工艺特点,钢筋的机械连接接头主要分为挤压连接接头、螺纹连接接头。

挤压连接接头按照挤压方式可分为轴向挤压套筒连接接头、径向挤压套筒连接接头(图3.95)。该类型接头可以对不能转动的钢筋进行连接,但所需使用的工具质量大、体积大,在钢筋密集位置,工具难以操作,使用场合受到限制,且生产效率较低。同时,对套筒本身的强度与韧性要求很高。其中,轴向挤压套筒连接接头现场操作不便且接头质量难以控制,因此并未得到广泛应用。

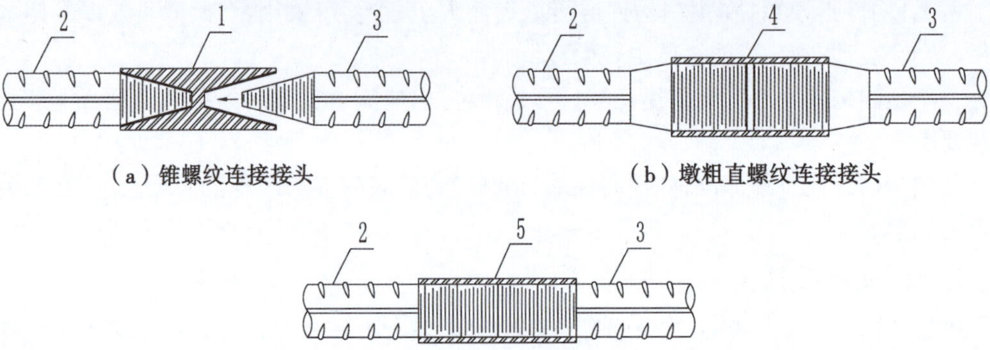

（a）锥螺纹连接接头　　（b）墩粗直螺纹连接接头

（c）滚轧直螺纹连接接头

图 3.95　挤压连接接头

1—轴向挤压套筒；2—已连接钢筋；3—待连接钢筋；4—压模；5—径向挤压套筒

螺纹连接接头按照加工工艺的不同，可分为锥螺纹连接接头、镦粗直螺纹连接接头、滚压直螺纹连接接头（图 3.96）。

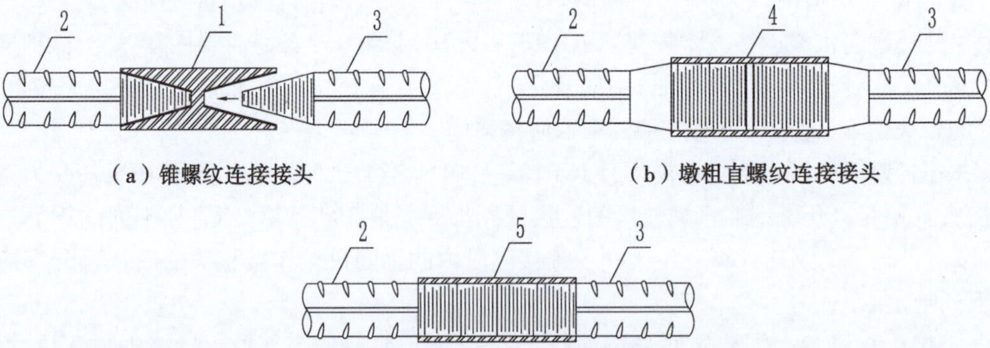

（a）锥螺纹连接接头　　（b）墩粗直螺纹连接接头

（c）滚轧直螺纹连接接头

图 3.96　螺纹连接接头

1—锥螺纹套筒；2—已连接钢筋；3—待连接钢筋；4—镦粗直螺纹套筒；5—滚轧直螺纹套筒

①锥螺纹连接接头：将钢筋端头先加工成锥螺纹，然后用带锥螺纹的套筒将待对接的钢筋连接在一起。锥螺纹削弱了钢筋截面，降低了强度，接头质量不稳定，存在螺距单一的缺陷，不能实现等强度连接。一般适用于钢筋直径为 16 ~ 40 mm 的Ⅱ、Ⅲ级钢筋连接。

②敦粗直螺纹连接接头：钢筋端部先镦粗，再加工出螺纹，端头有热镦粗和冷镦粗。镦粗过程中，钢筋端头材料内部发生变化，延性降低，易发生脆性断裂，且端头在镦粗过程中可能出现镦偏的情况。

③滚压直螺纹连接接头：在钢筋端头直接滚压、挤（碾）压肋滚压或剥肋后滚压制作的直螺纹接头，主要分为直接滚压螺纹、挤（碾）压肋滚压螺纹、剥肋滚压螺纹。该类型接头制作时，钢筋内部金相组织基本不受影响，仅在接头处表面发生塑变、冷作硬化，接头强度与母材等强。其中，剥肋滚压直螺纹连接接头是将钢筋接头纵、横肋剥切处理，然后再滚压成型，钢筋在滚丝前的柱体直径达到同一尺寸，螺纹牙型好、精度高、质量稳定，是目前直螺纹套筒连接的主要使用技术。

(2)机械连接接头应用

①上下层柱之间不同钢筋直径不同时,可以采用绑扎连接、机械连接。当柱内纵向钢筋较多时,为保证预制柱纵向钢筋出筋位置的准确,同时考虑施工的便利性,可以优先采用机械连接接头转换钢筋直径的方式,如图 3.97 所示。

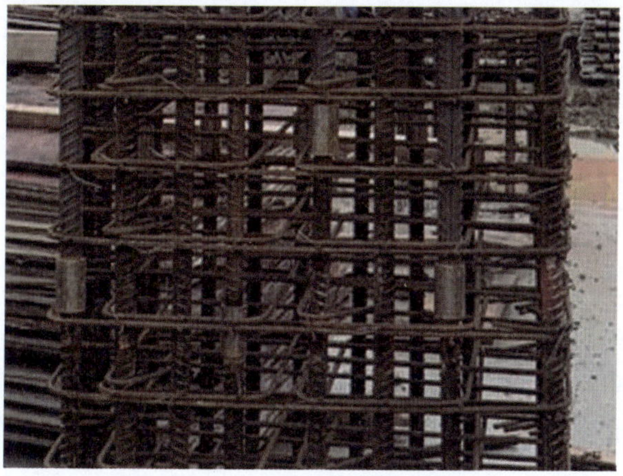

图 3.97 柱纵筋变径连接接头

②梁较长时,钢筋可以采用绑扎搭接连接或者机械连接接头连接。采用绑扎搭接的方式时,若钢筋较多,则会导致梁底纵筋之间间距无法满足要求,影响混凝土下料和浇筑质量,可考虑采用机械连接接头,但接头的百分比及连接区域应满足相关规范的要求。

14)锚固板

钢筋末端的锚固形式有直锚、末端带弯钩、末端贴焊锚筋、末端焊锚板、末端带锚固板。《钢筋锚固板应用构造》(17G345)中,锚固板分类如表 3.7 所示。

表 3.7 锚固板分类

分类方法	类　别
按材料	球墨铸铁锚固板、钢板锚固板、锻钢锚固板、铸钢锚固板
按形状	圆形锚固板、方形锚固板、长方形锚固板
按厚度	等厚锚固板、不等厚锚固板
按连接方式	螺纹连接锚固板、焊接连接锚固板
按受力性能	部分锚固板、全锚固板

注:①锚固板是设置在钢筋端部用于锚固钢筋的承压板。
②锚固板的形状指锚固板承受压力的面在钢筋轴线方向的投影面形状。
③等厚锚固板指沿厚度方向截面一致的锚固板;不等厚锚固板指沿厚度方向截面不一致的锚固板。
④部分锚固板依靠锚固长度范围内钢筋与混凝土的黏结作用和锚固板承压面的承压作用共同承担钢筋锚固力;全锚固板全部依靠锚固板承压面的承压作用承担钢筋锚固力。

钢筋常用圆形螺纹连接锚固板如图 3.98 所示。

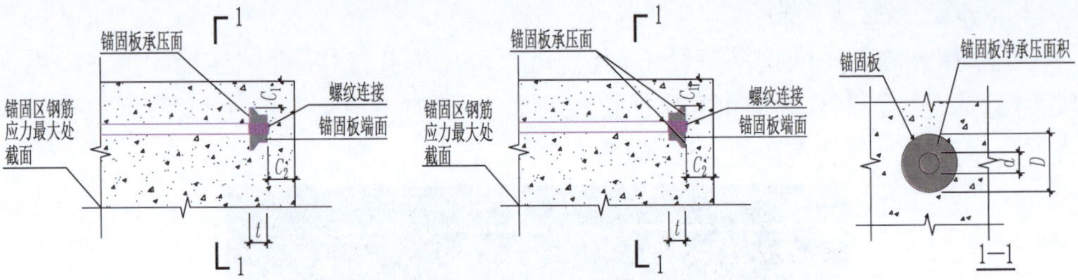

图 3.98　钢筋常用圆形螺纹连接锚固板示意

根据《钢筋锚固板应用技术规程》(JGJ 256—2011)第 3.1.2 条,锚固板应符合下列规定:

①全锚固板承压面积不应小于锚固钢筋公称面积的 9 倍;

②部分锚固板承压面积不应小于锚固钢筋公称面积的 4.5 倍;

③锚固板厚度不应小于锚固钢筋公称直径;

④采用不等厚或长方形锚固板时,除应满足上述面积和厚度要求外,还应通过省部级的产品鉴定;

⑤采用部分锚固板锚固钢筋的公称直径不宜大于 40 mm;当公称直径大于 40 mm 的钢筋采用部分锚固板锚固时,应通过试验验证确定其设计参数(表 3.8)。

表 3.8　锚固板尺寸参数

单位:mm

锚固板示意图	钢筋直径	部分锚固板		全锚固板	
		外径 D	厚度 H	外径 D	厚度 H
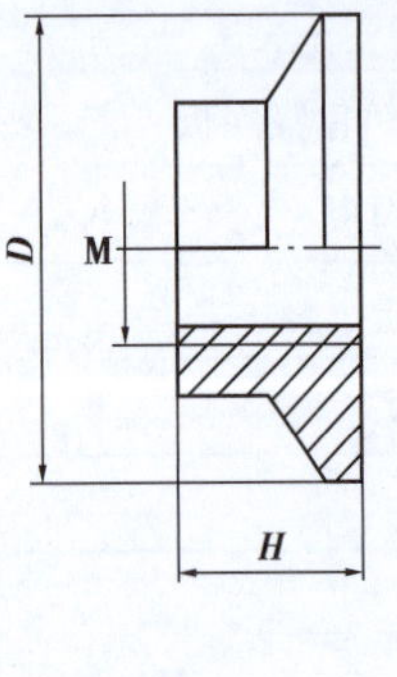	16	38	16	51	16
	18	43	18	58	18
	20	48	20	64	20
	22	52	22	70	22
	25	60	25	80	25
	28	66	28	89	28
	32	76	32	102	32
	36	85	36	115	36
	40	95	40	127	40
	50	118	50	159	50

装配整体式混凝土结构中,比较常用的是部分锚固板。

根据《钢筋锚固板应用技术规程》(JGJ 256—2011)第 3.2.4 条,钢筋锚固板与钢筋的连接宜选用直螺纹连接,连接螺纹的公称公差应符合《普通螺纹　公差》(GB/T 197—2018)中 6H、6f 级精度的规定。采用焊接连接时,宜选用穿孔塞焊,其技术要求应符合《钢筋焊接及验收规程》(JGJ 18—2012)的规定。

根据《钢筋锚固板应用技术规程》(JGJ 256—2011)第4.1.1条,锚固长度范围内钢筋的混凝土保护层厚度不宜小于1.5d;锚固长度范围内应配置不少于3根箍筋,其直径不应小于纵向钢筋直径的25%,间距不应大于5d,且不应大于100 mm,第一根箍筋与锚固板承压面的距离不应小于d;锚固长度范围内钢筋的混凝土保护层厚度大于5d时,可不设横向箍筋(图3.99)。

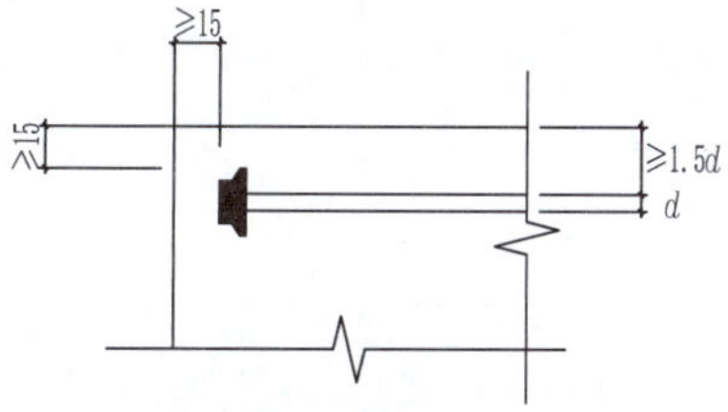

(a)正放

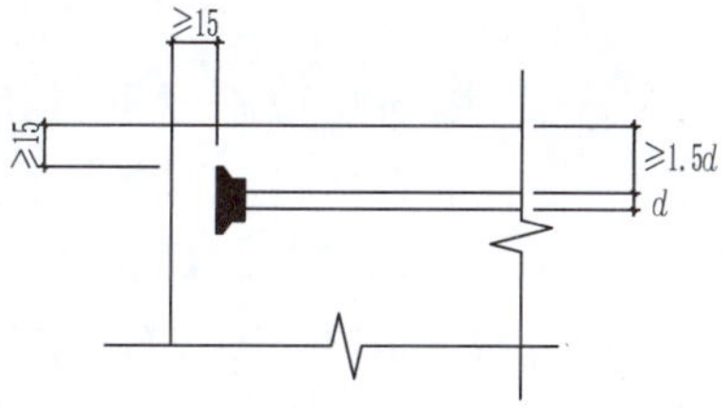

(b)反放

图3.99 钢筋锚固板混凝土保护层示意(d为钢筋直径)

根据《钢筋锚固板应用构造》(17G345),使用部分锚固板的钢筋净间距不宜小于4d。当使用部分锚固板的钢筋净间距小于或等于4d时,应考虑群锚效应的不利影响并进行有关计算,且钢筋净间距不应小于1.5d。

根据《钢筋锚固板应用技术规程》(JGJ 256—2011)第5.1.2条,钢筋丝头加工应符合下列规定:

①钢筋丝头的加工应在钢筋锚固板工艺检验合格后方可进行;

②钢筋断面应平整,断面不得弯曲;

③钢筋丝头公差带宜满足6f级精度要求,应用专用螺纹量规检验,通规能顺利旋入并达到要求的拧入长度,止规旋入不得超过3p(p为螺距);抽检数量为10%,检验合格率不应小于95%;

④丝头加工应使用水性润滑液,不得使用油性润滑液。

根据《钢筋锚固板应用技术规程》(JGJ 256—2011)第5.2.1条,应选择检验合格的钢筋丝头与锚固板进行连接。

根据《钢筋锚固板应用技术规程》(JGJ 256—2011)第5.2.2条,锚固板安装时,可用管钳扳手拧紧。

根据《钢筋锚固板应用技术规程》(JGJ 256—2011)第5.2.3条,螺纹连接钢筋锚固板安装后应用扭力扳手进行抽检,校核拧紧扭矩。拧紧扭矩值不应小于表3.9中的规定。

表3.9 锚固板安装时的最小拧紧扭矩值

钢筋直径(mm)	≤16	18~20	22~25	28~32	36~40
拧紧扭矩(N·m)	100	200	260	320	360

根据《钢筋锚固板应用技术规程》(JGJ 256—2011)第5.2.4条,安装完成后的钢筋端面应伸出锚固板断面,钢筋丝头外露长度不宜小于1.0p(p为螺距)。

根据《钢筋锚固板应用技术规程》(JGJ 256—2011)第 5.3.1 条,焊接钢筋锚固板应符合下列规定:

①从事焊接施工的焊工应持有焊工证,方可上岗操作;

②在正式施焊前,应进行现场条件下的焊接工艺试验,并经试验合格后,方可进行正式生产;

③用于穿孔塞焊的钢筋及焊条应符合《钢筋焊接及验收规程》(JGJ 18—2012)的相关规定;

④焊缝应饱满,钢筋咬边深度不得超过 0.5 mm,钢筋相对锚固板的直角偏差不应大于 3°;

⑤在低温和雨天气情况下施焊时,应符合《钢筋焊接及验收规程》(JGJ 18—2012)的相关规定。

根据《钢筋锚固板应用技术规程》(JGJ 256—2011)第 5.3.2 条,锚固板塞焊孔尺寸应符合《钢筋焊接及验收规程》(JGJ 18—2012)的相关规定(图 3.100)。

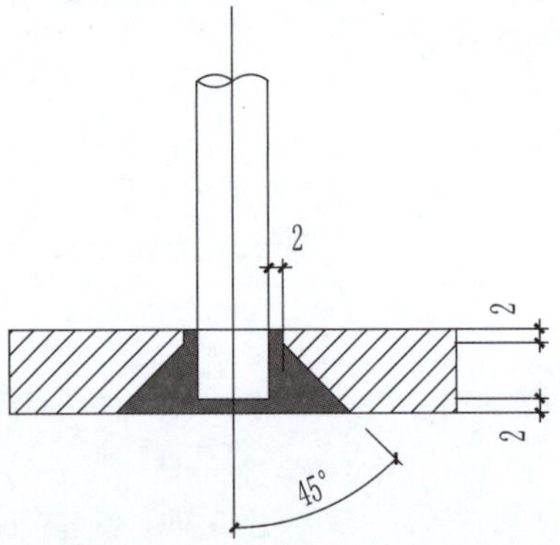

图 3.100 锚固板穿孔塞焊尺寸(单位:mm)

与锚固板相关的规范、图集有《钢筋锚固板应用技术规程》(JGJ 256—2011)、《钢筋锚固板应用构造》(17G345),关于锚固板相关的其他要求可参见上述规程、图集。

15)灌浆套筒连接

(1)灌浆套筒分类

钢筋连接用灌浆套筒是指采用铸造工艺或机械加工工艺制造、用于钢筋套筒灌浆连接的金属套管。

灌浆套筒连接分为全灌浆套筒连接和半灌浆套筒连接。全灌浆套筒连接指两端钢筋插入套筒内,通过高强度灌浆料注入套筒内,实现钢筋和连接套筒咬合并形成整体实现传力的钢筋连接形式;半灌浆套筒连接指一端采用机械连接方式将钢筋与套筒连接,另一端钢筋插入套筒内,采用灌浆连接将钢筋与套筒形成整体并实现传力的连接方式。

灌浆套筒有灌浆孔、排浆孔。灌浆孔为灌浆套筒灌浆用入料口,通常为光孔或螺纹孔。排浆孔为灌浆套筒灌浆用排气兼出料口。

根据《钢筋连接用灌浆套筒》(JG/T 398—2019),灌浆套筒根据加工方式和结构形式的特点分为 4 种,如表 3.10 所示。其他相关内容可查阅《钢筋连接用灌浆套筒》(JG/T 398—2019)。

表 3.10 灌浆套筒分类

分类方式	名 称	
结构形式	全灌浆套筒	整体式全灌浆套筒
		分体式全灌浆套筒
	半灌浆套筒	整体式板灌浆套筒
		分体式半灌浆套筒

续表

分类方式	名 称	
加工方式	铸造成型	—
	机械加工成型	切削加工
		压力加工

(2)灌浆套筒技术要求

根据《钢筋套筒灌浆连接应用技术规程》(JGJ 355—2015)第3.1.1条,套筒灌浆连接的钢筋应采用符合《钢筋混凝土用钢 第2部分:热轧带肋钢筋》(GB/T 1499.2—2018)、《钢筋混凝土用余热处理钢筋》(GB 13014—2013)要求的带肋钢筋;钢筋直径不宜小于12 mm,且不宜大于40 mm。

根据《钢筋套筒灌浆连接应用技术规程》(JGJ 355—2015)第4.0.2条,采用套筒灌浆连接的构件混凝土强度等级不宜低于C30。

根据《钢筋套筒灌浆连接应用技术规程》(JGJ 355—2015)第4.0.3条,当装配式混凝土结构采用符合本规程规定的套筒灌浆连接接头时,全部构件纵向受力钢筋可在同一截面上连接。

根据《钢筋套筒灌浆连接应用技术规程》(JGJ 355—2015)第4.0.4条,混凝土结构全截面受拉构件同一截面不宜全部采用钢筋套筒灌浆连接。本条规定的全截面受拉构件是指地震设计状况下的构件受力情况,此种情况下缺乏研究基础与应用经验,故条文规定不宜采用。

根据《钢筋套筒灌浆连接应用技术规程》(JGJ 355—2015)第4.0.5条,采用套筒灌浆连接的混凝土构件设计应符合下列规定:

①结构连接钢筋的强度等级不应高于灌浆套筒规定的连接钢筋强度等级;

②接头连接钢筋的直径规格不应大于灌浆套筒规定的连接钢筋直径规格,且不宜小于灌浆套筒规定的连接钢筋直径规格一级以上;

③构件配筋方案应根据灌浆套筒外径、长度及灌浆施工要求确定;

④构件钢筋插入灌浆套筒的锚固长度应符合灌浆套筒参数要求;

⑤竖向构件配筋设计应结合灌浆孔、出浆孔位置;

⑥底部设置键槽的预制柱,应在键槽处设置排气孔。

根据《钢筋套筒灌浆连接应用技术规程》(JGJ 355—2015)第4.0.6条,混凝土构件总灌浆套筒的净距不应小于25 mm。

根据《钢筋套筒灌浆连接应用技术规程》(JGJ 355—2015)第4.0.7条,在混凝土构件的灌浆套筒长度范围内,预制混凝土柱箍筋的混凝土保护层厚度不应小于20 mm,预制混凝土墙最外层钢筋的保护层厚度不应小于15 mm。

根据《装配整体式混凝土框架结构技术规程》(DGJ 32TJ 219—2017)第5.2.1条规定,采用套筒灌浆连接钢筋应符合下列规定:

①套筒和钢筋宜配套使用,连接钢筋型号可比套筒型号低一级,预留钢筋型号可比套

筒型号低一级；

②连接钢筋和预留钢筋伸入套筒内长度的允许偏差应分别为 0 ~ 10 mm 和 0 ~ 20 mm；

③连接钢筋和预留钢筋应对中、顺直，在套筒内倾斜率不应大于 1%；

④相邻套筒的净距宜大于 25 mm；

⑤当用于柱的主筋连接时，套筒区段内的柱的箍筋间距不应大于 100 mm。

根据《装配整体式混凝土框架结构技术规程》(DGJ 32TJ 219—2017) 第 5.2.1 条，当粗骨料粒径不大于 20 mm 时，相邻套筒的净间距可以缩小到 20 mm，但应在预制工厂或工地预制场的严格质量监管状态下。

以下列举了某品牌全灌浆套筒的技术参数，如表 3.11、图 3.101、表 3.12 所示。

表 3.11　某品牌全灌浆套筒规格及主要尺寸

套筒型号	连接钢筋公称直径(mm)	主要尺寸(mm)				
		L_1	L_2	L_3	L	D
GTZQ4 12	12	120	110	20	250	44
GTZQ4 14	14	135	125	20	280	46
GTZQ4 16	16	150	140	20	310	48
GTZQ4 18	18	170	160	20	350	50
GTZQ4 20	20	180	170	20	370	52
GTZQ4 22	22	200	190	20	410	54
GTZQ4 25	25	220	210	20	450	58
GTZQ4 28	28	250	235	20	505	62
GTZQ4 32	32	280	270	20	570	66
GTZQ4 36	36	310	300	20	630	74
GTZQ4 40	40	345	335	20	700	82

注：表中参数 L_1、L_2、L_3、L、D 如图 3.101 所示。

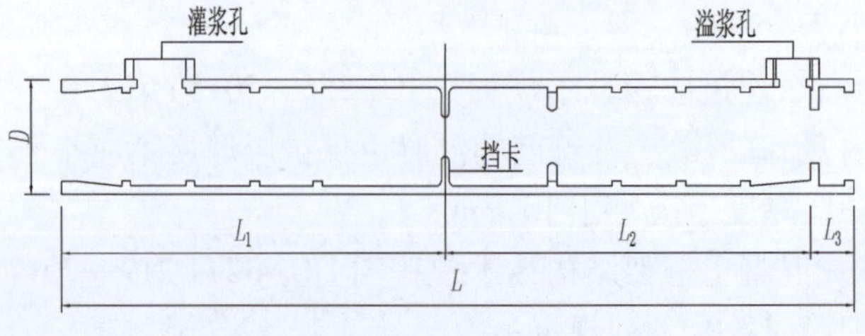

图 3.101　某品牌全灌浆套筒示意图

表 3.12　连接钢筋进入某品牌全灌浆套筒深度

套筒型号	预制端(溢浆孔端)钢筋进入套筒长度(mm)	安装端(灌浆孔端)钢筋进入套筒长度(mm)	套筒内钢筋有效锚固长度(mm)
GTZQ4 12	$L_4=116(+10)$	$L_5=96(+20)$	$\geqslant 8d=96$
GTZQ4 14	$L_4=132(+10)$	$L_5=112(+20)$	$\geqslant 8d=112$
GTZQ4 16	$L_4=148(+10)$	$L_5=128(+20)$	$\geqslant 8d=128$
GTZQ4 18	$L_4=164(+10)$	$L_5=144(+20)$	$\geqslant 8d=144$
GTZQ4 20	$L_4=180(+10)$	$L_5=160(+20)$	$\geqslant 8d=160$
GTZQ4 22	$L_4=196(+10)$	$L_5=176(+20)$	$\geqslant 8d=176$
GTZQ4 25	$L_4=220(+10)$	$L_5=200(+20)$	$\geqslant 8d=200$
GTZQ4 28	$L_4=244(+10)$	$L_5=224(+20)$	$\geqslant 8d=224$
GTZQ4 32	$L_4=276(+10)$	$L_5=256(+20)$	$\geqslant 8d=256$
GTZQ4 36	$L_4=308(+10)$	$L_5=288(+20)$	$\geqslant 8d=288$
GTZQ4 40	$L_4=340(+10)$	$L_5=320(+20)$	$\geqslant 8d=320$

注:①连接钢筋进入套筒两端的设计长度分别不得小于表中 L_4 和 L_5 所示长度,以保证钢筋在套筒内的有效锚固长度不小于 $8d$(d 为连接钢筋直径)。

②L_4 和 L_5 加上括号内长度为钢筋能够插入套筒的最大长度预留连接钢筋进入套筒的长度不应大于该值。

③安装端预制构件连接钢筋的预留长度应包括表中 L_5 加座浆层(现浇层)的设计厚度。

(3)灌浆套筒灌浆料

对于灌浆套筒需要使用配套的灌浆料,常用的带肋钢筋套筒灌浆连接所使用的水泥基灌浆材料(以水泥为基本材料,配以细骨料以及混凝土外加剂和其他材料组成的干混料)有常温型套筒灌浆料、低温型套筒灌浆料。灌浆料应具有高强、早强、无收缩和微膨胀等基本特性,以使其能与套筒、被连接钢筋更有效地结合在一起共同工作,同时满足装配式结构快速施工的要求。

常温型套筒灌浆料适用于灌浆施工及养护过程中 24 h 内灌浆部位环境温度不低于 5 ℃的套筒灌浆料。低温型套筒灌浆料适用于灌浆施工及养护过程中 24 h 内灌浆部位环境温度范围为-5～10 ℃的套筒灌浆料。

常温型套筒灌浆料的性能指标应符合表 3.13 的规定。

表 3.13　常温型套筒灌浆料的性能指标

检测项目		性能指标
流动度(mm)	初始	≥300
	30 min	≥260

续表

检测项目		性能指标
抗压强度(MPa)	1 d	≥35
	3 d	≥60
	28 d	≥85
竖向膨胀率(%)	3 h	0.02~2
	24 h与3 h差值	0.02~0.40
28 d自干燥收缩(%)		≤0.045
氯离子含量(%)		≤0.03
泌水率(%)		0

注:氯离子含量以灌浆料总量为基准。

低温型套筒灌浆料的性能指标应符合表3.14的规定。

表3.14 低温型套筒灌浆料的性能指标

检测项目		性能指标
-5 ℃流动度(mm)	初始	≥300
	30 min	≥260
-8 ℃流动度(mm)	初始	≥300
	30 min	≥260
抗压强度(MPa)	-1 d	≥35
	-3 d	≥60
	-7 d+21 d①	≥85
竖向膨胀率(%)	3 h	0.02~2
	24 h与3 h差值	0.02~0.40
28 d自干燥收缩(%)		≤0.045
氯离子含量②(%)		≤0.03
泌水率(%)		0

注:①-1 d代表在负温养护1 d,-3 d代表在负温养护3 d,-7d+21 d代表在负温养护7 d转标养21 d。
②氯离子含量以灌浆料总量为基准。

其他有关灌浆料的规定可查阅《钢筋连接用套筒灌浆料》(JG/T 408—2019)。

16)浆锚搭接连接

浆锚搭接连接是指在预制混凝土构件中预留孔道,在孔道中插入需搭接的钢筋,并灌注水泥基灌浆料而实现的一种钢筋搭接连接方式。目前,比较常用的浆锚搭接连接方式包括插入式预留孔灌浆钢筋搭接连接、NPC浆锚插筋连接。

插入式预留孔灌浆钢筋搭接连接如图 3.102 所示，上部预制构件在预埋钢筋位置预留孔道，在孔道上下预留灌浆孔、排气孔，孔道外围钢筋搭接段范围预埋附加螺旋箍筋，下部预留钢筋插入预留孔道，然后在孔道内注入微膨胀高强灌浆料即可实现钢筋的连接，理论上属于非接触式搭接。孔道一般采用预埋专用螺旋棒，在混凝土初凝后旋转取出，即可形成孔道。

NPC 浆锚插筋连接如图 3.103 所示，上部预制构件中预埋金属波纹管形成孔道，预制构件内钢筋与波纹管紧贴，波纹管在高处向模板外弯折至构件表面，作为后续施工的灌浆孔，将下部构件钢筋插入波纹管中，然后在波纹管内注入微膨胀高强灌浆料并养护至规定时间即可实现钢筋的连接。

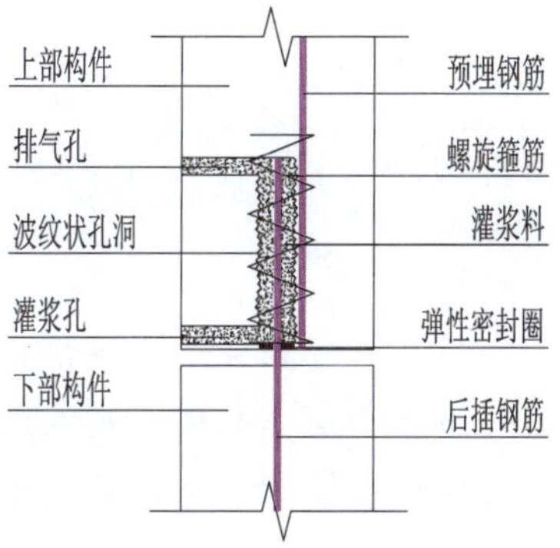

图 3.102 插入式预留孔灌浆钢筋搭接连接示意

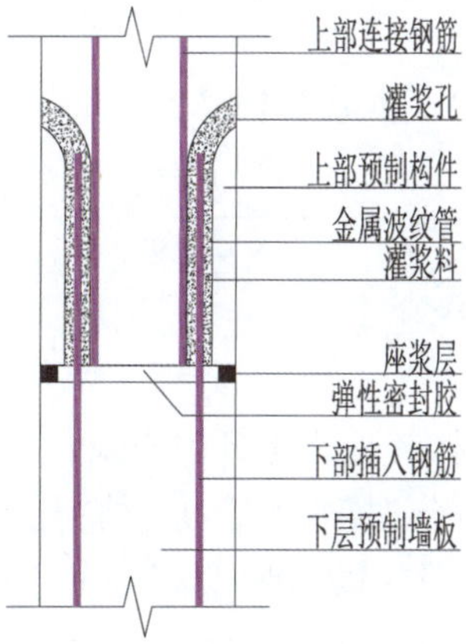

图 3.103 NPC 浆锚插筋连接示意

插入式预留灌浆搭接在钢筋连接区段设置螺旋箍筋，有效约束了搭接钢筋，缩短了钢筋搭接长度；而 NPC 浆锚插筋连接没有配置螺旋箍筋，缺乏横向约束，钢筋搭接长度较前者增加较多。

17）座浆料

装配式混凝土结构竖向预制构件接缝处的分仓、封仓、垫层施工需要使用座浆料。座浆料是以水泥和细集料为基本材料，添加适当的掺合料以及外加剂，经混合均匀而成的干混砂浆材料。

预制竖向构件灌浆套筒连接采用的灌浆作业方法有连通腔灌浆法、座浆法。

连通腔灌浆法是指在竖向构件安装完成后，用座浆料或其他封仓材料对构件下部接缝四周进行封仓，使灌浆套筒与构件下部接缝形成连通的空腔，从一个灌浆孔用压力注入灌浆料拌合物，使其充满灌浆套筒的灌浆作业方法。

座浆法是指在竖向构件接缝位置摊铺座浆料，在伸出的钢筋上放置套筒防堵垫片，构件安装坐实后，逐个从灌浆套筒的灌浆孔注入灌浆料拌合物，使其充满灌浆套筒的灌浆作业方法。

根据《预制构件用座浆应用技术规程》（DB4401/T 89—2020），座浆料的主要性能指标如表 3.15 所示。

座浆料应根据设计要求和施工环境等因素进行合理选择。

表 3.15 座浆料的主要性能指标

项目		性能指标	
		Ⅰ类	Ⅱ类
跳桌流动度(mm)		150～220	
保水率(%)		≥88	
凝结时间(min)		60～240	
抗压强度(MPa)	1 d	≥20	≥30
	3 d	≥35	≥50
	28 d	≥60	≥80
竖向膨胀率(%)	24 h	0.02～0.3	
氯离子(%)		≤0.03	

注：装配式混凝土建筑工程座浆施工宜选用Ⅰ类座浆料，预制拼装墩台和高层装配式混凝土建筑工程座浆施工应选用Ⅱ类座浆料。

根据《装配式建筑用座浆材料》(T/CSTM 00438—2022)，装配式建筑用座浆料按照使用环境可分为常温型座浆材料和低温型座浆材料。需要注意的是，《装配式建筑用座浆材料》(T/CSTM 00438—2022)适用于装配式建筑竖向预制构件在接缝封堵及分仓施工时使用的座浆材料。

常温型座浆材料适用于施工及养护过程中 24 h 内最低温度不低于 5 ℃。低温型座浆材料适用于施工及养护过程中 24 h 内最低温度不低于-5 ℃，且施工过程中最高温度不高于 5 ℃的座浆材料。

常温型座浆材料的性能指标应符合表 3.16 的要求。

表 3.16 常温型座浆材料的性能指标

项目		技术指标
细度(%)		公称直径 4.75 mm 筛(筛余为 0)
泌水率(%)		0
氯离子含量(%)		≤0.10
流动度(mm)	初始值	130～170
	30 min 保留值	≥120
抗压强度(MPa)	1 d	≥30
	3 d	≥45
	28 d	≥60
收缩率(%)	28 d	≤0.045

低温型座浆材料的性能指标应符合表 3.17 的要求。

表 3.17　低温型座浆材料的性能指标

项　目		技术指标
细度(%)		公称直径 4.75 mm 筛(筛余为 0)
泌水率(%)		0
氯离子含量(%)		≤0.10
-5 ℃流动度(mm)	初始值	130～170
	30 min 保留值	≥120
抗压强度(MPa)	-1 d①	≥30
	-3 d②	≥45
	-7 d+21 d③	≥60
收缩率(%)	-7 d+21 d③	≤0.045

注:①-1d 指-5 ℃环境下养护 1 d。

②-3d 指为-5 ℃环境下养护 3 d。

③-7d+21 d 指为-5 ℃环境下养护 7 d,转标准养护环境下继续养护 21 d。

18)保护层厚度

根据《混凝土结构设计标准》第 8.2.1 条,以最外层钢筋(包括箍筋、构造筋、分布筋等)的最外边缘计算混凝土保护层厚度。

影响构件中普通钢筋的混凝土保护层厚度的因素主要包括混凝土结构的环境类别、设计使用年限、构件受力钢筋直径,应满足下列要求:

①构件中受力钢筋的保护层厚度不应小于钢筋的公称直径 d;

②设计使用年限为 50 年的混凝土结构,最外层钢筋的保护层厚度应符合表 3.18 的规定;设计使用年限为 100 年的混凝土结构,最外层钢筋的保护层厚度不应小于表 3.18 中的数值的 1.4 倍。

表 3.18　混凝土保护层的最小厚度 C_{min}

环境类别	板、墙(mm)	梁、柱(mm)
一	15	20
二 a	20	25
二 b	25	35
三 a	30	40
三 b	40	50

注:①混凝土强度等级不大于 C25 时,表中保护层厚度数值应增加 5 mm。

②钢筋混凝土基础宜设置混凝土垫层,基础底面钢筋的保护层厚度:有垫层时,从垫层顶面算起,且不应小于 40 mm;无垫层时,不应小于 70 mm;承台底面钢筋保护层厚度还不应小于桩头嵌入承台的长度。

最外层钢筋保护层厚度指箍筋、构造筋、分布筋等外边缘至混凝土表面的距离。对于用作梁、柱类构件复合箍筋中单肢箍的拉筋，梁侧纵向钢筋间的拉筋，剪力墙边缘构件、扶壁柱、非边缘暗柱中的拉筋，剪力墙水平、竖向分布钢筋间的拉结筋，若拉筋或拉结筋的弯钩位于最外侧，混凝土保护层厚度指拉筋或拉结筋外边缘至混凝土表面的距离。各类构件保护层厚度示意如图 3.104 至图 3.107 所示。

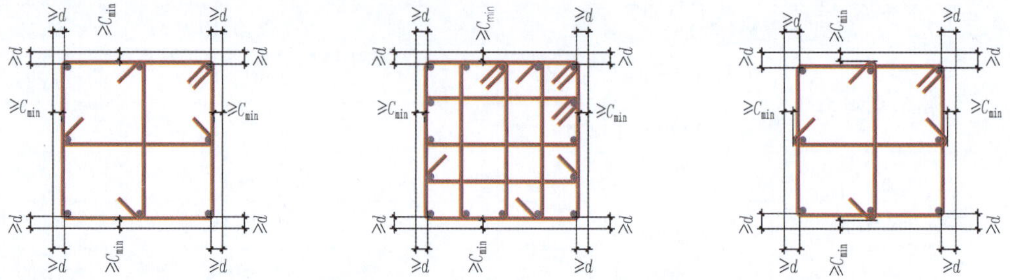

图 3.104　柱混凝土保护层厚度示意

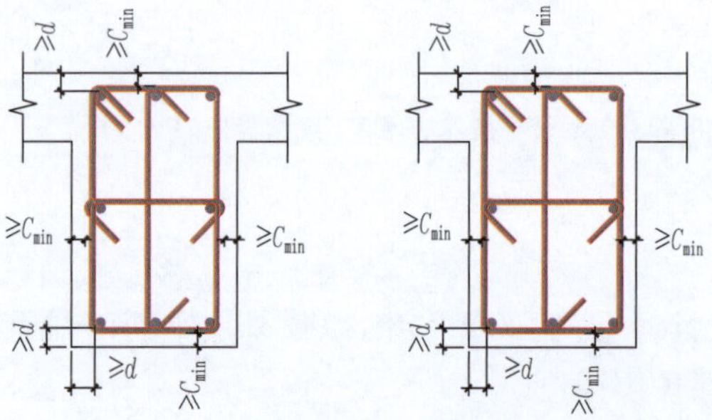

图 3.105　梁混凝土保护层厚度示意

其中，C_{min} 为最外层钢筋保护层厚度，d 为纵向受力钢筋的直径（图中尺寸标注线处）。

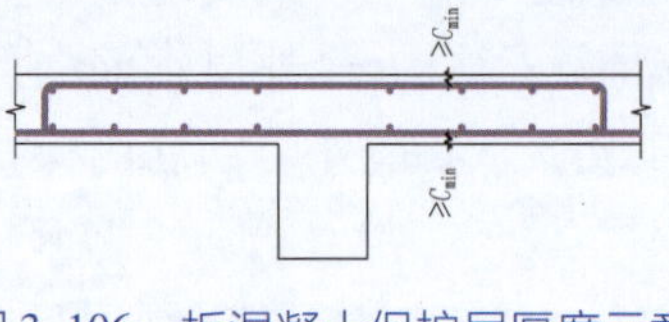

图 3.106　板混凝土保护层厚度示意

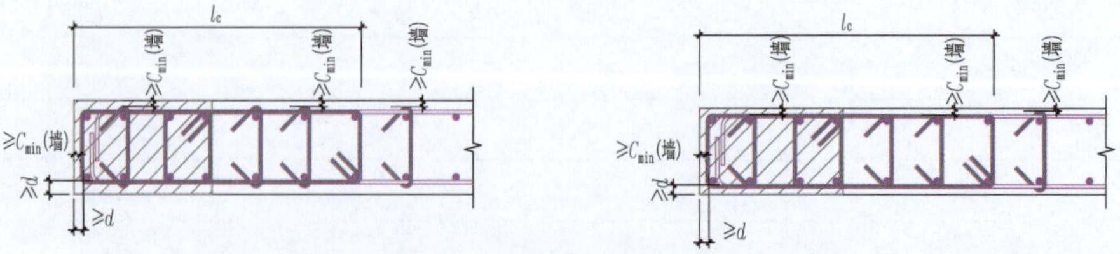

图 3.107　剪力墙混凝土保护层厚度示意

在深化设计时，当预制梁、预制柱的纵向钢筋直径较大时，应特别注意保护层厚度的确定，可能不再是环境类别起控制作用。例如，对于相同类型的预制构件（梁、柱），受力纵向钢筋直径为 25 mm；其最外侧钢筋保护层厚度按照一类环境控制时，为 20 mm，箍筋直径为 8 mm，纵向钢筋外保护层厚度为 28 mm，大于纵向钢筋的直径（25 mm）。但当纵向钢筋直径为 32 mm 时，若设计不注意，其最外侧钢筋保护层厚度仍然按照一类环境控制时，为 20

mm，箍筋直径为 8 mm，纵筋外保护层厚度为 28 mm，小于纵向钢筋直径（32 mm），即保护层厚度将不满足要求。此类情况在设计时应特别注意。

混凝土保护层厚度在采用下列有效措施时可适当减少，但减少之后受力钢筋的保护层厚度不应小于钢筋公称直径：

①构件表面设有抹灰层或者其他各种有效的保护性涂料层时。

②混凝土中，采用掺阻锈剂等防锈措施时，可适当减小混凝土保护层厚度。使用阻锈剂应经试验检验效果良好，并应在确定有效的工艺参数后应用。

③采用环氧树脂涂层钢筋、镀锌钢筋或采取阴极保护处理等防锈措施时，保护层厚度可适当减小。

④当对地下室外墙采取可靠的防水做法或防护措施时，与土壤接触面的保护层厚度可适当减少，但不应小于 25 mm。

对于预制柱、预制剪力墙等预制竖向构件，由于灌浆套筒高度范围内的钢筋保护层厚度按照规范、图集要求选取，在灌浆套筒高度范围以外的钢筋保护层厚度将会变大，如图 3.108 所示。在结构设计参数中，应注意保护层厚度的设置。

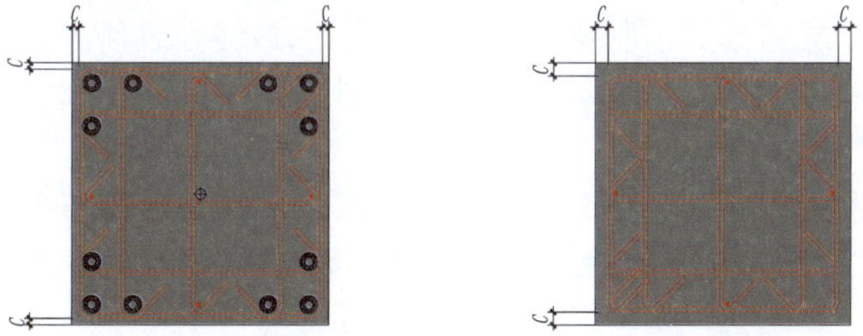

（a）套筒范围内　　　（b）套筒范围外

图 3.108　预制柱钢筋套筒灌浆连接混凝土保护层厚度

在预制混凝土构件深化设计前，应结合结构总说明及建筑的使用功能，确定环境类别，以确定混凝土保护层厚度，不可想当然地认为室内均为一类环境。例如，当建筑的使用功能是冷库时，环境类别为二类。

根据《装配式混凝土结构技术规程》第 6.4.2 条，当预制构件中钢筋的混凝土保护层厚度大于 50 mm 时，宜对钢筋的混凝土保护层采取有效的构造措施，如图 3.109 所示。

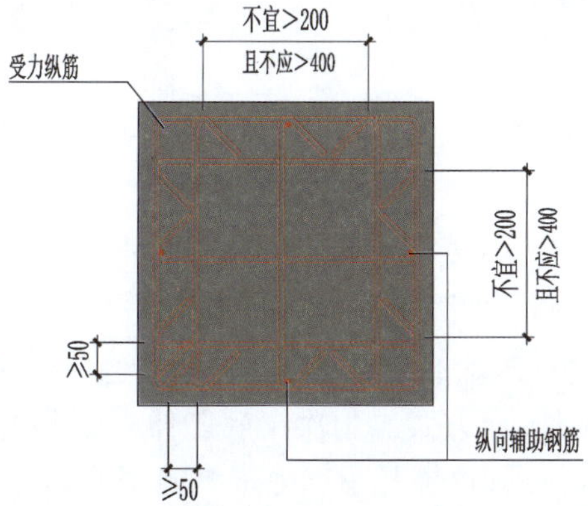

图 3.109　预制柱的受力纵向钢筋间距

19)全局考虑的重要性

与现浇结构相比,装配整体式混凝土结构既有现浇部分,也有预制部分,预制部分与现浇部分共同构成整个混凝土结构。预制构件与现浇混凝土之间存在不同工序的衔接。对于某一工作,有时会发生负责现浇部分的人员以为是负责预制部分工作的人员做,而负责预制部分的人员以为是负责现浇部分工作的人员做,最后待预制构件都安装完毕,现浇部分也施工完后,发现工序之间少做了一部分工作。以下列举一些典型的错误示例:

①预制柱预留了防雷接地的扁钢,需要现浇区内钢筋预先焊接钢片,以便后续预制柱安装就位后,用扁钢将现浇柱内钢筋与预制柱内钢筋相连。但是若在工作交接界面无人做该工作,将会导致最后现浇区防雷接地的钢片遗漏。因此,设计交底时应提前告知相关的交叉工作面,提前将工作界面安排好,避免遗漏工作内容。

②预制叠合梁在深化过程中,不考虑上部现浇层钢筋的绑扎是否有空间,导致现场叠合梁后浇层内钢筋无法放置。因此,应对典型的节点进行放样,保证预制叠合梁上部后浇层内梁顶纵向钢筋能够顺利穿过。

③梁柱节点区梁预制柱现浇时,未考虑现浇柱的钢筋,未给出现浇柱纵向钢筋的定位图,造成现场现浇柱未考虑与预制叠合梁钢筋的避让,最终导致预制梁无法安装到位。因此,与预制梁相交的现浇柱纵向钢筋应给出定位图,现场按照定位图放置,以避开预制梁钢筋。

④框架梁采用现浇、次梁采用预制时,次梁有两种形式:一种是与主梁采用预制时相同的处理方式(在次梁端部预留后浇段),另一种是次梁伸到现浇主梁侧边,如图3.110所示。

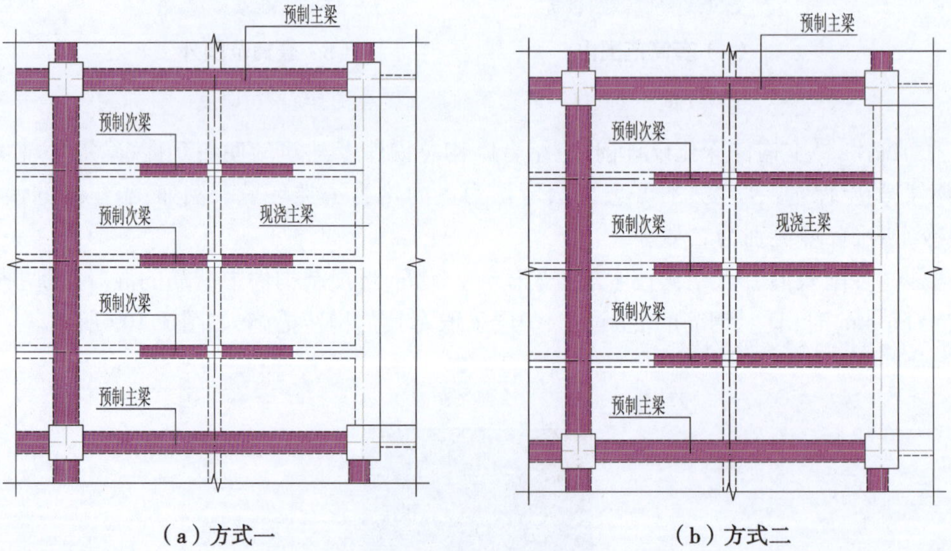

图3.110 预制次梁与现浇主梁连接示意

前述两种方式中,方式一得益于框架梁钢筋笼与预制次梁吊装的关联性不大,对施工单位来说更加简洁、易于操作;而方式二中次梁底筋伸入主梁内,与主梁上部纵向钢筋碰撞,因此需要将次梁吊装就位后,再绑扎主梁上部纵向钢筋。若预制次梁底筋采用不出筋的方式,而是预留机械连接接头,在主梁钢筋笼已经安放就位的情况下,次梁底部后拧入的伸入支座的钢筋由于操作空间的问题，也不便于操作。

⑤如图3.111所示，当存在框支梁时，框支梁一般优先采用现浇梁，框支梁内配筋较大，数量多。在对该区域预制框架梁进行深化设计时，应同时将节点区的现浇柱、现浇框支梁的配筋按照实际放样，合理规划节点区钢筋的位置，以更有利于节点区的顺利施工。

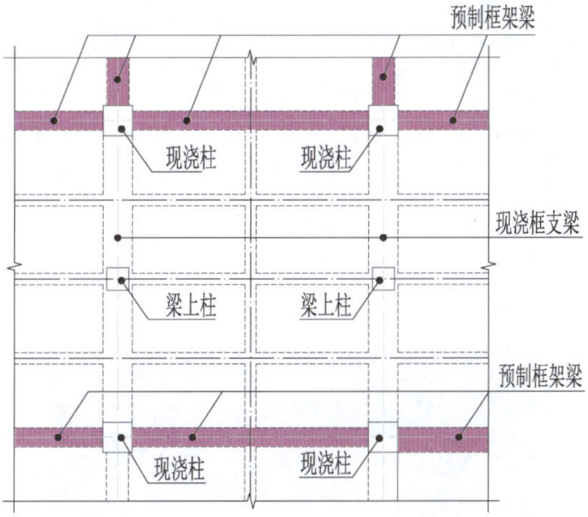

图3.111　框支梁位置示意图

框支梁高度一般大于该区域其他框架梁。相对于其他框架梁，此处框支梁的梁底纵向钢筋在最下面一层，应先安放到位，然后吊装周边的预制框架梁，待预制梁吊装就位后，再绑扎梁上部纵向钢筋(图3.112)。需要注意的是，框支梁上部第一排纵向钢筋当不能与对边的梁上部纵向钢筋拉通时，需要弯锚进入柱内，需要伸入框支梁底 l_{aE} 以下，即此弯锚钢筋要穿过梁底纵向钢筋。因此，节点区需要将预制部位及现浇区的钢筋均按照实际放样，同时充分考虑节点区预制梁吊装顺序及节点区现浇部位钢筋绑扎的施工顺序，以确保后续施工的可实施性。

图3.112　框支梁节点区钢筋避让示意

⑥预制剪力墙在某区域较多且距离较近时,应考虑预制剪力墙临时斜撑的合理布置,避免互相干扰。

20)出图的问题

当采用三维软件进行预制构件深化时,自动生成预制构件详图之后,应注意检查最终详图、模型中的一些设置信息,可能在生成详图时发生不合理或者出现重要信息遗漏现象。

笔者曾经在项目中遇到过主次梁的连接形式采用在主梁侧边预留机械连接接头及键槽的方式,模型中也做了相应的设置,而实际生成的详图并未将此信息反映在图纸中,导致构件错误,如图3.113所示。生成的主梁详图缺失侧面预留机械连接接头,只能采用后植筋的方式将次梁底筋植筋进入主梁,同时主梁侧面在次梁宽度范围内需要局部凿毛,以有利于新旧混凝土的结合。因此,在使用三维软件进行预制构件的深化设计时,也应注意核查导出的图纸,以免软件生成错误,影响现场施工。

图3.113 主梁侧面缺失预留机械连接接头及键槽粗糙面

【知识检测】

一、单项选择题

1. 对钢筋进行弯折放样时,根据相关规范要求,以下哪一项关于钢筋弯折的弯弧内直径的描述是错误的?(　　)

A. 对于光圆钢筋,弯弧内直径不应小于钢筋直径的2.5倍

B. 对于335 MPa级、400 MPa级带肋钢筋,弯弧内直径可以等于钢筋直径的3倍

C. 对于500 MPa级带肋钢筋,直径为28 mm及以上时,弯弧内直径不应小于钢筋直径的7倍

D. 位于框架结构顶层端节点处的梁上部纵向钢筋与柱外侧纵向钢筋,在节点角部弯折处,钢筋直径为28 mm及以上时,弯弧内直径不宜小于钢筋直径的16倍

2. 在预制构件范围内存在纵向受力钢筋接头时，深化设计时应特别注意(　　)以确保工厂准确生产。

A. 接头位置应随意设置，以节省材料

B. 接头位置无须明确，可在工厂自行决定

C. 应明确接头位置，并在料表中给出准确的钢筋放样图

D. 接头位置可根据现场情况随时调整

3. 根据《装配整体式混凝土框架结构技术规程》(DGJ32/TJ 219—2017)第 4.1.5 条，预制构件的纵向受力钢筋不宜采用(　　)方式。

A. 套筒灌浆连接　　B. 机械连接

C. 焊接连接　　D. 绑扎搭接连接

4. 根据《装配式混凝土结构技术规程》第 6.5.5 条，预制梁端面应设置(　　)，且宜设置粗糙面。

A. 键槽　　B. 平面　　C. 光滑面　　D. 凹槽

5. 根据《钢筋机械连接技术规程》(JGJ 107—2016)，混凝土结构中要求充分发挥钢筋强度或对延性要求高的部位应选用(　　)等级的接头。

A. Ⅲ级接头　　B. Ⅱ级或Ⅰ级接头　　C. Ⅰ级接头　　D. Ⅱ级接头

6. 根据《钢筋机械连接技术规程》(JGJ 107—2016)，结构构件中纵向受力钢筋的接头宜相互错开，连接区段长度应按(　　)倍的钢筋直径计算。

A. 25　　B. 30　　C. 35　　D. 40

7. 在装配整体式混凝土结构中，预制叠合梁深化过程中不考虑(　　)，可能导致现场叠合梁后浇层内钢筋无法放置。

A. 上部现浇层钢筋的绑扎空间　　B. 下部现浇层钢筋的绑扎空间

C. 预制梁的质量　　D. 预制梁的长度

二、多项选择题

1. 根据《混凝土结构工程施工规范》(GB 50666—2011)的相关规定，关于纵向受力钢筋接头的设置，以下哪些说法是正确的？(　　　)

A. 同一构件内的接头宜分批错开，避免集中连接

B. 接头连接区段的长度为 35 d(d 为钢筋直径)，且不应小于 500 mm

C. 装配式混凝土结构构件连接处受拉接头，可根据实际情况放宽接头面积百分率的限制

D. 纵向受力钢筋采用绑扎搭接接头时，各接头的横向净间距 s 不应小于钢筋直径的 1.5 倍

E. 纵向受压钢筋的接头面积百分率可不受限值

2. 关于装配式混凝土结构中预制构件的连接，以下哪些说法是正确的？(　　　)

A. 预制构件之间的连接是装配整体式混凝土结构的关键

B. 纵向受力钢筋可以采用套筒灌浆连接、机械连接或焊接连接

C. 直径大于 20 mm 的钢筋可以采用浆锚搭接连接

D. 预制构件的拼接位置应设置在受力较小部位,并考虑温度作用和混凝土收缩徐变的不利影响

E. 连接件、焊缝、螺栓或铆钉等紧固件在不同设计状况下的承载力应进行验算

3. 装配整体式混凝土建筑内部设备管线设计时,预制梁中可能需要预留(　　)。

A. 竖向预留洞　　B. 水平向预留洞或预留套管

C. 吊装用吊钉或吊环　　D. 施工用预留对拉螺栓孔

E. 内外装用埋件

4. 根据《装配式混凝土结构技术规程》第 6.5.5 条,预制剪力墙的(　　)部位应设置粗糙面或键槽。

A. 顶部与后浇混凝土的结合面　　B. 底部与后浇混凝土的结合面

C. 侧面与后浇混凝土的结合面　　D. 内部

E. 外部

5. 根据《装配式混凝土建筑技术标准》第 9.6.9 条,预制构件粗糙面成型可以采用(　　)方法。

A. 模板面预涂缓凝剂工艺　　B. 高压水冲洗

C. 拉毛处理　　D. 凿毛处理

E. 喷砂法

6. 根据《钢筋机械连接技术规程》(JGJ 107—2016),以下哪些情况下接头面积百分率应受到限制?(　　)

A. 高应力部位设置Ⅲ级接头　　B. 高应力部位设置Ⅱ级接头

C. 有抗震设防要求的框架的梁端、柱端箍筋加密区

D. 直接承受重复荷载的结构构件

E. 受拉钢筋应力较小部位或纵向受压钢筋

7. 根据《钢筋机械连接技术规程》(JGJ 107—2016),螺纹连接接头按照加工工艺的不同,可分为(　　)类型。

A. 锥螺纹连接接头　　B. 镦粗直螺纹连接接头

C. 滚压直螺纹连接接头　　D. 轴向挤压套筒连接接头

E. 径向挤压套筒连接接头

8. 装配整体式混凝土结构中,为了避免预制构件与现浇部分之间的工序衔接问题,可采取的措施有(　　)。

A. 设计交底时提前告知交叉工作面　　B. 对典型节点进行放样

C. 给出与预制梁相交的现浇柱纵向钢筋的定位图

D. 合理规划节点区钢筋的位置

E. 考虑预制剪力墙临时斜撑的合理布置

9. 装配整体式混凝土结构中,次梁与现浇主梁连接时可能采用(　　)的方式。

A. 次梁端部预留后浇段　　B. 次梁伸到现浇主梁侧边

C. 次梁底筋伸入主梁内　　D. 次梁底筋不出筋，预留机械连接接头

E. 次梁与主梁完全分离

三、判断题

1. 根据《装配式混凝土结构技术规程》，预制构件的粗糙面凹凸深度不应小于4 mm。（　）

2. 与预制构件连接的部位，如预制柱底、预制剪力墙底的节点区现浇混凝土，应在初凝后做拉毛处理。（　）

3. 根据《钢筋机械连接技术规程》(JGJ 107—2016)，在同一连接区段内钢筋接头面积百分率为100%时，应选用Ⅱ级接头。（　）

4. 根据《钢筋机械连接技术规程》(JGJ 107—2016)，对于直接承受重复荷载的结构构件，接头面积百分率不应大于50%。（　）

5. 装配整体式混凝土结构中，如果预制柱和现浇区之间的防雷接地工作没有明确分工，可能会导致现浇区防雷接地的钢片被遗漏。（　）

6. 装配整体式混凝土结构中，预制剪力墙临时斜撑的布置不需要考虑避免互相干扰。（　）

【想一想】

构件深化阶段需要兼顾的原建筑施工图、原结构施工图、现行规范标准、构件生产制作与运输、构件吊装等多方面的具体要求有哪些？逐一列举。

【做一做】

基于一套完整的真实项目图纸，应用深化软件（如BIMBase、BeePC、GSrevit或ALLPlan软件）进行深化设计，生成拆分平面图、构件详图。

项目4　预制构件常见质量问题

【项目引入】

本项目围绕预制装配式混凝土结构中常见的构件（叠合板、叠合梁、柱、剪力墙）在生产和施工过程中的质量问题展开，通过大量实际案例图片和问题分析，系统介绍了各类质量问题的表现形式、产生原因及防治措施。其内容涵盖构件深化设计、工厂生产、运输吊装、现场安装等环节的典型问题，旨在帮助学生掌握预制构件质量控制的关键要点，提升工程实践能力。

【学习目标】

技能目标：能够识别预制构件在模具制作、堆放、吊装、安装等环节的潜在质量问题；能够根据问题现象分析原因，并提出针对性的防治措施；具备核查预制构件深化图纸与现场施工匹配性的能力。

知识目标：了解预制构件深化设计与施工协同的关键技术要点；理解各类质量问题的成因；掌握预制叠合板、梁、柱、剪力墙的常见质量问题类型及表现形式；熟悉相关规范对预制构件质量的要求。

素质目标：培养严谨细致的工程态度，强化质量意识和责任意识；提升团队协作能力，理解设计与施工协同的重要性；树立标准化、规范化的施工理念，注重技术创新与工艺优化。

【学习重、难点】

重点：预制构件尺寸误差、钢筋碰撞、预埋件错位等问题的防治措施；节点区钢筋排布与避让的深化设计方法；构件吊装、安装过程中的质量控制要点。

难点：现浇与预制构件交叉施工时的钢筋碰撞分析与优化；复杂节点区（如梁柱节点）的施工工艺与质量控制；灌浆套筒、机械连接接头等关键工艺的误差控制。

【学习建议】

1. 通过案例图片和问题描述，建立直观认识，分析问题根源。

2. 条件允许时，可以参观预制构件工厂或施工现场，观察实际生产与安装流程。

3. 利用 BIM 软件模拟构件拆分和节点钢筋排布，验证设计合理性。

4. 针对典型质量问题（如叠合板桁架钢筋切断、梁柱节点钢筋碰撞）分组研讨解决方案。

任务4.1　预制叠合板常见质量问题

常见的预制叠合板模具及堆放如图4.1、图4.2所示。

图4.1　预制叠合板模具

图4.2　预制叠合板堆放

1）预制叠合板伸入支座过长

预制叠合板伸入支座过长，影响梁箍筋的位置，如图4.3所示。

图4.3　预制叠合板伸入支座过长

原因分析及防治措施：工厂生产时，预制叠合板尺寸存在一定的正误差，现场的模板定位也存在较大偏差，两个误差叠加后，导致预制叠合板伸入支座过长，影响梁箍筋的正常安放。生产时，应严格控制误差；现场支模时，应注意复核模板的尺寸及定位。

2）现场切割桁架钢筋

为便于穿管，桁架钢筋被切断，如图4.4所示。

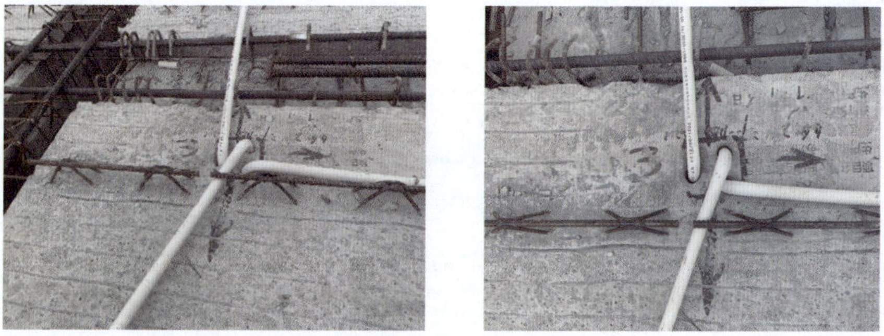

图4.4　桁架钢筋被切断

原因分析及防治措施:由于此处有穿线管需要向下穿过预制板,桁架钢筋距下穿洞口较近,影响管线施工操作,现场将桁架钢筋上弦筋局部切断,方便穿管施工。预制构件深化时,在满足相关规范要求的前提下,应使桁架钢筋尽量远离此类洞口(或线盒),充分考虑穿线管的施工空间,以便于后浇层穿线管的施工排布。

3)桁架钢筋上吊点位置标志不明显

桁架钢筋上吊点位置标志不明显,如图4.5、图4.6所示。

图4.5　工厂内对吊点位置的标志

图4.6　现场叠合板吊点位置标志

原因分析及防治措施:一般工厂会采用在桁架钢筋吊点位置处喷漆作为记号,而预制板在运送到现场时,钢筋很可能已经生锈,桁架钢筋吊点位置的喷漆记号很容易不明显或看不清(特别是夜间施工时,难以通过喷漆分辨清楚吊点位置),现场吊装人员容易随意放置吊点。当板块较大时,若不按照预先设定的吊点起吊,预制板底很可能出现裂缝甚至断裂。吊点位置应采用更加明显的标志,以便现场起吊时更加容易找到吊点,按设计吊点进行起吊作业。

4)桁架钢筋下净空过小

预制叠合板桁架钢筋下净空过小,如图4.7所示。

图4.7　预制叠合板桁架钢筋下净空过小

原因分析及防治措施:深化设计时,桁架钢筋下净空本身就比较小,当工厂生产预制板厚度出现较大正误差或桁架钢筋高度下料错误时,可能会导致桁架钢筋下净空较小,造成现场穿管困难,而预制板面的粗糙面不均匀也会对桁架钢筋下净空造成一定的影响。在叠合板深化设计阶段,应保证最小净空尺寸。在工厂生产时,应严格控制生产误差。

5)预制叠合板尺寸错误

预制叠合板尺寸错误,如图4.8所示。

图4.8　预制叠合板尺寸错误

原因分析及防治措施:图4.8中,此处结构梁尺寸模板宽度为200 mm,而梁平法配筋图中为400 mm,深化设计时未全面核对梁宽度,导致预制叠合板的尺寸错误。在进行预制构件深化设计时,应注意结合所有结构图纸(包含各阶段变更),保证结构模板的准确性。

6)预制叠合板距预留孔洞边过近

预制叠合板距预留孔洞边过近,导致局部混凝土破损,如图4.9所示。

图4.9　预制叠合板距预留孔洞边过近

原因分析及防治措施:预制叠合阳台板边存在排水立管,按照图4.10所示方式预留圆洞,预留洞距板边过近,在脱模、运输、现场施工过程中很容易发生磕碰导致叠合板边(图4.

9 红色框选区域)混凝土脱落;对于此类离板边过近的预留洞,可以采用角部预留后浇缺口的方式,如图 4.11 所示。

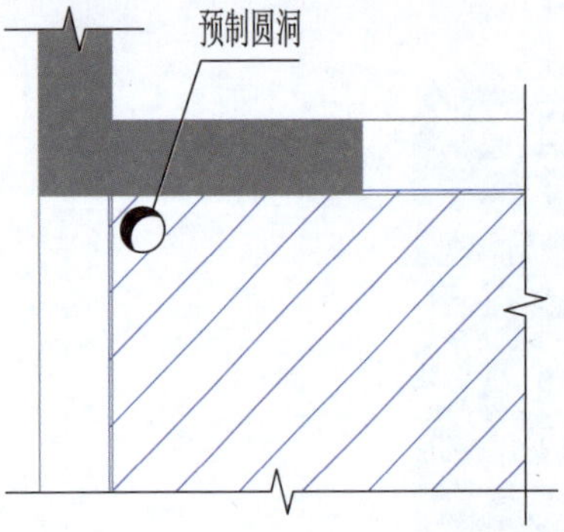

图 4.10　预制叠合板角部预留圆洞

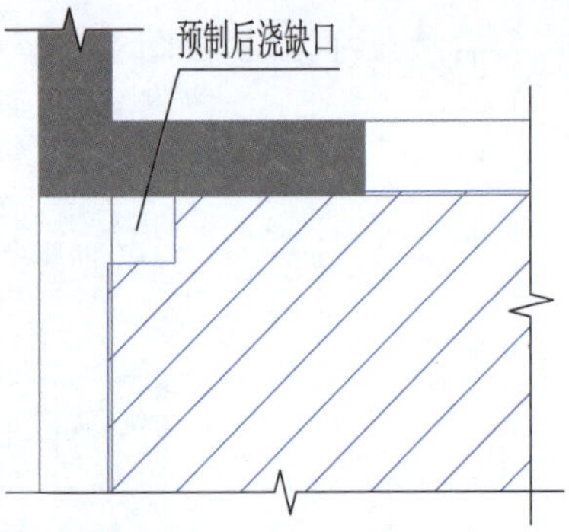

图 4.11　预制叠合板角部预留后浇缺口

7)预制叠合板内线盒预留错误

预制叠合板内线盒预留错误,如图 4.12 所示。

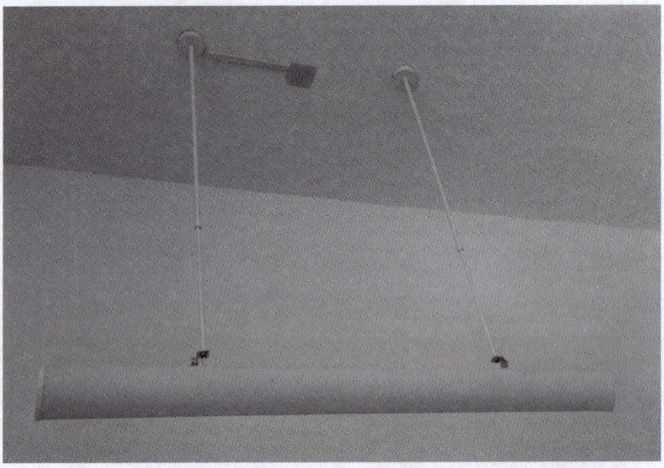

图 4.12　预制叠合板线盒位置与灯具选型不匹配

原因分析及防治措施:此处灯具线盒预留在正中间,但灯具选型为 2 根吊杆,预留线盒应留在吊杆位置,以便电源线可以隐藏在吊杆内引至灯具;在叠合板深化时,对于裸顶灯具,应结合灯具的选型来确定预留接线盒的位置。

【知识检测】

一、单项选择题

1. 预制叠合板伸入支座过长的主要原因是(　　)。

A. 工厂生产时,预制叠合板尺寸存在一定的正误差

B. 现场的模板定位存在较大偏差

C. 两个误差叠加后,导致预制叠合板伸入支座过长

D. 所有以上

2. 桁架钢筋上吊点位置标志不明显的原因是(　　)。

A. 一般工厂会采用在桁架钢筋吊点位置处喷漆作为记号

B. 预制板在运送到现场时,钢筋很可能已经生锈

C. 桁架钢筋吊点位置的喷漆记号很容易不明显或看不清

D. 现场吊装人员容易随意放置吊点

3. 预制叠合板内线盒预留错误的原因是(　　)。

A. 此处灯具线盒预留在正中间　　B. 灯具选型为 2 根吊杆

C. 预留线盒应留在吊杆位置　　D. 电源线可以隐藏在吊杆内引至灯具

二、多项选择题

1. 以下可能导致预制叠合板质量问题的有(　　　)。

A. 工厂生产时,预制叠合板尺寸存在一定的正误差

B. 现场的模板定位也存在较大偏差

C. 现场切割桁架钢筋

D. 桁架钢筋上吊点位置标志不明显

2. 以下解决预制叠合板质量问题的措施有(　　　)。

A. 严格控制生产误差　　B. 注意复核模板的尺寸及定位

C. 使桁架钢筋尽量远离穿线管　　D. 采用更加明显的标志以便找到吊点

3. 以下情况可能导致预制叠合板内线盒预留错误的有(　　　)。

A. 灯具线盒预留在正中间　　B. 灯具选型为 2 根吊杆

C. 预留线盒应留在吊杆位置　　D. 电源线可以隐藏在吊杆内引至灯具

三、判断题

1. 预制叠合板伸入支座过长不会影响梁箍筋的位置。(　　)

2. 现场切割桁架钢筋不会影响管线施工操作。(　　)

3. 桁架钢筋上吊点位置标志明显,便于现场起吊时更加容易找到吊点。(　　)

4. 预制叠合板尺寸错误不会影响结构模板的准确性。(　　)

【想一想】

如果你在现场发现预制叠合板桁架钢筋被切断,你会如何处理?

任务 4.2　预制叠合梁常见质量问题

常见的预制叠合梁模具及现场施工如图 4.13 至图 4.18 所示。

图 4.13　预制叠合梁模具

图 4.14　预制叠合梁端部键槽模具

图 4.15　预制叠合梁端部带加腋模具

图 4.16　预制叠合梁侧边埋件摆放

图 4.17　吊装中的预制叠合梁

图 4.18　安装中的预制叠合梁

1)预制叠合梁底纵向钢筋数量不合理

预制叠合梁底纵向钢筋数量不合理,如图 4.19 所示。

图 4.19　预制叠合梁底筋过密

原因分析及防治措施：在施工图设计阶段，未考虑预制梁内纵向钢筋与现浇柱钢筋的相互避让问题，梁底纵向钢筋数量较多，未进行适当优化，而在深化设计阶段，直接按照原结构图梁平法配筋中的钢筋数量、位置进行深化，加上后期的生产误差，导致梁底钢筋之间的间距难以满足施工的要求。在拆分设计、深化设计阶段，均应提前对梁柱节点区进行钢筋试放样，以使节点区钢筋直径、数量更加合理，能够相互避开，以便于现场吊装及节点区钢筋的绑扎。当出现钢筋数量较多，无法满足生产、施工要求时，应进行相应的优化并征得设计单位同意后实施。

2）预制叠合梁底纵向钢筋过长

①预制叠合梁底纵向钢筋碰到对面的预制叠合梁，如图 4.20 所示。

图 4.20　预制叠合梁底纵向钢筋碰到对面的预制叠合梁

原因分析及防治措施：梁底纵向钢筋下料时，工厂按照正误差下料，且控制的正误差较大，导致钢筋过长；生产时，应按预制构件深化图生产，按照料表放样，不应有意按照正误差去放样下料。

②预制叠合梁底纵向钢筋碰到柱纵向钢筋，如图 4.21 所示。

图 4.21　预制叠合梁底纵向钢筋碰到柱纵向钢筋

原因分析及防治措施：梁底纵向钢筋下料时，工厂有意按照正误差下料，且控制的正误差较大，导致梁底纵向钢筋过长；生产时，应按预制构件深化图生产，按照料表放样，不应有意按照正误差去放样下料。

3）预制叠合梁底纵向钢筋错位

预制叠合梁底纵向钢筋错误，如图 4.22 所示。

图 4.22　预制叠合梁底纵向钢筋错位

原因分析及防治措施：预制叠合梁底纵向钢筋的出筋位置与深化设计图纸不符，错位严重，工厂生产时未对梁底纵向钢筋采取有效固定措施。在混凝土浇筑、振捣时，梁底纵向钢筋错位严重，在发现错位问题后也未采取有效的措施纠偏。工厂生产时，应对预制叠合梁底纵向钢筋在模具端部采取有效固定措施，避免在混凝土浇筑、振捣时产生严重偏位，同时工厂内生产时应加强质量控制管理，发现问题应采取有效的纠偏措施。

4）预制叠合梁底纵向钢筋与现浇柱纵向钢筋碰撞

预制叠合梁底部纵向钢筋与现浇柱纵向钢筋碰撞，如图4.23所示。

图4.23　预制叠合梁底部纵向钢筋与现浇柱纵向钢筋碰撞

原因分析及防治措施：深化设计时，考虑了梁柱节点区预制柱与预制叠合梁纵向钢筋的碰撞，但未充分考虑预制叠合梁与现浇柱纵向钢筋的相互避让。现浇柱在施工时，柱各边的纵向钢筋一般均采用均分放置的方式。在预制叠合梁吊装时，会发现预制叠合梁纵向钢筋与柱纵向钢筋相互碰撞，需要在预制梁吊装前对预制叠合梁底纵向钢筋做适当的弯折调整或将柱纵向钢筋适当弯折，以使柱纵向钢筋能够顺利穿过预制梁纵向钢筋之间的空隙。在预制梁与现浇柱的节点区，现浇柱纵向钢筋也应给出定位，现场按照给定的柱纵向钢筋定位图放置现浇柱纵向钢筋，同时适当考虑生产、施工误差。当有柱纵向钢筋穿过时，应将相邻梁底纵向钢筋的间距适当放大些，避免节点区预制叠合梁与现浇柱纵向钢筋的碰撞。

5）节点区钢筋碰撞严重，导致预制叠合梁无法下放到位

节点区钢筋碰撞严重，导致预制叠合梁无法下放到位，如图4.24所示。

图4.24　预制叠合梁底与模板脱开

原因分析及防治措施：当出现前文第“4)”条的情况时，若梁、柱纵向钢筋数量较多、较密，即使将纵向钢筋适当弯折，也会出现预制叠合梁无法下放到位的情况(图4.24)。由于预制叠合梁纵向钢筋与现浇柱纵向钢筋碰撞，预制叠合梁底部与底部模板仍有一段空隙，应按照前文第“4)”条中提到的措施进行处理。对于梁柱节点区内梁、柱纵向钢筋数量较多时，宜在拆分阶段进行适当的优化，减少纵向钢筋的数量。

6)预制主梁与现浇主梁底部纵向钢筋发生碰撞

预制主梁与现浇主梁底部纵向钢筋发生碰撞，如图4.25所示。

图4.25　预制主梁与现浇主梁底部纵向钢筋发生碰撞

原因分析及防治措施：在深化设计阶段，未考虑预制主梁与现浇主梁的施工顺序，现浇主梁的钢筋先放入模板内，后吊装的预制梁底钢筋未考虑避让，导致梁底钢筋在节点区相互碰撞；在设计阶段，应考虑预制构件与现浇构件的钢筋碰撞问题，不能仅考虑预制构件与预制构件之间的钢筋碰撞。若考虑现浇主梁纵向钢筋避让预制主梁纵向钢筋，应注意在图面中提前标注，提示现浇主梁底纵向钢筋须做相应的避让处理。

7)预制叠合梁内箍筋宽度大小不一且位置不对齐

预制叠合梁内箍筋位置错位，如图4.26所示。

图4.26　预制叠合梁内箍筋位置错位

原因分析及防治措施：预制叠合梁内箍筋宽度大小不一且位置不对齐，导致预制叠合梁顶部现浇层内梁顶纵向钢筋无法正常安放到位，主要是工厂质量管理存在缺陷，未采取有效措施控制箍筋下料的误差，导致同一根梁内箍筋宽度差异较大，也未采取有效措施固定梁内箍筋的位置。在混凝土浇筑、振捣后发现箍筋严重移位，也未能引起足够的重视，及时解决问题。对于成品预制构件中箍筋严重错位的构件，甚至可能导致预制构件报废。工厂生产时，应加强质量控制管理，下料时应按照深化图中的料表下料，同时应将放样误差控制在允许范围内，生产过程中应采取有效措施固定箍筋位置。发现问题，应及时解决问题，避免生产出无法使用的预制叠合梁，同时加强预制构件出厂前的检查。

8）预制叠合梁箍筋被割断

预制叠合梁箍筋被割断，如图4.27所示。

图4.27　预制叠合梁顶部箍筋被切断

原因分析及防治措施：为方便预制叠合梁顶部纵向钢筋现场安放，将预制叠合梁箍筋剪断；现场绑扎钢筋时，应提前考虑好钢筋的放置顺序。

9）预制叠合梁箍筋外侧保护层厚度偏小

预制叠合梁箍筋侧边保护层厚度过小，导致预制叠合板安装后后浇带内板底纵向钢筋碰撞到预制叠合板，如图4.28所示。

图4.28　预制梁箍筋侧边保护层厚度过小

原因分析及防治措施:预制叠合梁箍筋外侧保护层厚度未控制好,导致部分箍筋外保护层厚度过小,不满足设计要求,同时预制叠合板吊装完成后,导致双向叠合板中间后浇带内出筋碰撞,此问题属于工厂质量管理缺陷。生产时,应严格控制保护层的厚度,按图生产,同时严格控制生产误差。

10)预制主梁箍筋高度错误

预制主梁箍筋高度出现错误,如图4.29所示。

图4.29　预制主梁上部纵向钢筋与箍筋脱离

原因分析及防治措施:现场在安装预制叠合梁顶部纵向钢筋时,按照将次梁纵向钢筋放置于主梁纵向钢筋上方,而此处预制叠合梁设计时按照主梁上部第一层纵向钢筋在上方,施工与设计意图不符,导致预制主梁上部纵向钢筋未与箍筋紧贴接触。施工前,对一些典型的做法应在交底时做特别提醒,以免现场施工时与设计意图不符。

11)预制叠合梁与现浇梁相交处箍筋遗漏

预制叠合梁与现浇梁相交处箍筋遗漏,如图4.30、图4.31所示。

图4.30　预制叠合梁槽口处箍筋缺失

图4.31　预制叠合梁缺口处箍筋

原因分析及防治措施:工厂生产时,为方便生产,未将预制叠合梁现浇缺口内的箍筋按深化图预先固定到位,此类预制叠合梁吊装前也未将现浇缺口内的箍筋绑扎到位后再吊装。生产时,应将现浇缺口内的箍筋绑扎固定到位;在预制构件出厂前,应检查此类预制叠合梁;发现箍筋遗漏时,应将箍筋绑扎到位后再出厂。

12)梁腹纵向钢筋影响梁柱节点区箍筋安装

预制主梁梁腹纵向钢筋直接伸入梁柱节点区,影响梁柱节点区箍筋安装,如图4.32所示。

图4.32　预制主梁梁腹纵向钢筋直接伸入梁柱节点区

原因分析及防治措施:梁腹纵向钢筋采用直接出筋的方式,影响节点区箍筋的放置;梁腹纵向钢筋为构造钢筋时,可按照《装配式混凝土建筑技术标准》的相关要求采用不出筋的方式。若梁腹纵向钢筋为抗扭筋时,可采用在预制梁端部预留机械连接接头连接的方式,伸入柱内的梁腹纵向钢筋采用后拧入短钢筋的方式。

13)预制主梁侧面预留预埋遗漏

在预制主次梁节点位置,预制主梁侧面预留预埋遗漏,如图4.33所示。

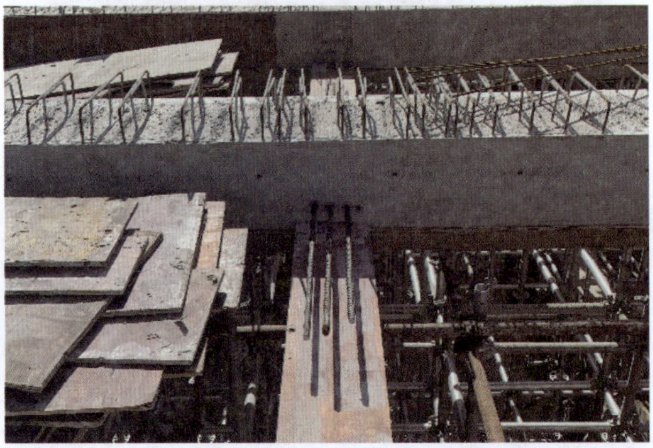

图4.33　预制主梁侧边键槽、预留机械连接接头遗漏

原因分析及防治措施:预制主梁的侧面应预留键槽以及连接钢筋用的机械连接接头,软件模型中设置了键槽、机械连接接头,但生成图纸时发生缺失;对软件生成的图纸也需认真检查,以免软件生成错误。

14)预制主梁侧面预留预埋位置错误

在次梁位置处,预制主梁侧面预留预埋位置错误,如图4.34所示。

图4.34　预制主梁侧面键槽、机械连接接头位置错误

原因分析及防治措施：模具中的键槽、预留机械连接接头放样错误导致。另外，生产时在箍筋摆放的位置也可以发现键槽位置错误，但是工厂生产时未及时修改；应注意模具图的复核，构件生产时，也应根据图纸再次复核一遍键槽的位置。

15）预制主梁上预留后浇槽口位置错误

预制主梁上预留后浇槽口位置错误，如图4.35所示。

图4.35　预制主梁上预留缺口位置错误

原因分析及防治措施：模具错误导致后浇槽口偏位；应注意模具图的复核，构件生产时，也应根据图纸再次复核一遍键槽的位置。

16）预制主梁两侧板底标高不一致

预制主梁两侧板底标高不一致，易导致侧边封堵不严而漏浆，如图4.36所示。

图4.36　预制主梁侧边封堵不严

原因分析及防治措施：预制梁两侧板面标高不一致、厚度不同，一侧板厚130 mm，另外一侧板厚160 mm，只有30 mm高差，预制梁顶部现浇层按照160 mm设计，板厚130 mm，一侧存在30 mm的缝隙。此缝隙尺寸较小，如果采用贴胶条的方式，很容易漏浆，采用支模的方式又不便于施工。因此，在设计时，可以考虑在130 mm板厚一侧设置30 mm高的企口，方便施工、减少漏浆。

17）预制梁伸入支座过长

预制梁伸入支座过长，如图4.37所示。

图4.37　预制次梁伸入支座过长

原因分析及防治措施：现场模板安装定位偏差较大，导致预制梁伸入主梁内过多；现场应控制模板的定位尺寸。

18）预制梁侧面幕墙埋件与混凝土面不平

预制梁侧面幕墙埋件与混凝土面不平，如图4.38所示。

图4.38　预制梁侧面幕墙埋件与混凝土面不平

原因分析及防治措施：工厂生产时，幕墙埋件未固定牢靠；混凝土振捣时，埋件发生偏位。梁侧预埋件的固定应采取有效措施控制好,振捣混凝土时,避免对预埋件产生过大的扰动。

19)预制边次梁抗扭钢筋无法安装到位

预制边次梁纵向钢筋预留位置与现浇梁纵向钢筋碰撞,如图4.39所示。

图4.39　预制边次梁梁腹纵向钢筋预留位置与现浇梁纵向钢筋碰撞

原因分析及防治措施:预制封边次梁存在梁腹纵向抗扭钢筋,次梁端部需预留机械连接接头,以便抗扭纵筋伸出。预制次梁深化时,未考虑节点区现浇梁钢筋的摆放位置,导致抗扭钢筋无法通过机械连接接头安装到位(机械连接接头被垂直预制次梁方向的现浇梁上部纵向钢筋挡住)。深化设计时,应结合节点区现浇区域钢筋的摆放位置,避免预制构件内伸出钢筋与现浇区域内钢筋相互干涉。

20)预制次梁端部后浇段内箍筋设置错误

预制次梁端设后浇段,后浇段内箍筋设置错误,如图4.40所示。

图4.40　预制次梁端部后浇内箍筋设置错误

原因分析及防治措施:施工单位施工时,预制次梁后浇段内的箍筋仍然按照现浇结构箍筋的设置方法,直接按照梁平法配筋图中标注的箍筋间距进行设置,未按照通用节点进行加密放置,且后浇段内第一根箍筋与预制次梁端的距离大于50 mm,不满足设计要求。施工前,设计单位应加强交底环节,以使施工单位能充分理解设计意图,施工时严格按照设计图纸要求进行施工。

21)预制次梁底筋与现浇主梁底筋碰撞

预制次梁底筋与现浇主梁底筋碰撞,如图4.41所示。

图4.41　预制次梁底筋与现浇主梁底筋碰撞

原因分析及防治措施:预制次梁底部纵向钢筋未考虑避开现浇主梁底部纵向钢筋,次梁底筋未做向上弯折处理,导致预制次梁底部纵向钢筋与现浇主梁底部纵向钢筋碰撞,预制次梁无法安装到位。在吊装前,需要人为将预制次梁底部钢筋适当向上弯折,以避开现浇主梁的梁底纵向钢筋。深化设计时,应注意考虑预制次梁与现浇主梁之间钢筋的避让,不能只考虑预制构件与预制构件的钢筋避让。

22)纵向钢筋端部锚固板未安装到位

纵向钢筋端部锚固板未安装到位,如图4.42所示。

图4.42　纵向钢筋端部锚固板未安装到位

原因分析及防治措施:个别纵向钢筋端部抽丝质量存在问题,导致端部锚固板无法拧到位。应控制抽丝质量,对端部丝头及时做好保护工作,避免丝头被碰坏,以保证纵向钢筋的锚固板能够按照规程相关要求拧到位。

23)预制梁在吊装过程中变形过大

预制梁在吊装过程中变形过大,如图4.43所示。

图4.43　预制梁吊装过程中变形过大

原因分析及防治措施:主次梁节点采用在主梁上预留后浇槽口的形式(底筋贯通),缺口两侧须安装辅强角钢。为方便安装辅强角钢并重复利用,预制构件厂家将辅强角钢与预制主梁连接处改为长圆孔的形式,导致预制梁吊装时变形较大。辅强角钢的设置应优先考虑保证预制构件在运输、吊装过程中不变形,再考虑重复利用的问题。

24)预制梁节点内杂物未清理干净

预制梁节点内杂物未清理干净,如图4.44所示。

图4.44　预制梁节点内杂物未清理干净

原因分析及防治措施:出于生产工艺原因,预制梁中部后浇槽口、端部处采用封堵材料,出厂前未清理干净。出厂前,应安排专门人员清理干净。

25)预留机械连接接头堵塞或孔内未清理干净

预留机械连接接头发生堵塞或孔内未清理干净,如图 4.45、图 4.46 所示。

图 4.45 机械连接接头堵塞

图 4.46 机械连接接头内未清理干净

原因分析及防治措施:生产时封堵失效,出厂前未做检查、未及时清理;生产时应注意保证封堵的有效性,在出厂前加强管理,及时清理堵塞的位置。

【知识检测】

一、单项选择题

1. 预制叠合梁底纵向钢筋数量不合理的主要原因是(　　)。

A. 设计阶段未考虑优化问题　　B. 深化设计时未进行试放样

C. 生产误差过大　　D. 所有以上原因

2. 预制主梁与现浇主梁底部纵向钢筋碰撞的原因是(　　)。

A. 深化设计时未考虑顺序问题　　B. 现场安装错误

C. 生产时未考虑避让问题　　D. 所有以上原因

3. 预制主梁侧面预留预埋遗漏的原因主要是(　　)。

A. 图纸生成遗漏　　B. 软件模型错误

C. 生产疏忽　　D. 所有以上原因

4. 预制梁吊装过程中变形过大的主要原因是(　　)。

A. 节点设置不当　　B. 辅强角钢设置不当

C. 封堵失效　　D. 所有以上原因

二、多项选择题

1. 下列造成预制叠合梁底纵向钢筋过长的原因有(　　)。

A. 工厂按照正误差下料　　B. 生产时未按深化图生产

C. 生产时未考虑避让问题　　D. 生产时未采取有效固定措施

2. 下列可能导致预制主梁与现浇主梁底部纵向钢筋碰撞的原因有(　　)。

A. 深化设计时未考虑顺序问题
B. 现场安装错误
C. 生产时,未考虑避让问题
D. 生产时,未考虑现浇柱的钢筋位置调整

三、判断题

1. 预制叠合梁内箍筋宽度大小不一且位置不对齐主要是工厂质量管理存在缺陷造成的。（　　）
2. 预制叠合梁端部后浇段内箍筋设置错误的主要原因是施工单位误解了设计意图。（　　）
3. 预制主梁上预留后浇槽口位置错误是模具错误导致的。（　　）
4. 预制次梁端部后浇段内箍筋设置错误的主要原因是生产时封堵失效。（　　）

【想一想】

根据预制叠合梁常见的质量问题及其原因,思考每个问题的具体情况及其解决方案。

任务4.3　预制柱常见质量问题

典型的预制柱模具如图4.47所示。

图4.47　预制柱模具

柱纵向钢筋定位钢板及吊装如图 4.48、图 4.49 所示。

图 4.48　柱纵向钢筋定位钢板

图 4.49　吊装就位过程中的预制柱

1) 柱纵向钢筋垂直度较差

转换层钢筋出筋定位不准，垂直度较差，导致吊装难以就位，如图 4.50 所示。

图 4.50　柱纵向钢筋垂直度较差

原因分析及防治措施:定位钢板确保连接筋根部定位的准确,但是无法保证垂直度;连接筋不仅要控制根部的定位,也需要控制其垂直度。当柱连接筋较多时,若垂直度较差的连接筋较多,则将安装困难。可以改进定位钢板或采用双层定位钢板,确保连接筋定位准确性和垂直度。

2)预制柱顶部出筋过长

预制柱连接筋伸出长度过长,如图4.51所示。

图4.51　预制柱连接筋伸出长度过长

原因分析及防治措施:现浇柱转预制柱时,下层现浇柱的纵向钢筋一般会采用多伸出一些的方式,以免施工中误差或其他影响因素,导致后期出现连接筋长度不足的情况。当出现伸出过长时,现场可以采用现场切割的方式,将连接筋伸出长度减小至合适的长度。

3)预制柱发生磕碰

预制柱发生磕碰,导致混凝土局部剥落,如图4.52所示。

图4.52　预制柱发生磕碰

原因分析及防治措施：在吊装过程中，特别是从平板车上将柱子由水平放置调整为垂直放置时，发生磕碰，导致局部混凝土剥落。工厂、现场在转运、吊装预制柱时，应特别注意对预制柱的保护，以免发生磕碰。

4）预制柱安装偏位

预制柱安装就位后，发现偏位，如图4.53所示。

图4.53　预制柱安装偏位

原因分析及防治措施：特别是现浇柱转预制柱时，容易发生此类情况，下层现浇柱内钢筋整体偏位较大。在浇筑混凝土前，未按照轴线复核各柱纵向钢筋伸出顶部的位置与控制轴线之间的定位关系，导致上层预制柱安装后发现偏位较大。在下层现浇柱浇筑混凝土前，应复核纵向钢筋与轴线之间的定位关系。

5）梁柱节点区缺箍筋

预制柱顶部的梁柱节点缺箍筋，如图4.54所示。

图4.54　梁柱节点区缺箍筋

原因分析及防治措施：预制梁吊装就位前，未在底部放置梁柱节点区箍筋。应在预制梁吊装前，将梁底筋下方的梁柱节点区箍筋绑扎到位。

6）灌浆套筒的灌浆孔、出浆孔过于密集

预制柱侧面灌浆孔、出浆孔过于密集，如图4.55所示。

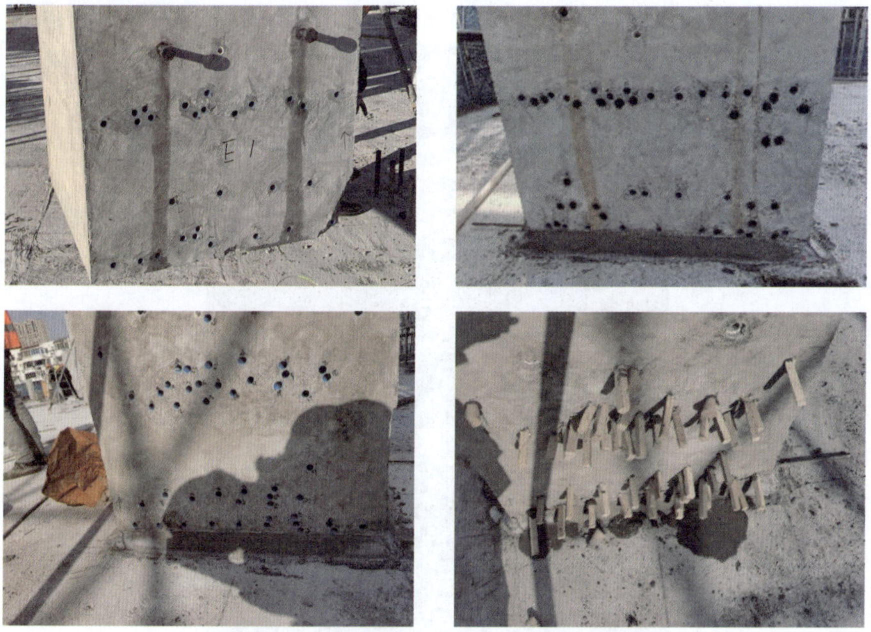

图4.55 预制柱侧面灌浆孔、出浆孔过于密集

原因分析及防治措施：灌浆孔、出浆孔在工厂生产时未按图纸要求控制净距，过于密集导致灌浆作业时封堵塞难以就位、操作空间不够。应适当分散，按照图纸要求控制净距，给灌浆作业留取合适的操作空间。

7）预制柱顶部吊点位置距钢筋过近

预制柱顶部吊点位置距钢筋过近，影响吊装吊具的安装，如图4.56、图4.57所示。

图4.56 预制柱顶吊装预留埋件距纵向钢筋过近

图4.57 预制柱顶吊具安装困难

原因分析及防治措施:在设计阶段,未注意到预制柱顶部吊点位置与钢筋之间的距离过小,未考虑吊具的安装空间要求。在深化设计阶段,吊点的布置应结合吊具的选用,充分考虑吊具安装的空间,可以在图上提前将吊具放样,以确认吊具的操作空间是否得到满足。

8)顶层预制边柱吊具安放困难

顶层预制边柱钢筋过密,导致吊具安放困难,如图4.58所示。

图4.58 顶层预制边柱钢筋过密

原因分析及防治措施:采用"柱锚梁"的方式,由于柱钢筋较多,柱顶弯锚钢筋过于密集,吊具难以安放到位。在拆分及深化阶段,可以考虑采用梁内上层钢筋与柱外侧纵向钢筋在柱内搭接的方式,即优先采用"梁锚柱"的方式,或者优化钢筋数量。

9)其他

①对于现浇柱转预制柱位置,在梁柱节点区混凝土浇筑前,遗漏避雷钢片的布置,应在设计交底时着重强调。

②预制柱侧面的斜撑埋件位置与楼板上的斜撑埋件位置不匹配。在深化阶段,应注意核查斜撑布置图中的埋件位置,使其与预制柱详图中的斜撑埋件位置完全对应。

③后浇节点区上表面未设置粗糙面,应在设计交底时着重强调,以免遗忘该工序。

【知识检测】

一、单项选择题

1. 柱纵向钢筋垂直度较差,可能的原因是(　　)。

A. 定位钢板确保连接筋根部定位的准确　　B. 连接筋不仅需控制根部的定位

C. 需要改进定位钢板或采用双层定位钢板　　D. 垂直度无关紧要

2. 预制柱发生磕碰导致混凝土局部剥落,原因可能是(　　)。

A. 吊装过程中发生的磕碰　　B. 工厂在生产时质量控制不足

C. 运输过程中发生的磕碰　　D. 所有以上

3. 预制柱顶部出筋过长的原因分析及防治措施不包括(　　)。

A. 现浇柱转预制柱时,下层现浇柱的纵向钢筋一般会采用多伸出一些的方式

B. 施工中误差或其他影响因素

C. 现场可以采用现场切割的方式

D. 不需要任何处理

4. 在拆分及深化阶段,为了解决顶层预制边柱吊具安放困难的问题,可以考虑(　　)。

A. 优化钢筋数量

B. 采用"梁锚柱"的方式

C. 采用梁内上层钢筋与柱外侧纵向钢筋在柱内搭接的方式

D. B 和 C

二、多项选择题

1. 转换层钢筋出筋定位不准,垂直度较差,导致吊装难以就位。其防治措施包括(　　)。

A. 改进定位钢板　　B. 采用双层定位钢板

C. 控制连接筋根部的定位　　D. 确保连接筋的垂直度

2. 针对预制柱发生磕碰导致混凝土局部剥落的问题,以下哪些措施有助于预防和处理?(　　)

A. 特别注意预制柱的保护　　B. 避免吊装过程中发生的磕碰

C. 工厂在生产时加强质量控制　　D. 运输过程中采取防护措施

3. 预制柱顶部出筋过长的原因可能包括(　　)。

A. 现浇柱转预制柱时,下层现浇柱的纵向钢筋一般会采用多伸出一些的方式

B. 施工中存在误差或其他影响因素

C. 现场可以采用现场切割的方式

D. 连接筋只需要控制根部的定位

三、判断题

1. 定位钢板无法保证连接筋的垂直度。(　　)

2. 当柱连接筋较多时,若垂直度较差的连接筋多,安装会容易进行。(　　)

3. 灌浆套筒的灌浆孔、出浆孔过于密集不会影响灌浆作业。(　　)

4. 在设计阶段,应考虑吊具安装的空间要求。(　　)

【想一想】

如何在预制柱模具中定位纵向钢筋并确保其垂直度。

任务4.4 预制剪力墙常见质量问题

预制剪力墙及模具如图4.59、图4.60所示。

图4.59 预制剪力墙

图4.60 预制剪力墙模具

1)现浇区域内穿线管伸出位置与预制墙板上手孔箱位置错位

预制墙板底部手操孔位置与下层穿线管位置错位,如图4.61所示。

图4.61 预制墙板底部手操孔位置与下层穿线管位置错位

原因分析及防治措施:特别是在首层预制墙板施工时,容易发生此问题。预制墙板在设计时,手孔箱的位置为避开灌浆套筒,往往不在预留线盒的正下方,会有偏位。可在深化图纸中准确定位出手操孔的位置。现场施工时,应确保楼板内预埋穿线管向上伸出的位置与手孔箱的位置相对应。

2)预制混凝土夹心保温外墙外叶板伸出过长

预制混凝土夹心保温外墙外叶板伸出过长,如图4.62所示。

图4.62　预制混凝土夹心保温外墙外叶板伸出较长

原因分析及防治措施:拆分设计时,考虑欠缺,外叶板伸出过长后,工厂在生产脱模、运输阶段以及现场吊装时,外叶板易在根部断裂。在拆分设计时,应注意控制外叶板的伸出长度。

3)预制混凝土外墙拆分不合理

预制混凝土外墙拆分不合理,如图4.63所示。

图4.63　预制混凝土外墙拆分不合理

原因分析及防治措施:拆分设计阶段,为满足装配式指标要求,不考虑拆分后预制构件受力的合理性。拆分设计时,应充分考虑合理性、生产施工的便利性,不能单纯为了凑装配率而随意拆分。

4)预制段宽度过小

预制段宽度过小,容易导致开裂,甚至断裂,如图 4.64、图 4.65 所示。

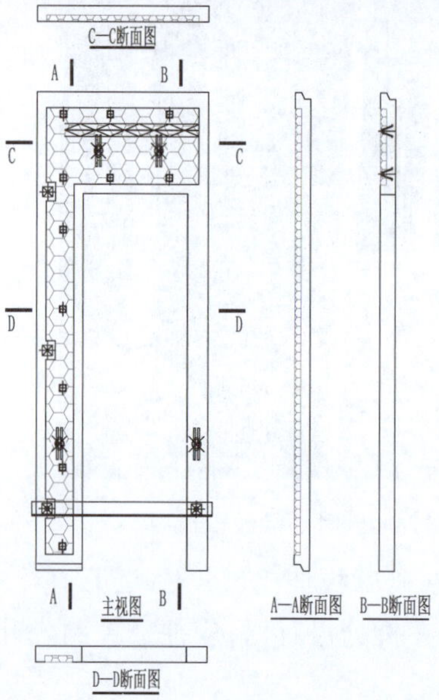

图 4.64　预制段两侧边宽度过小

图 4.65　预制段局部开裂

原因分析及防治措施:拆分设计时,未满足指标要求,部分预制构件拆分不合理,尺寸、形状不符合相关要求,也未对预制构件进行各工况下的受力验算。拆分设计时,应避免此类不合理的拆分,尺寸、形状应符合相关要求,且应考虑各工况下的受力分析。不能满足受力要求时,应采取临时加强措施。

5)预制外填充墙临时斜撑位置设置不合理

预制外填充墙临时斜撑位置设置不合理,如图 4.66 所示。

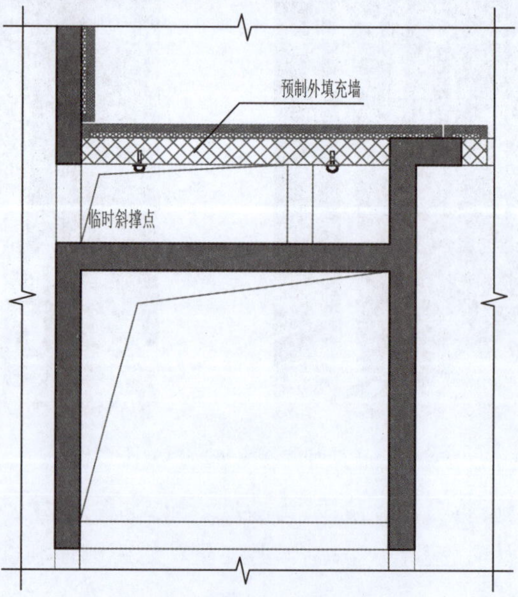

图 4.66　斜撑穿过现浇墙示意

原因分析及防治措施：在拆分阶段，为凑指标，未考虑施工顺序的影响，预制外填充墙临时斜支撑穿过现浇剪力墙，现场施工困难；在前期的拆分设计阶段，应考虑施工的可行性。

【知识检测】

一、单项选择题

1. 首层预制墙板施工时，以下容易发生的问题是（　　）。

A. 手孔箱的位置与预留线盒错位　　B. 外叶板伸出过长

C. 外墙拆分不合理　　D. 预制段宽度过小

2. 预制混凝土夹心保温层外墙外叶板伸出过长会导致（　　）。

A. 工厂生产脱模困难　　B. 运输阶段困难

C. 现场吊装困难　　D. 所有上述情况

3. 拆分设计时，未考虑以下（　　）因素，可能导致预制段宽度过小。

A. 指标要求　　B. 受力分析

C. 施工便利性　　D. 经济成本

4. 预制外填充墙临时斜撑位置设置不合理，可能导致（　　）问题。

A. 现浇剪力墙施工困难　　B. 预制构件受力不均

C. 施工顺序混乱　　D. A 和 C

二、多项选择题

1. 预制墙板底部手操孔位置与下层穿线管位置错位的原因，可能包括（　　）。

A. 设计时手孔箱位置偏位　　B. 现场施工预埋穿线管位置不准

C. 灌浆套筒位置影响　　D. 深化图纸中手操孔位置定位不准确

2. 为了避免预制混凝土夹心保温外墙外叶板伸出过长，应该注意（　　）事项。

A. 控制外叶板的伸出长度　　B. 确保工厂生产脱模无困难

C. 保证运输阶段安全　　D. 防止现场吊装时断裂

3. 预制混凝土外墙拆分不合理，可能导致（　　）。

A. 受力的合理性缺失　　B. 生产施工便利性降低

C. 装配率不符合要求　　D. 受力分析不准确

三、判断题

1. 预制墙板底部手操孔位置与下层穿线管位置错位是设计时故意安排的。（　　）

2. 预制混凝土夹心保温外墙外叶板伸出过长，不会影响工厂生产脱模。（　　）

3. 拆分设计时，只需要满足装配式指标要求即可。（　　）

4. 预制段宽度过小不会导致开裂或断裂。（　　）

【想一想】

如何在拆分设计阶段避免预制混凝土外墙拆分不合理的问题？

参考文献

[1] 肖明. 日本装配式建筑发展研究[J]. 住宅产业,2016(6):10-19.

[2] 卢求. 德国装配式建筑发展研究[J]. 住宅产业,2016(6):26-35.

[3] 王志成,约翰·格雷斯,约翰·凯·史密斯. 美国装配式建筑产业发展趋势(上)[J]. 中国建筑金属结构,2017(9):24-31.

[4] 刘美霞. 国外发展装配式建筑的实践与经验借鉴[J]. 建设科技,2016(S1):40-42.

[5] 贾文芳. 预制装配式建筑发展历程与技术要点研究[D]. 北京:北京工业大学,2020.

[6] 田玉香. 装配式混凝土建筑结构设计及施工图审查要点解析[M]. 北京:中国建筑工业出版社,2018.

[7] 中国有色工程有限公司. 混凝土结构构造手册[M]. 5 版. 北京:中国建筑工业出版社,2016.

[8] 中华人民共和国住房和城乡建设部. 混凝土结构工程施工规范:GB 50666—2011[S]. 北京:中国建筑工业出版社,2012.

[9] 中华人民共和国住房和城乡建设部. 混凝土结构工程施工质量验收规范:GB 50204—2015[S]. 北京:中国建筑工业出版社,2015.

[10] 中华人民共和国住房和城乡建设部. 民用建筑电气设计标准:GB 51348—2019[S]. 北京:中国建筑工业出版社,2019.

[11] 国家市场监督管理总局,中国国家标准化管理委员会. 电缆管理用导管系统　第 1 部分　通用要求:GB/T 20041.1—2015[S]. 北京:中国标准出版社,2015.

[12] 中华人民共和国住房和城乡建设部. 混凝土结构通用规范:GB 55008—2021[S]. 北京:中国建筑工业出版社,2021.

[13] 中华人民共和国住房和城乡建设部. 装配式混凝土建筑技术标准:GB/T 51231—2016[S]. 北京:中国建筑工业出版社,2017.

[14] 国家市场监督管理总局,中国国家标准化管理委员会. 钢筋混凝土用钢　第 2 部分　热轧带肋钢筋:GB/T 1499.2—2018[S]. 北京:中国标准出版社,2018.

[15] 中华人民共和国住房和城乡建设部. 钢筋锚固板应用技术规程:JGJ 256—2011[S]. 北京:中国建筑工业出版社,2012.

[16] 中华人民共和国住房和城乡建设部. 钢筋套筒灌浆连接应用技术规程(2023 年版):JGJ 355—2015[S]. 北京:中国建筑工业出版社,2023.

[17] 中华人民共和国住房和城乡建设部. 装配式混凝土结构技术规程:JGJ 1—2014[S]. 北京:中国建筑工业出版社,2014.

[18] 中华人民共和国住房和城乡建设部. 高层建筑混凝土结构技术规程:JGJ 3—2010[S].

北京:中国建筑工业出版社,2011.
[19] 中国建筑标准设计研究院. 混凝土结构施工图平面整体表示方法制图规则和构造详图(现浇混凝土框架、剪力墙、梁、板):22G101—1[S]. 北京:中国标准出版社,2022.
[20] 中国建筑标准设计研究院. 装配整体式混凝土结构连接节点构造:G310—1 ~ 2[S]. 北京:中国计划出版社,2015.
[21] 中国建筑标准设计研究院. 预制混凝土剪力墙外墙板:15G365—1[S]. 北京:中国计划出版社,2015.
[22] 中国建筑标准设计研究院. 预制混凝土剪力墙内墙板:15G365—2[S]. 北京:中国计划出版社,2015.
[23] 中国建筑标准设计研究院. 桁架钢筋混凝土叠合板:15G366—1[S]. 北京:中国计划出版社,2015.
[24] 中国建筑标准设计研究院. 预制钢筋混凝土板式楼梯:15G367—1[S]. 北京:中国计划出版社,2015.
[25] 中国建筑标准设计研究院. 预制钢筋混凝土阳台板、空调板及女儿墙:15G368—1[S]. 北京:中国计划出版社,2015.
[26] 中国建筑标准设计研究院. 装配式混凝土结构连接节点构造(框架):20G310—3[S]. 北京:中国计划出版社,2020.
[27] 中国建筑标准设计研究院. 混凝土结构常用施工详图(现浇混凝土板、非框架梁配筋构造):13SG903—1[S]. 北京:中国计划出版社,2013.
[28] 中国建筑标准设计研究院. G101 系列图集常见问题答疑图解:17G101—11[S]. 北京:中国计划出版社,2017.
[29] 中国建筑标准设计研究院. 轻钢龙骨石膏板隔墙、吊顶:07CJ03—1[S]. 北京:中国计划出版社,2007.
[30] 中国建筑标准设计研究院. 装配式建筑电气设计与安装:20D804[S]. 北京:中国计划出版社,2020.
[31] 江苏省住房和城乡建设厅. 装配整体式混凝土框架结构技术规程:DGJ32/T J219—2017[S]. 南京:江苏凤凰科学技术出版社,2017.
[32] 北京市规划和自然资源委员会,北京市市场监督管理局. 装配式剪力墙结构设计规程:DB11/1003—2022[S]. 北京:中国建筑工业出版社,2022.
[33] 江苏省市场监督管理局. 江苏省装配式建筑综合评定标准:DB32/T 3753—2020[S]. 南京:江苏凤凰科学技术出版社,2020.
[34] 广东省住房和城乡建设厅. 装配式混凝土建筑深化设计技术规程:DBJ/T15—155—2019[S]. 北京:中国城市出版社,2019.
[35] 山东省住房和城乡建设厅,山东省质量技术监督局. 装配式竖向部件临时斜支撑应用技术规程:DB37/T 5116—2018[S]. 北京:中国建筑工业出版社,2018.
[36] 中国工程建设标准化协会. 钢筋桁架混凝土叠合板应用技术规程:T/CECS 715—2020[S]. 北京:中国建筑工业出版社,2020.

[37] 江苏省住房和城乡建设厅. 钢筋桁架混凝土叠合板:苏 G25—2015[S]. 南京:江苏凤凰科学技术出版社,2015.

[38] 中国建筑标准设计研究院. 蒸压加气混凝土砌块、板材构造:13J104[J]. 北京:中国计划出版社,2013.

[39] 江苏省住房和城乡建设厅. 装配整体式混凝土结构构件连接构造图集:苏 G56—2020[S]. 南京:江苏凤凰科学技术出版社,2020.

[40] 上海市住房和城乡建设管理委员会. 装配式混凝土结构连接节点构造图集:DBJT 08—126—2019[S]. 上海:同济大学出版社,2019.

[41] 江苏省住房和城乡建设厅. 关于进一步明确新建建筑应用预制内外墙板预制楼梯板预制楼板相关要求的通知(苏建函科〔2017〕1198 号)[Z]. 2018-01-12.

[42] 江苏省住房和城乡建设厅,江苏省发展和改革委员会,江苏省经济和信息化委员会,等. 关于在新建建筑中加快推广应用预制内外墙板预制楼梯板预制楼板的通知(苏建科〔2017〕43 号)[Z]. 2017-02-14.

[43] 常州市住房和城乡建设局. 关于加强全市住宅工程建筑轻质条板隔墙质量管理的有关规定(常住建〔2019〕117 号)[Z]. 2019-06-21.

[44] 上海市住房和城乡建设管理委员会. 关于印发《上海市装配式建筑单体预制率和预制装配率计算细则》的通知(沪建建材〔2019〕765 号)[Z]. 2019-11-27.